보는 기계와 읽는 인간

건축문화 텍스트 읽기

조순익

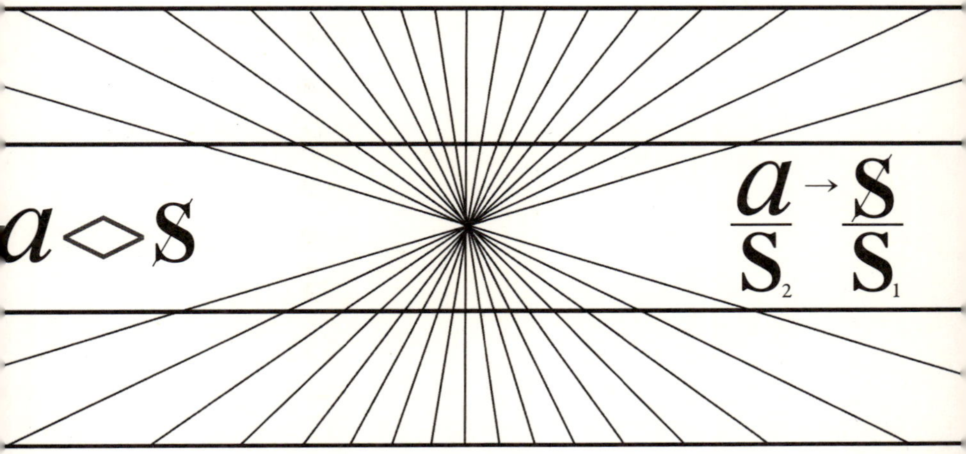

Spacetime

차례

제1부: 스펙터클을 공공성으로 뒤집기

제2부: 주체와 타자 사이의 인간

서문
서평으로 잇는 건축의 콘텍스트

이 책은 2013년부터 2017년까지 건축 간행물 몇 군데에 기고한 서평들을 모은 것이다. 단순히 모았다기보다는 전반적인 주제의 흐름을 고려해 엮은 책이라고 할 수 있다. 이 책의 부제인 '건축문화 텍스트 읽기' 에서 '텍스트(text)' 는 단지 책을 지칭하는 게 아니라, 여러 책들로 엮은 건축문화의 패턴이란 의미에 더 가깝다. 텍스트란 말은 어원상으로도 '엮다' 란 뜻의 texō에서 온 말이다. 나는 이 책 전반에서 건축을 둘러싼 문화적 · 사상적 지형의 파편화된 현실을 '매개' 하여 그 맥락(콘텍스트)을 읽어낼 수 있는 지도를 제시하고자 했는데, 이는 프레드릭 제임슨이 말한 변증법적 실천인 '인식적 지도 그리기(cognitive mapping)' 의 일환이다. 제임슨에 따르면

> '매개' 란 전통적으로 "학문들의 전문화된 구획들을 타파하고 사회적 삶의 외양상 분리된 현상들을 전반적으로 연결짓는 임무를 정식화하는 방식이었다. (…) 즉 매개란 일련의 용어들을 창안하거나, 특정한 약호 또는 언어를 전략적으로 선택함으로써 동일한 용어를 전적으로 구별되는 두 유형의 대상들 또는 '텍스트들' , 또는 두 개의 매우 다른 현실의 구조적 층위들을 분석하고 접합하는 데 사용할 수 있도록 하는 과정이다.*

나의 서평이 목표로 하는 바는 바로 그 "매우 다른 현실의 구조적

* 프레드릭 제임슨, 「해석에 관하여」, 『정치적 무의식: 사회적으로 상징적인 행위로서의 서사』, 이경덕 서강목 옮김, 민음사, 2015, 47쪽.

층위들"을 적절히 엮어냄으로써, 특히 기술 · 매체적 시각화가 이뤄지는 스펙터클의 층위와 인체의 감각성과 결부된 일상적 층위가 어떤 정치적 역학관계 속에서 연결되는지를 드러내는 인식의 지도 그리기 또는 패턴화 작업이다. 앙리 르페브르의 용법으로 말하자면, 스펙터클적 사물화에 포획된 '일상성(la quotidienneté)' 속에서 그에 맞서 재생해야 할 '일상적인 것(le quotidien)'의 층위를 드러내고자 하는 것이다. 여기서 '일상성'이 비인간적 기계화에 포획된 현실을 뜻한다면, '일상적인 것'은 그에 맞서 인간의 실존적 삶을 살려내는 주체적 실천을 뜻한다. 그런 의미에서 이 책의 제목인 『보는 기계와 읽는 인간』의 대비적 구도를 이해할 수 있는데, 여기서 양자는 저마다 여러 가지 의미를 내포한다. 먼저 '보는 기계'는 드보르적 의미의 스펙터클, 비릴리오적 의미의 시각기계, 벤담적 의미의 판옵티콘, 라캉적 의미의 시선과 응시를 모두 아우르는 차원에서 쓴 말이다. 반면에 '읽는 인간'은 이미지 이면의 실재와 틈새를 읽는 매개적 실천, 즉 타자를 마주한 인간의 주체적 행위를 함축하고자 쓴 말이다. 양자의 병렬적 배치는 서로간의 대립과 공존을 동시에 표현하는 변증법적 관계를 암시한다. 이런 의미에서 제1부의 글들은 '스펙터클에서 공공성으로' 나아가는 지향성을 공유하고, 제2부의 글들은 '주체와 타자 사이의 인간'을 탐구하는 데 초점을 맞춘다.

서두에 등장하는 「우리 하늘의 봉우리들이 합쳐질 때」라는 제목의 서평은 꿈과 현실이 공존하는 '지붕/옥상'의 중의적 의미를 감안해 이 책 전반의 관점을 대표하는 성격을 띠고 있다. 옥상은 예쁜 지붕으로 덮어둘 수도 있지만, 일상 또는 현실의 이면을 드러내는 공간이 될 수도 있기 때문이다. 제1장은 할 포스터의 『디자인과 범죄』 중 프랭크 게리와 렘 콜하스의 변증법을 매개로 하여 '탈비판성' 의 문제를 '스펙터클' 과 '팝' 의 증상으로 연결한다. 제2장은 히메네스 라이의 『세상 어디에도 없는 사람들』을 통해 '유토피아' 개념을 살펴보고 라캉 정신분석에서 기본이 되는 상상-상징-실재의 삼원 질서를 해석의 틀로 매개한다. 제3장은 르페브르의 유작인 『리듬분석』을 통해 도시 공간의 조화로운 '리듬' 과 계단 및 광장 등의 '매개 공간' 에 대해 살펴본다. 제4장은 프랑크 베라르디 '비포' 의 『미래 이후』를 통해 미래주의와 현재주의를 대립적으로 구성하고, 그 양자의 한계를 넘어 일상의 현전(르페브르)과 역사적 사유(벤야민)를 매개한다. 제5장은 하승우의 『공공성』을 통해 아렌트와 네그리/하트를 비롯한 여러 저자들의 공공성 개념과 세월호 참사라는 지금-여기의 한국적 현실을 매개한다.

간주곡에 해당하는 6장부터 8장까지는 보론의 성격을 갖는데, 제6장은 이토 도요의 『내일의 건축』을 통해 참사 이후의 공공성을 성찰하며 제5장을 보충한다. 제7장은 이안 제임스의 비릴리오 입문서인 『속도의 사상가 폴 비릴리오』를 통해 '기술' 의 속도중심주의에 맞선 '예술' 의 비판성을 제시하면서 제4장을 보충한다. 제8장은 유하니 팔라스마의 『건축과 감각』을 통해 '시각' 의 분리성과 '감각' 의 통합성을 대비적으로 드러내면서 제11장과 제12장의 논의를 예비한다.

제9장은 『건축평단』에 '매개서평' 이란 이름으로 처음 연재한 글

로서 당시 2015년 여름호 주제였던 '건축가는 누구인가'에 대해 응답한 글이다. 에인 랜드의 건축소설 『파운틴헤드』를 분석하면서 라캉 정신분석의 네 가지 담론을 해석의 틀로 매개해 건축가의 주체적 위치를 탐구하는 이 글은 에인 랜드의 이데올로기적 당파성이 건축가를 도착적인 주체로 호명하는 방식을 살펴보고, 궁극적으로 텅 빈 '주체'에 이데올로기를 채워 넣으려는 '실체' 중심주의의 문제를 제기하며 끝을 맺는다. 제10장은 랜드가 묘사한 소설 속 건축가의 더욱 진화한 현실 모델일 수 있는 렘 콜하스의 고전적 텍스트 「정크스페이스」와 그에 대한 알파벳 사전식 비평문인 할 포스터의 「러닝 룸」을 묶은 책 『정크스페이스와 러닝 룸』을 통해 '정크스페이스'의 의미와 콜하스의 정치적 무의식을 헤아려보고 그의 글과 그를 추종하는 무분별한 '쿨' 하스 효과에서 초현실주의와 슈퍼리얼리즘의 구도를 읽어내며, 궁극적으로 '통제 공간'과 '활동 공간', '기계'와 '인간' 사이의 쟁점을 이끌어낸다. 제11장은 바로 그 기계와 인간의 모순에 초점을 맞춰 임석재의 『기계가 된 몸과 현대 건축의 탄생』을 살펴본다. 여기서는 기계론과 부위론을 통해 상상적 '갑옷'을 입은 자아의 폭력성과 파편적 실재의 양면성을 주요 문제로 삼고, 의식적 전일론이나 기계론적 체험인 아닌 무의식적 경험을 옹호하며 끝을 맺는다. 제12장은 마리우스 리멜레/베른트 슈티글러의 『보는 눈의 여덟 가지 얼굴』을 통해 지금껏 '시각성'을 다뤄온 다양한 관점을 매개하고, 시각성에 개입될 수밖에 없는 이데올로기의 문제를 라캉의 주체와 타자 개념으로 연결시켜 해석한다. 그러고는 진정한 타자에 접근하기 위해선 '다양하게 보기' 이상의 '삐딱하게 보기'가 필요하다는 결론을 이끌어낸다. 제13장은 마이클 헤이스의 『건축의 욕망』과

피에르 비토리오 아우렐리의 『절대적 건축의 가능성』을 통해 헤이스가 말하는 자율성과 아우렐리가 말하는 자율성이 서로 어떻게 다른지를 라캉-헤겔적 주체 개념을 중심으로 비교해보고, 여기서도 콜하스의 정치적 무의식에 해당하는 벽과 균열의 문제를 재고해본다.

후반부 간주곡에 해당하는 제14장은 2016년에 재판된 승효상의 『빈자의 미학』을 다루는데, 이 글은 제15장의 논의에 앞서 최대한 전문어의 사용을 줄이고 세기말적 상황에 대한 비판성과 지금-여기의 현실에 뿌리내리는 윤리성에 초점을 맞추고자 배치한 글이다. 마지막 장인 제15장은 2017년 가을에 열린 제1회 서울도시건축비엔날레의 첫 번째 단행본인 『공유도시: 임박한 미래의 도시 질문』을 중심으로, 두 비엔날레 총감독 간의 관점 차이를 읽어내고 그게 현대 동 · 서양의 사상적 맥락에서 어떤 의미를 갖는지를 살펴본다. 여기서도 관건이 되는 건 역시 '인간'에 대한 관점이며, 결국 '사람에게 열린 공유'란 무엇일까를 생각하며 끝을 맺는다.

사람의 가치가 궁색하게 취급되는 뉴스가 많아지는 세상이다. 그런데 그것은 다름 아닌 우리가 사람보다 기술을 우선시해온 결과다. 정보화 기술의 발달로 인공지능 기술이 인간의 노동을 없애나가는 추세가 계속되는 중이고, 그럴수록 자본은 끊임없이 인간보다 기술에 투자된다. 건축은 본래 인간이 기술을 활용해 만들어온 것이었는데, 인공지능이 계속 발달한다면 건축가마저 존재의 위기에 부딪힐 수 있다. 이것을 문명의 불가피한 흐름이라고만 말한다면, 사물화된 일상성의 차원에서 벗어날 수 없다는 식민화된 인간의 한탄일 뿐이다. 하지만 사물화에 맞서는 건 인간이기에 할 수 있고, 해야만 하는 삶의 주체로서의 특권이다. 일상적인 것은 일상성의 내부에서 끊임없이 일어나는 삶의 운동이기 때문이다. 인간은 죽음이 불가피한 운명이라 해서 지레 삶을 포기하지 않는다. 그랬다면 인류는 진작 사라졌을 것이다. 삶이야말로 죽음에 맞선 영구혁명이지 않은가? 내가 이 책에서 거론하는 수많은 인물들 또한 바로 그 인류가 살아온 역사의 증거라 할 수 있다. 이 한 권의 서평모음집 역시 그런 삶의 몸짓으로 읽히고, 건축 문화를 바라보는 이해의 층위를 섬세하게 하는 데 기여하길 바란다.

감사의 글

내가 서평을 쓰게 된 건 직업상 자연스럽게 이뤄진 일이었다. 건축을 전공하고 번역을 하게 되면서, 이런저런 건축서와 사상서를 접하는 게 나의 운명적인 일상이 되었기 때문이다. 그러다 내 번역서 『건축의 욕망』이 나온 지 1년여가 흐른 2012년 여름 정만영 교수님께 연락을 받아 철학아카데미에서 한 차례 강의를 한 후, 교수님 제안으로 이경창 선생님과 함께 이듬해부터 격월간지 『건축가』에 교대로 서평을 쓰기 시작했다. 당시 나의 욕심은 건축 담론을 더 넓은 문화와 사상 그리고 사회로 넓히는 데 있었기 때문에, 자연스럽게 여러 텍스트를 '매개'하는 글을 쓰기 시작했다. 당시 기고했던 글 중 다섯 편을 제1부에 수록했다. 그러다 2015년부터 계간지 『건축평단』에 기고하기 시작하면서 '매개서평'이라는 제목의 연재를 하게 되었는데, 이는 매번 적어도 두 명의 저자나 두 개의 텍스트를 매개하겠다는 나의 의도를 더 분명히 해둔 것이었다. 하지만 그렇게 여러 텍스트를 매개하는 작업이 만만찮은 에너지를 소모시켰기에 이 연재는 2016년 가을호를 끝으로 중단하게 되었고, 그 다섯 회의 매개서평을 제2부에 수록했다. 그리고 2014년과 2016년 사이에 『와이드』와 『건축가』, 『민들레』에 실었던 상대적으로 짧은 분량의 서평들을 서곡과 간주곡이란 이름으로 삽입했다(0, 6~8, 14장). 마지막 장인 15장은 『건축평단』 2017년 가을호의 '전시리뷰' 꼭지에 기고한 글이지만 역시 서평으로 봐도 무방하기에 함께 실었다. 여러 매체에 서로 다른 시점에 기고한 다양한 분량의 글들인데도 이렇게 한 권에 모아놓으니

감회가 새롭다. 우여곡절 끝에나마 나의 관심사가 모종의 개념들을 매개로 이어져왔음을 확인할 수 있기 때문이다.

『건축가』와 『건축평단』에 서평을 실어보라고 독려해주신 정만영 교수님과 이종건 교수님께 먼저 감사드린다. 그간 여러 권의 번역서를 펴내주신 데 더해 나의 졸고까지 한 권의 책으로 펴내주시는 시공문화사 김기현 사장님께는 특별한 감사의 말씀을 드려야한다. 늘 믿고 기다려주시는 사장님의 든든한 마음에, 번역이든 글쓰기든 내가 더 자신을 갖고 작업할 수 있었다. 또한 나와 함께 공역도 하고 서평도 교대로 써가며 평소 많은 지적 자극을 주신 이경창 선생님이 안 계셨다면, 이 글들은 쓰이기 어려웠을 것이다. 이경창 선생님의 지적 열정에 늘 감사를 느낀다. 나의 지나친 욕심에 비해 부족한 필력으로 쓴 졸고들을 진지하게 읽으셨거나 읽으시게 될, 지인들과 이름 모를 독자들께 깊이 감사드린다. 글이 사물화되지 않고 생명력을 갖게 되는 건 오로지 독자의 관심 덕분이다.

문득 어릴 적에 어머니께 책 사달라고 떼쓰며 함께 찾던 책방들이 떠오른다. 당시의 책방들은 이제 없지만 요즘에도 비슷한 느낌의 책방들은 적게나마 있다. 스펙터클한 규모의 대형 서점이 아닌, 동네의 좁은 틈에 자리한 오래된 책 향기가 나는 헌책방 말이다. 그런 공간이 없었다면, 나의 서평들도 쓰일 수 없었을 것이다. 내가 헌책을 대상으로 서평을 썼단 말이 아니라, 헌책방에서 구한 다양한 책이 나의 생각을 패턴으로 엮는 데 자양분이 되어줬기 때문이다. 부디 그런 공간이 잘 유지되어 많은 사람들에게 사랑을 받았으면 좋겠다. 나에겐 사람이 공들여 쓴 책을 사랑하는 사람이야말로 따뜻한 사람이라는 굳은 믿음이 있다. 공간도 마찬가지다. 책을 사랑하는 사람이 있는 따뜻한 공간이 많아지길 바란다. 끝으로 지금껏 내가 책 속에서 삶을 찾는 걸 따뜻한 눈으로 지켜봐 오신 부모님께, 사람에 대한 사랑을 늘 느끼게 해주시는 부모님께 마음 깊숙이 감사드린다.

0 서곡:
우리 하늘의 봉우리들이 합쳐질 때*

- 서평도서: 『지붕: 우주의 문턱』
(티에리 파코 지음, 전혜정 옮김, 눌와, 2014)

우리 하늘의 봉우리들이 서로 합쳐질 때
내 집은 지붕을 갖게 되리
- 폴 엘뤼아르, 『살만한 것들』

아름다운 지붕들이 파도처럼 넘실거릴 때가 있다. 개인적으로는 어느 여름철 황혼녘에 리스본의 좁은 골목길을 오르다 뒤를 돌아보았을 때가 그랬다. 바닷바람처럼 시원하면서도 잔잔하게 속삭이던 그때의 빨간 지붕들은 나의 꿈같은 기억 속에서 여전히 넘실거린다. 한편 이 글을 쓰고 있는 어느 건물 6층의 카페에서도 창밖으로 여러 지붕들이 내려다보인다. 일상을 거닐 때는 보지 못하는 풍경들. 인파의 발걸음에 치이는 지상의 시간에서는 도무지 상상할 겨를도 없는 풍경이, 한가한 시간 어느 정도의 높이가 확보된 한적한 장소에 들어서야 겨우 그 쓸쓸한 정수리들을 내비친다. 예쁜 지붕들도 더러 보이지만, 대부분은 녹색 우레탄으로 방수한 평지붕 옥상과 그 위의 낡은 설비, 합법인지 불법인지 모를 가설구조물, 옥탑방 등이 그 풍경을 이룬다. 어디에서는 옥상에서 장독대의 뚜껑을 여는 사람도 있을 것이고, 어느 회사원들은 잠시 건

* 이 서평은 『와이드』 2014년 11-12월호(통권 42호)에 실렸다.

물의 옥상에 올라 담배를 피울 것이며, 누군가는 전망 좋은 옥상 테라스 카페에서 친구들과 담소를 나눌 것이다. 예쁜 지붕 아래의 조그마한 다락방에서 자기만의 꿈에 잠겨있을 이도, 사랑하는 이와 달콤한 시간을 보낼 이도 있을 것이다. 이뿐만이 아니다. 누군가는 건물에서 쫓겨날 판이 되어 옥상에서 생사를 건 저항에 나서게 되는 처절한 현실도 있다.

이렇듯 건물의 지붕 혹은 옥상은 누군가에겐 꿈의 공간이기도, 누군가에겐 척박한 현실의 아픔이 사무치는 공간이기도 하다. 르코르뷔지에와 김수근은 옥상공간에 모더니스트의 이상(理想)을 심었지만, 식민지 현실을 산 건축가 이상(李箱)의 소설 『날개』 속 주인공은 옥상에서 추락을 향해 비상한다. 지붕/옥상에서 꿈은 어쨌거나 현실에서 박차 오르는 것이다. 지붕의 꿈은 최고급 펜트하우스의 욕망으로 물신화하기도 하지만, 자본의 힘이 못 미친 '잉여'적인 옥상은 공(公)과 사(私)를 벗어난 '공통적인 것' (네그리 · 하트)의 정치적 가능성을 암시할 수도 있고 이를 '옥상의 권력' 에 맞선 '옥상의 정치' 로 칭할 수도 있다(조정환, 『옥상의 정치』 40~69쪽). 한편 『지붕(Le Toit)』(불어원본 2003)의 저자 티에리 파코는 이를 '우주의 문턱' 이라 부르며 독자를 존재와 세계가 만나는 우주적인 꿈으로 인도한다. 이러한 관점은 다소 바슐라르적인 현상학과 세밀한 문학적 감성에 기초하는 만큼 척박한 현실의 정치적 논구보다 아름다운 몽상에 가깝지만, 꼼꼼한 어원풀이를 곁들이며 지붕에 얽힌 아름다운 기억들을 떠올리는 이 철학자의 문학적 면모는 도시학적으로나 인류학적으로나 흥미로운 여러 관점들과 풍부하게 엮여 깊은 여운을 전해준다.

하이데거와 레비나스에게서 "존재를 사유"(18쪽)하는 곳이자 "명상할 수 있는 유토피아"(19쪽)로서 '집'의 의미를 이끌어내고, 멈퍼드에게서 "의미의 창조자이자 상징의 생산자이며 꿈의 제작자"(21쪽)로서, 바슐라르에게서 "필요의 존재가 아닌 욕망의 존재"(23쪽)로서 '인간'의 의미를 이끌어낸 뒤 "지붕은 재현하는 것을 넘어 표현한다"(23쪽)고 말하는 파코는 영화·회화·문학 속의 지붕 이미지를 고찰하다가 현대 건축기술의 폭력이 지붕의 '영혼'을 말살해가는 세태를 비판하고, 이집트 구르나 마을에 흙 건축을 지은 하싼 파티의 "구르나에서의 경험은 실패였다"(89쪽)는 고백에도 안타까운 공감을 표한다. 망사르와 가우디, 르코르뷔지에, 노르베르그-슐츠의 지붕을 차례로 살펴보기에 앞서 세계 곳곳의 토속 주거부터 살펴보는 그는 지붕의 보편유형인 '경사지붕'과 '옥상지붕'에 이렇게 상징적 의미를 부과한다. "지붕이 평평하다면 이는 하늘과 땅이 합쳐졌음을 의미한다. (…) 경사지붕이 갖는 상징성도 마찬가지다. 그것은 땅과 하늘을 연결하면서 높은 곳을 가리키는 축이다."(96~7쪽) 따라서 그에게 지붕은 '우주의 문턱'이면서도, "방어의 기능인 폐쇄성"과 "소통의 기능인 개방성"(162쪽)이라는 이중적 모순을 지닌 곳이다. 이러한 닫힘과 열림의 이중성은 지붕/옥상이 함축하는 꿈과 현실의 이중성을 연상시키지 않는가? 그 꿈과 현실 사이에 실재하는 게 '옥상의 정치'라면, 그것은 어쩌면 이러한 공간적인 '사이'에서, 즉 파코에 따르자면 불어에서 "'열린 틈'과 '통로'를 의미"하는 "작은 천창"에서 이뤄져야 하는 것인지 모른다. "본래의 의미에서든 비유적 의미에서든"(23쪽) 말이다.

제1부
스펙터클을 공공성으로 뒤집기

1 탈비판성은 무엇의 증상인가*

- 서평도서: 할 포스터의 『디자인과 범죄, 그리고 그에 덧붙인 혹평들』(손희경 · 이정우 옮김, 시지락, 2006)

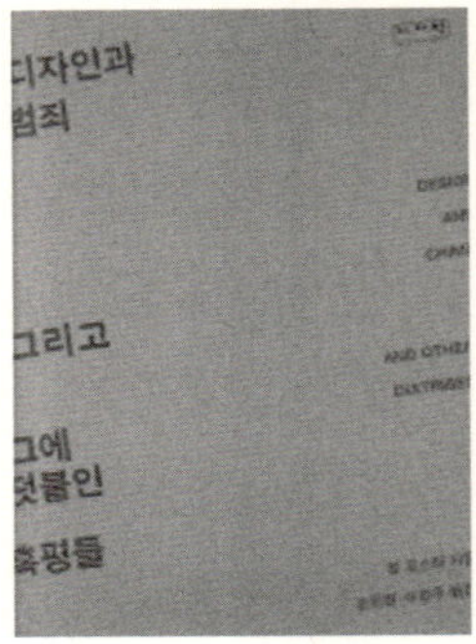

2001년 9월 11일, 뉴욕 심장부에 서있던 쌍둥이 세계무역센터에 어느 비행기가 돌진하여 건물을 일거에 무너뜨린 장면은 우리의 뇌리에 깊이 각인되었다. 그런데 세계를 충격에 빠뜨린 이 사건이 일어나고 이듬해인 2002년, 공교롭게도 미국 건축계와 비평계에는 주목할 만한 몇 가지 흥미로운 텍스트들이 등장하게 된다.

첫 번째는 마이클 스픽스가 2002년 1월 미국 유수의 건축 잡지 『아키텍처럴 레코드(Architectural Record)』에 기고한 「디자인 지능과 신경제(Design Intelligence and the New Economy)」와 같은 해 12월부터 일본의 건축 잡지 『A+U』에 연작으로 싣기 시작한 「디자인 지능(Design Intelligence)」이라는 텍스트다. (여기서 '지능'은 9/11 테러 이후 사람들의 머릿속에 중요한 행위자로 인식되었을

* 이 서평은 『건축가』 2013년 3-4월호(통권 261호)에 「디자인 문화를 비평하는 변증법의 날카로운 시선」이란 제목으로 처음 실었으나, 여기서는 세부적인 오류와 표현, 부족했던 논리의 문제를 대폭 수정 · 보완했다.

미국 중앙정보부[Central Intelligence Agency]의 '정보[intelligence]'와 같은 의미로 쓰인 말이다.) 『A+U』에 실은 첫 글에서 스픽스는 새로운 세계무역센터를 위한 설계공모전에서 최종적으로 뽑힌 여섯 팀 중 두 팀을 상호 대비적으로 읽어낸다. 1970년대 뉴욕 5인조 멤버였던 피터 아이젠만과 리처드 마이어, 찰스 과스메이에 스티븐 홀이 가세한 팀을 '영웅적 아방가르드(heroic vanguard)'로, FOA와 UN 스튜디오, 라이저 우메모토, 그렉 린, 이매저네리 포시즈, 케빈 케넌이 연합한 유나이티드 아키텍츠를 '혁신적 탈-아방가르드(innovative post-vanguard)'로 분류하면서 말이다. 스픽스에게 전자는 영웅적 모더니즘을, 후자는 세계무역센터의 붕괴로 상징되는 실패한 모더니즘의 대안을 상징하는 것이었다.*

두 번째 텍스트는 역시 2002년 예일대학교의 건축저널 『퍼스펙타(Perspecta)』 33호에 실린 로버트 소몰과 사라 화이팅의 「도플러효과와 모더니즘의 다른 경향들에 관한 초고(Notes around the Doppler Effect and Other Moods of Modernism)」라는 글인데, 이 글은 건축 분야가 기존의 '비판적(critical)' 경향에서 '기획적(projective)' 경향으로, (르코르뷔지에의 돔-이노에 대한 아이젠만의 재해석으로 상징되는) '지표(index)'에서 (들뢰즈 식의) '다이어그램'으로, '변증법'에서 '도플러' 효과로, 심지어는 '핫(hot)'한 건축에서 '쿨(cool)'한 건축으로 이행할 것을 촉구한다.**

* Michael Speaks, "Design Intelligence Part 1: Introduction" in *Constructing a New Agenda: Architectural Theory 1993-2009*, ed. A. Krista Sykes (New York: Princeton Architectural Press, 2010), pp. 214-5 참조.

** Robert Somol and Sarah Whiting, "Notes around the Doppler Effect and Other Moods of Modernism" in ibid, pp. 199-202 참조.

이들의 글에서 나타나는 공통점은 건축비평가 마이클 헤이스와 건축가 피터 아이젠만으로 대표되던 '비판적' 건축을 공격하면서, 건축가 렘 콜하스를 그에 대한 대안으로 긍정한다는 점이다. 이들은 70~80년대에 건축비평가 만프레도 타푸리와 콜린 로우, 케네스 프램프턴, 그리고 헤이스 등이 이어온 비판 담론을 아이젠만과 함께 '이론' 이라는 하나의 이름으로 뭉뚱그려 시대착오적인 것처럼 치부하고, 그 대신 건축적 실천과 혁신을 옹호하는 근거로 경영·과학적인 용어와 들뢰즈의 철학적 용어를 활용했다. 이후 스탠 알렌 등이 가세하고 2004년 델프트 공대 컨퍼런스에서 조지 베어드가 발표한 에세이 「비판성과 그 불만(Criticality and Its Discontents)」에서 '탈비판적(post-critical)' 이라고 적절히 묘사되기에 이른 이 젊은 그룹은 2005년 『아키텍처럴 레코드』 6월호에 스픽스가 「이론 이후(After Theory)」라는 선언적인 글을 게재하는 등 '이론(theory)' 대신 '실천(practice)' 을, '자율성(autonomy)' 대신 '수단성(instrumentality)' 을, '부정성(negativity)' 대신 '실증성(positivity)' 을, '저항(resistance)' 대신 '혁신(innovation)' 을 앞세우는 움직임을 전개해간다.

이런 실증주의적 움직임의 근본적 배경을 이룬 것은 건축이라는 이데올로기의 물적 토대, 즉 그 생산 체계의 변화였다. 무엇보다도 90년대 초반부터 그렉 린 등을 위시하여 본격화한 디지털 '테크놀로지' 의 실험적 발전을 목격한 그들은 7~80년대의 이론적 건축에서 벗어나 새로운 정보기술의 유토피아에 심취한 세대였다. 물론 그들에 앞서 형태적 자유를 향한 충동을 강하게 드러낸 프랭크 게리도 이론보다는 디지털 기술의 발전에 힘입어 90년대 건축

스타가 된 선배 세대였고, 게리와 달리 이론적이지만 역시 첨단 디지털 기술을 활용한 피터 아이젠만도 그들의 선배 세대였다. 여기서 흥미로운 건 '탈비판성'을 내세운 그 젊은 그룹이 미국에서 '비판적' 건축을 표방해온 아이젠만의 후예들로서 아이젠만과 '마찬가지로' 들뢰즈의 영향을 받았으며, 가장 극단적인 탈비판적 주장을 한 스픽스는 미국 내 '비판적' 문화이론의 대가인 프레드릭 제임슨의 제자였다는 점이다. 게다가 조지 베어드 말마따나, 그들이 모두 긍정해마지 않는 명실상부한 (역시나 '스타' 건축가인) 모델인 렘 콜하스는 사실상 그들처럼 '탈비판적' 건축을 추구해왔다기보다 그 나름의 비판적 개입을 열정적으로 해온 인물이기도 하다.*

이러니 그 관계가 꽤 복잡해보이지 않을 수 없다. 비판론자와 탈비판론자가 같은 사람(들뢰즈나 제임슨)에게서 영향을 받았음에도 서로 대립하고, 탈비판론자들이 모델로 삼는 자(콜하스)도 알고 보면 열렬한 비판적 개입을 해온 실천가라니 말이다. 그렇다면 최소한 들뢰즈와 제임슨, 콜하스와 같은 인물은 자체적으로 모순적이거나 복잡함을 내재하고 있는 인물이라 생각해볼 법하다. 혹자는 선배인 비판적 건축 세대와 후배인 탈비판적 세대의 이러한 관계를 오이디푸스적 관계로 묘사하기도 한다. 그들의 관계가 마

* 베어드에 따르면, 그들이 렘 콜하스를 인정하는 이유는 『애니(ANY)』 매거진의 주최로 1994년 캐나다건축센터(CCA)에서 "현재 지배적인 건축비평 담론의 문제는 건축의 가장 깊은 동기들 속에서 비판적일 수 없는 뭔가가 있음을 인식하지 못한다는 데 있다"고 말한 그의 진술에 근거한다. 하지만 베어드는 콜하스가 뉴욕 42번가의 디즈니화를 비판한 인물임을 동시에 상기시킨다. George Baird, "'Criticality' and Its Discontents", in *Harvard Design Magazine*, Fall 2004/Winter 2005, Number 21. p. 1

치 아버지의 영향을 강하게 받은 아들이 그 영향을 벗어던져야 한다는 불안을 느끼며 아버지에게 반항하는 관계와 같다는 것이다.

어쨌든 들뢰즈와 제임슨, 콜하스를 이해하는 게 이 두 세대의 대립에 접근하는 핵심일 텐데 들뢰즈와 제임슨 같은 까다로운 사상가를 여기서 다루기는 어려울 것이다. 그렇다면 콜하스가 남는데 (물론 콜하스도 까다로운 인물이긴 하지만), 사실 여기서 빼놓을 수 없는 인물이 한 명 더 있다. 그는 바로 두 세대 사이에서 콜하스와 함께 90년대의 세계적인 스타건축가로 발돋움한 게리다. 탈비판론자들은 이론적인 건축에서 탈피하자며 콜하스를 모델로 내세우지만, 콜하스보다는 게리가 더 탈이론적이고 고급 디지털 기술을 활용하기 시작한 것도 게리가 먼저였다. 더욱이 흥미로운 건 콜하스가 뉴욕 42번가의 디즈니화를 비판했다면, 게리는 디지털 기술로 이미 디즈니 콘서트홀을 설계한 건축가란 점이다. 두 건축가는 탈비판성과 어떤 관계에 있는 걸까. 탈비판론자들은 둘 중 누구와 더 가까운 걸까? 이런 궁금증이 이는 가운데 마침 이 두 건축가의 족적을 추적하는 흥미로운 텍스트가 있어 소개하고자 하는데, 2002년에 등장한 세 번째 텍스트인 할 포스터의 『디자인과 범죄, 그리고 그에 덧붙인 혹평들(Design and Crime [and Other Diatribes])』이 바로 그것이다.

『디자인과 범죄』는 저명한 미술비평가가 바라본 당시의 건축 및 디자인 문화에 대한 날카로운 시각이 돋보이는 비평서이며, 할 포스터는 실로 변증법적 논리전개의 대가다. 1장부터 4장까지를 아우르는 이 책의 제1부는 마케팅과 문화, 일상적 디자인에 대한 고찰로 시작하여 게리의 건축과 콜하스의 글쓰기를 각각 살펴보는 비교적 짤막하면서도 예리함이 돋보이는 구성으로 되어있으며, 5장부터 8장까지를 아우르는 제2부는 언제부턴가 회자되어온 " '미술의 종말' 의 경위를 추적" (10쪽)하고자 미술이라는 "학문의 체제와 제도의 문제" (8쪽)에 초점을 맞춰 꽤나 심도 있게 다층적인 변증법을 전개한다. '디자인과 범죄' 라는 제목은 아돌프 로스가 1908년에 쓴 「장식과 범죄」라는 비평을 모사한 것이다. 하지만 로스의 논점이 "건축이나 미술의 '본질' 이나 '자율성' 을 묻는 데 있지 않" 고 " '문화에 활동 공간을 제공' 하고 개발하려는 필요" 에 맞춰져 있었다면, 포스터의 논점은 "예술적 자율성과 그 범죄적 위반의 정치적 상황성(situatedness)*에 대한 감각과, 비판적 학문성(disciplinarity)**과 그 논쟁의 역사적 변증(辨證)에 대한 감각을 되찾을 필요" 에 맞춰진다(9~10쪽). 따라서 그의 변증법은 문단에서 문단으로, 장에서 장으로, 인물에서 인물로, 세대에서 세대로, 분과에서 분과 등으로 쉴 새 없이 옮겨 다니며 전개되는데, 그것이 전체적으로 많지 않은 분량임에도 이 책의 면밀한 독해가 요구되는 이유다. 포스터가 전개하는 수많은 복잡다단한 변증법 중에서도 건축적으로 가장 쉽고 친숙하게 접근할 만한 부분은 3장과 4장이다. 게리와 콜하스를 다루는 이 두 장부터 먼저 중점적으로 살펴보겠다.

* 번역자는 situatedness를 '위치 지워짐' 으로 번역했지만, 여기서는 '상황성' 으로 바꿔 적는다.

** 번역자는 이를 '비평적 규율성' 으로 번역했지만, 더 적절하다고 여겨지는 번역어로 고쳐 적는다. 아울러 번역자가 '비평' 으로 번역한 critical과 critique은 앞으로 이 글에서 적절히 '비판' 으로 바꿔 적는다.

게리의 변증법

먼저 게리의 건축을 다루는 3장은 master builder의 번역어인 '대목수' 라는 제목을 달고 있다. 이러한 제목은 "우리 시대의 위대한 예술가라는, 아니면 적어도 위대한 조각가라는"(55쪽) 게리에 대한 항간의 주장에 대해 그 속칭 '거장 건축가' 의 속살을 파헤쳐보겠다는 비평적 의도를 느끼게 한다. 여기서 포스터는 게리의 초기 시절부터 구겐하임 빌바오 미술관 등의 대형 프로젝트에 이르는 변천사를 추적하는데, 게리가 초기에 펑키하면서도 소박하게 설계한 자택인 게리 주택(1977-78)은 케네스 프램프턴의 " '비판적 지역주의' 를 거의 혼자 고안해낸 셈"(47쪽)인 'LA 버내큘러(vernacular)' 라는 별명을 얻기에 이른다. 하지만 1980년대에 팝 이미지들로 넘쳐나던 포스트모던 건축이 득세하기 시작하면서 그러한 초기의 LA 버내큘러 스타일은 날카로움을 잃고 "새로운 포스트모던의 요구와 교활한 타협을 보았다."(48쪽) 즉 포스터의 눈에 게리는 "초기의 그런지(grunge) 작업에서… 모호한 팝 스타일을 거쳐… 무절제한 '제스처의 미학' 에 이르는"(같은 쪽) 작업여정을 그리는데, "1980년대 중반에서 후반에 이르는 한동안… 재료-형태적 창조성과 팝-이미지즘적 명료성 사이에서 왔다 갔다 하며, 종종 형태와 이미지들의 절충주의적 콜라주를 반복 사용"(49쪽)했다. 전자의 경향은 조각가 리처드 세라의 영향을 받은 것이고, 후자처럼 "레디메이드 이미지나 상품 오브제를 상징 언어로 구사"하는 건 팝 아티스트 클래스 올덴버그의 영향을 받은 것이었다. 문제는 이 두 번째 전략이 바로 "광고의 형식을 취한 건축물을 이용해 소비자 대중으로 치환된 대중의 입맛에 야합하게끔 만든다"는 점이고 이것이 "1990년대 초반의 파도를 타고 넘는 게리식 변증법"의 핵심이자 "LA의 건축가가 국제적 디자이너로 도약할 수 있었던 비법"이라는 것이다(51쪽).

그림 1. 게리 주택, 2011년 촬영

여기서 로버트 벤투리와 데니스 스콧 브라운, 스티븐 이즈나워의 『라스베이거스의 교훈』에 등장하는 '오리(duck)'와 '장식된 헛간(decorated shed)'의 이분법이 거론되는데, 장식보다 형태를 강조하는 모더니즘적 '오리'와 포스트모더니즘적인 '장식된 헛간'의 구분이 게리에게서는 모던-포스트모던의 '장식된 오리(decorated duck)'로 변증법적 종합을 이룬다고 포스터는 말한다. 그런데 그렇게 아이콘화된 게리 건축이 빌바오 구겐하임 미술관으로 큰 성공을 거두면서 장식된 오리는 조각 예술적 스타일의 걸작으로 일컬어지기 시작했고, 여기서부터 게리에 대한 포스터의 본격적인 비판이 시작된다. 요컨대 포스터는 건축-조각가 게리를 결코 항간에 떠도는 것처럼 위대한 예술가로 인정하지 않으며, 그 예로 게리에게 영향을 주었다고 평가되는 미니멀리즘 조각가 칼 안드레와 게리를 비교한다. 1970년대의 한 인터뷰에서 안드레는 "자유의 여신상의 청동외피에 사람들이 매혹" 되던 시절에서 "조각상을 떠받치고 있는 에펠의 철제 내부 구조에 매혹" 되는 시절, 그리고 마지막으로 "베들로 섬[여신상이 밟고 서 있는 섬]에 매혹" 되는 시절로 옮겨가는 예술의 세 국면을 얘기하며, 현대 조각의 특수한 발전과정을 비유했다. 즉 "인체를 모델링하던 때" 로부터 " '내부 구조' 를 노출시키는 모더니스트들의 작업" 으로, "주어진 장소에 집착하는 당대의 작업들" 로 조각의 영토가 새롭게 확장되어간 과정을 비유한 것이었는데, 건축-조각가 게리는 오히려 이러한 예술의 발전사를 거스르는 "시간의 환상선" 을 탄다는 것이다. 또한 게리와 자주 연관되는 리처드 세라의 조각이 "구축질서를 모두가 알아볼 수 있게 노출" 하는 데 반해, 게리의 건축은 "구조역학적으로 불명료" 해 보인다고 말한다(55~6쪽).

그림 2. 빌바오 구겐하임 미술관, 2000년 촬영

그리고 이 모든 얘기는 '장식된 오리' 라는 대형화된 장식구조물이 반(反)-맥락적이고 관객을 압도하는 스펙터클 효과를 내는 것에 대한 비판으로 수렴한다. 포스터는 기 드보르가 "『스펙터클의 사회』(1967)에서 스펙터클을 '(…) 이미지가 되는 지점까지 축적된 자본' 이라고 정의"한 것처럼, 게리와 '여타 건축가들' 에게 스펙터클은 역으로 "(…) 자본이 되는 지점까지 축적된 이미지"라고 말한다(61쪽). 그러고는 " '빌바오 효과' 라고 부르는 '1997년 10월 열린 오프닝 전야제에서 드러난 경제 · 문화적 충격' 은 '전 세계의 당대 건축가들에게 유사한 위업을 달성하도록 강력히 요구했다' "(62쪽)고 쓴다. 이렇게 보면 '빌바오 효과' 는 당대 건축가들에게 그와 '유사한 위업' 을 달성하도록 이미지를 축적시켜 자본화하는 '스펙터클 효과' 에 다름 아니다.

콜하스의 변증법

게리가 '오리' 와 '장식된 헛간' 의 변증법을 일으키다가 자본 축적의 스펙터클로 수렴하는 속칭 '마스터 빌더' 모사꾼으로 비판을 받는다면, 콜하스에 대해서는 그의 글쓰기 자체가 도시상황의 모순을 들여다보는 변증법적 탐구임에 주목하며 그 과정을 면밀히 추적한다. 그간 콜하스의 저술 작업은 초현실주의적 글쓰기를 통해 모더니즘 이후의 도시와 변증법적 교배를 일으켜왔는데, 『정신착란증의 뉴욕』(1978)에서는 맨해튼에 엿보이는 코르뷔지에식 모더니즘에 초현실주의적 상상이 개입해 월러스 해리슨이나 레이먼드 후드 같은 마천루의 실용주의적 건축을 주인공으로 내세운 바 있다. 또한 『스몰, 미디엄, 라지, 엑스라지(S, M, L, XL)』(1995)에서는 역시 살바도르 달리의 편집증적 비판 방법에 기초한 "존재하는 것들의 체계적 과대평가"를 통해 벤투리의 상업적 대중주의와 로시의 역사적 과거 복권을 모두 지양(sublation)하며 "벤투리의 잠재적 대화가능성"과 "로시의 기억에 의거하는 공감"이 공존하는 방향으로 나아갔다(75쪽). 그리고 그의 이러한 줄기찬 '과대평가' 라는 맥락상의 비약은 사고의 비약으로 이어져 『정신착란증의 뉴욕』에서 언급되던 과도 충만(congestion)이 1980년대 후반 들어 '비움(voids)' 과 '공(nothingness)' 의 언급으로 대체된다.

1995년 하버드 디자인 스쿨에서 가르치기 시작한 콜하스는 "도시문화의 변종들을 기록하고 이해"(76쪽)하려는 목표로 대학원생들과 함께 '도시 프로젝트' 연구 프로그램을 시작했다. 이 프로그램의 산물인 『하버드 디자인 스쿨 쇼핑 가이드(Harvard Design School Shopping Guide)』와 중국 주강 삼각지의 도시화에 관한 『대약진(Great Leap Forward)』, 서부 아프리카의 도시화와 로마도시의 프로토타입 등을 탐구한 『변종들(Mutations)』은 이 4장의 제목이 왜 '건축과 제국' 인지를 설명해주는 책들이다. "마이클 하트와 안토니오 네그리의 표현을 따르자면, 지금 우리가 살고 있는 초국가적인 주권과 전 지구적 자본주의의 제국"(77쪽)을 진단하는 탐구서들이기 때문이다. 하지만 바로 그런 이유로

> 『쇼핑 가이드』는 거대함에 대한 암묵적인 거부로 독해될 수도 있는 것이기에, 이와 같은 변증법적 왜곡은 불쑥 발작적으로 콜하스 자신의 발등을 찍는 일과 다름없다. 이 책에서 그는 '쓰레기 같은 공간(Junkspace)' 이란 제목을 단 비평문 하나만을 맡아 썼지만, 그것은 작금의 수많은 초대형 구조체들을 채워온, 건축가가 설계하지 않은* 지리멸렬한 공간들을 비난하는 대단히 신랄한 원고다. 같은 이유로

* 이 책의 번역자는 non-architected를 '건축되지 않은/못한' 이라고 옮겼지만, 굳이 architect라는 말을 동사로 쓴 걸로 보아 여기서는 '건축가가 설계하지 않은' 으로 적는다.

> 『대약진』은 마오쩌둥과 그의 옛 경제 운동에 대한 농담일 뿐 아니라, 동시에 맨해튼주의와 '과도 충만의 문화'에 대한 재고이기도 하다. (80쪽)

포스터는 묻는다. "우리는 콜하스를 이 제국의 어디쯤에 놓을 수 있을까?" 그러고는 20세기 초 양차 대전 사이 파리의 초현실주의와 모더니즘을 각각 대표하는 "브르통과 르코르뷔지에를 동시에 포괄하는 것, 지식이 활처럼 지금 이 순간의 한가운데를 관통하는 그것은 당대 프랑스의 정신을 그려내는 작업"이라던 발터 벤야민의 말을 상기하며 다음과 같이 덧붙인다. 콜하스는 『정신착란증의 뉴욕』에서

> 르코르뷔지에와 달리를 적대적 쌍둥이로 대립시켰다. 콜하스는 이 둘, 즉 거장-건축가-도시주의자인 르코르뷔지에와 '편집증적 비판'의 예술가-분석가인 달리를 화해시키려는 야심을 마음속에 품고 있었다. (…) 코르뷔지에와 달리(혹은 브르통) 같은 이들을 포괄하는 것은 서로 대립하는 아방가르드들, 합리주의자들과 비합리주의자들을 중재하는 것뿐만 아니라, 모더니티 내에서 벌어지는 상이한 프로젝트들, 즉 프로이트의 주체해방 프로젝트와 마르크스의 사회변화 프로젝트의 중재를 뜻하기 때문에, 이 통찰은 양차 대전 사이의 파리에 국한되지 않고 확장된다. (84쪽)

콜하스는 "그 누구보다도 이 논리를 가장 잘 타고 넘는" 건축가이지만, 역설적이게도 "그의 바로 그런 기술이 다소 모호한 움직임을 만들어냈다. 그것이 그로 하여금 당대 쇼핑의 신성화를 비판하게끔 만들었으나 또한 프라다의 사옥 건축가로 일하게도 만든 것이다." 이 양자의 논리를 타고 넘는 기술을 서핑기술로 칭한 포스터는 그런 서핑기술이 "구겐하임 미술관과 같은 기관에 의해 홍보

된 스펙터클로서의 건축에 반대" 하게도 만들었고, "라스베이거스의 구겐하임 갤러리를 디자인" 하게도 만들었다는 역설을 얘기한다(85쪽). 그러고는 콜하스의 " '조직적인 과대평가' 와 수사적인 반전을 구사하며 해체를 시도하는 방식은 입심 좋은 허사로 전락할 수도 있다" (85~6쪽)고 경고한다. 이런 위험에 대해서는 콜하스 역시 잘 알고 있는 듯하다. 이 4장의 마지막에 포스터가 실어놓은 콜하스의 인용이 그것을 말해준다.

> 나는 우리의 활동을 '감동적인 변화' 라고 생각해본 적이 없다. (…) 나는 '건축' 을 위기에 처한 브랜드라고 보며, 건축의 위치를 재조절하려 노력하고 있다. 형식적인 것과 사회적인 것 사이의 관계를 바람직하게 재형성해내려는 우리 활동의 중심(…)이 나의 냉소주의, 내게 있을지도 모르는 비평력의 결핍, 분명히 끝이 없을 우리의 항복… 뒤에 가려져 그다지도 눈에 띄지 않는다는 것은 참으로 아이러니컬하다. (86~7쪽)

이렇듯 포스터는 게리가 자본의 스펙터클과 교활하게 야합해 세계적인 유명 건축가가 되었다고 신랄하게 비판하는 데 반해, 콜하스에게는 세계 자본주의 제국에 대한 그의 비판성이 모호한 현실적 입장으로 인해 입심 좋은 허사에 불과할 수 있다는 경고를 보낸다. 게리의 변증법이 종래의 비판적 지역주의를 버리고 자본주의 제국의 스펙터클에 무비판적으로 가담한 그야말로 상업적인 야합이었다면, 콜하스의 변증법은 상업의 제국을 비판하면서도 제국의 하수인이 되는 모호한 입장에 처해있다는 모순을 안고 있다.

사물화와 재생의 변증법

이후 5장부터 포스터가 전개하는 미술의 변증법은 더욱 다층적이고 심도가 있다. '현대미술의 아카이브' 란 제목의 5장은 '사물화와 재생의 변증법' 적 아카이브 관계가 나타나는 세 가지 국면을 제시하는데, 첫 번째는 '기억술' 이라는 예술의 재생적 의미를 중시한 보들레르와 예술의 기억 잔상을 "노골적인 인용의 패스티시(pastiche)로"(95쪽) 몰아간 마네의 사물화 간에 나타나는 변증법이다. 두 번째는 '미술관' 을 바라보는 관점에서 20세기 전환기의 발레리와 프루스트의 변증법적 관계로, 아도르노에 따르면 발레리는 "과거의 예술을 죽음으로 몰아넣는"(97쪽), 즉 사물화하는 곳이 미술관이라는 견해를 대표하는 데 반해 프루스트에게 미술관은 "환상적 재생의 장소"(98쪽)다. 세 번째는 제2차 세계대전 전야의 파시즘이라는 '역사' 적 상황에서, 인문학자를 역사가와 동일시하며 "과거가 미술사 속에서 재생하기를, 그 파편들이 거기서 소생하기를" 원한 파노프스키와 "전통을 재생시키고 재정돈하는 것보다 그 파편들이 '종교적 제의에 기생적으로 의존하는 것으로부터' 해방되어야 함을, 그리고 정치학의 현재 목표에 충실할 것을" 주장한 벤야민 간의 변증법이다(102쪽). 각기 다른 역사적 상황에서 보들레르와 프루스트, 파노프스키가 재생의 편에 섰다면, 마네와 발레리, 벤야민은 사물화의 편에 있었다는 얘기다. 이렇게 기억술에서 미술관으로, 역사적 전통으로 변증법의 소재를 옮긴 포스터는 자연스럽게 6장에서 미술사의 '이율배반' 에 대해 얘기한다. 그리고 6장으로 넘어가기에 앞서 이렇게 묻는다. "전자정보에 의해 가능해진 다른 아카이브적 관계, 즉 보는 행위의 변

증법에 있어서의 다섯 번째 순간은 아직 오지 않았는가?" (107쪽)

이 질문은 전자기술의 발달로 예술의 사물화가 가속화되거나 그에 대한 변증법적 반동이 일어나는 새로운 변화가 아직 없느냐는 질문이다. 포스터는 미술 아카이브의 관점에서 이런 질문을 던진 것이지만, 이를 디지털 기술의 발전이 건축 문화에 던지는 질문으로 바꿔볼 수 있겠다. 작금의 건축계에서 디지털 기술에 기댄 탈비판적 건축이 비판성에 대한 변증법적 반동이라면, 그것이 사물화하거나 재생하려는 대상은 무엇인가? 그것은 비판적 건축학의 역사를 이론으로 사물화하면서 이론에서 벗어나려는 기술적 충동이 아닌가? 그렇다면 그 충동이 향하는 곳은 어디인가? 포스터는 정보 기술의 발달로 기억이 분리되면서 이미지가 스펙터클이 되어가고 있음을 다음과 같이 언급하며 5장을 마무리한다.

> 보들레르에서 시작해 프루스트를 거치며 끊임없이 상상되었듯이 과거의 미술관이 시각 미술의 기억이 재생되는 장소였다면, 새로운 미술관은 비주얼로부터 기억을 분리하는 장소라 할 수 있다. 기억을 상기시키는 미술관의 기능은 거의 어디에서나 접근할 수 있는 전자 아카이브로 점차 넘어가고 있다. 그 동안 시각적 경험은 전시-형식뿐 아니라 스펙터클로서의 미술관-건물에 주어진다. 즉, 이미지는 미디어 속에서 브랜드의 형평성과 문화적 자산을 서비스한다는 명목으로 유포되는 것이다. 이 이미지는 오늘날 공공 미술의 으뜸가는 형식일지도 모른다. (110쪽)

6장에서 논의되는 '예술의지'와 '자율성', 그린버그식의 형식주의와 아르놀트 하우저의 사회사적 접근, 시각문화와 문화연구, '역사'에서 '문화'로의 전환과 인류학의 관계, '이미지즘'으로의 수렴 등은 건축과 디자인을 포함한 미술사적 관점에서 매우 흥미롭고 중요한 주제들이며, 7장은 "극단론에 빠진" 미술 비평가들의 현재에 관한 내용을 다루고, 8장은 '예술의 종말' 이라는 주제 앞에서의 '지속' 에 대한 철학적 고찰로서 트라우마와 유령성, 비동시성에 관한 논의가 주를 이루는 가운데 아방가르드와 네오-아방가르드의 기획, 모더니즘과 포스트모더니즘의 변증법 등이 흥미롭게 논의된다. 8장의 제목인 "엉뚱한 송장을 차고앉은 장례식" 이란 표현은 참 흥미로운데, 당시 한창 논의되던 '예술의 종말' 과 같은 이야기가 너무 섣부른 사망선고였다는 의미로 읽을 수 있겠다. 왜냐면 오래 전에 끝난 줄 알았던 포스트모더니즘과 네오 아방가르드 미술이 일정 부분 회복되어 지속되고 있음이 발견되고 있기 때문이다.

이미지-건물

이제 다시 게리로 대표되는 스펙터클 건축에 대한 이야기로 돌아가자. 할 포스터가 『디자인과 범죄』에서 많은 지면을 할애하며 비판적 분석을 실천하는 이유는 일상을 잠식해버리는 자본의 스펙터클화에 야합하는 디자인을 범죄로 여기기 때문이다. 이 책이 나온 지 3년 후인 2005년에는 포스터가 이 책에서 보여준 게리의 스펙터클 건축에 대한 비평이 계기가 되어 그에 관한 컨퍼런스가 열렸다. 클라크 인스티튜트에서 ≪스펙터클과 용도 사이의 건축(Architecture Between Spectacle and Use)≫이라는 이름으로 열린 이 컨퍼런스에는 포스터는 물론이고, 마리오 카포, 베아트리츠 콜로미나, 마크 도리언, 사라 윌리엄스 골드헤이건, 커트 W. 포스터,

마크 자좀벡, 펠리시티 D. 스콧, 테리 스미스, 앤소니 비들러, 마크 위글리가 참석했다. 각자의 논문발표가 끝난 뒤, 포스터는 이 모든 주제들을 모아 스펙터클 건축에 대한 자신의 평가를 확장하는 방식으로 컨퍼런스 1부의 마지막을 장식했다. 다음날 아침에 이어진 2부에서는 발표자들끼리 열정적인 토론을 벌이며 각자의 관점을 충분히 전개했으며, 마이클 헤이스가 마지막을 우아하게 요약했다고 전해진다.* 컨퍼런스 논문집의 서문을 쓴 앤소니 비들러는 『디자인과 범죄』에서 포스터가 보여준 비평에 대해 다음과 같이 얘기한다.

> 건축이 시장경제 속에서 건축이나 사회보다도 마케팅에 이바지하는 하나의 이미지로 전락했다는 포스터의 비판은 가혹하지만 중대한 문제다. 그의 비평은 디자인에서 개인의 '자유'가 처한 한계들, 대중과 공공시설에 대한 건축의 책임, 건축의 형태적 표현 언어, 그것의 프로그램적 진정성을 중심으로 근본적인 질문들을 제기한다. 더 나아가 그는 컴퓨터로 생성된 형태들의 명백하게 끊임없고 무가치한 반복으로 추구되는 디자인 과정 자체뿐만 아니라, 신자유주의 자본의 확장이 주도하는 동일한 테크놀로지들에 점차 종속되어가는 건물의 제작(fabrication) 과정까지도 함께 문제시하고 있다.**

컨퍼런스 1부의 대미를 장식한 할 포스터의 논문은 「이미지-건물(Image-Building)」이라는 제목으로 논문집 끝에 실렸다.*** 이 글에서 새롭게 주목할 점은 게리보다도 콜하스인데, 레이너 밴험이 대

* Anthony Vidler, "Introduction" in *Architecture Between Spectacle and Use* (2008), Clark Institute, p. xii-xiii.

** 같은 책, p. viii.

*** 이 글은 수정을 거쳐 포스터의 후속작 『콤플렉스(The Art-Architecture Complex)』(2011; 국역본 출판 2014)의 서문으로 실렸다.

표하는 기술적 팝(Pop, 대중주의)과 로버트 벤투리가 대표하는 상업적 팝의 변증법을 콜하스의 작품에서 읽어내기 때문이다. 즉 콜하스의 베이징 CCTV 사옥과 시애틀 공공도서관도 게리의 스펙터클 건축과 마찬가지로 '장식된 오리', 즉 '상업적 이미지'와 '기술적 형태'를 합친 '이미지-건물'이라는 것이다. 『디자인과 범죄』에서 포스트모더니즘과 네오 아방가르드 미술이 일정 부분 회복되었음을 발견한 그는 그렇게 건축에서도 팝의 스펙터클이 더 심화하고 있음을 진단한다. "과도한 블롭(blob)이나 '매체화된 외피(mediated envelope)'" 같은 건축어휘로 스펙터클한 빌바오 효과를 얻고자 하는 경향이 "아직도 여전하고 그 어느 때보다 더한, 팝의 세상"이라면서 말이다.* 콜하스를 추종하며 디지털 기술의 실증주의를 내세우는 탈비판적 건축은 이런 세상에서 출현했던 것이다.

그림 3. 베이징 CCTV 본사 사옥, 2010년 촬영

* Hal Foster, "Image Building" in ibid, p. 175. '블롭'은 디지털 건축을 들뢰즈주의와 결합한 그렉 린이 퍼뜨린 유연한 물방울 형태를 가리키는 개념이고, '매체화된 외피'는 건물이 거대화될수록 내부와 외부의 분리가 강화되면서 표면 자체가 매체 역할을 하는 디지털 건축의 경향이다.

그림 4. 시애틀 공공도서관, 2014년 촬영

2 유토피아와 빼앗긴 희망의 씨앗*

- 서평도서: 『세상 어디에도 없는 도시의 사람들』 (히메네스 라이 지음, 김윤범 옮김, 픽셀하우스, 2013)

언제부턴가 텍스트보다 이미지에 익숙해져 온 대중들에게 '그래픽 소설' 이라는 장르가 어필하기 시작했다. 유럽에서 '로망 그라픽(roman graphique)' 이라 칭하는 이 장르는 형식상 '만화' 에 해당하는데, 이미지의 문법을 따라 텍스트가 양념처럼 끼어들기도 하나 대부분은 다소 두터운 텍스트가 이미지의 문법과 끈끈하게 얽혀들기에 소설에 준하거나 그보다 더욱 강렬한 미적 체험을 전해주기도 하는 '만화예술' 로 취급된다. 여기서 소개하려는 도서는 표면적으로 이러한 형식을 취한 건축만화인데, 지금껏 건축가를 그린 그래픽소설의 전례는 있었지만 표현기법 자체가 건축적인 만화는 아마도 이게 최초일 것이다. 두터운 텍스트를 동반하는 여타의 그래픽소설과 달리 '건축적인' 표현기법을 채택한 이 만화는 이미지의 시각적인 문법을 따라 텍스트가 양념처럼 끼어드는 부류에 가깝다고 할 수 있다. 즉 이 만화를 주도하는 것은 이미

* 이 서평은 『건축가』 2013년 7-8월호(통권 263호)에 실렸다.

지의 흐름이며, 그러한 흐름에서 유독 돋보이는 건 건축적인 각종 다이어그램들과 흑백의 컬러 속에서 강조되는 선의 윤곽들이다. 이런 식의 표현은 건축에서 기본적인 기법이지만, 건축의 전문적인 기법을 건축만의 '규방(閨房)' 속에 가두기보다 대중과 소통할 수 있는 내러티브와 엮어 내놓았다는 점에서 흥미를 자아낸다. 게다가 이 책의 제목은 "세상 어디에도 없는 도시의 사람들(Citizens of No Place)"이고 '어디에도 없는'이라는 말은 바로 '유토피아'의 정의와 연결된다. 바로 이 지점에서 이 책의 정체성에 대한 고민이 시작된다. 유토피아는 우리에게 과연 어떤 의미인가? 또한 이 책이 그리는 유토피아는 과연 '어떤' 유토피아인가? 일단 책의 서언을 쓴 존 맥모로우는 이 제목과 관련하여 다음과 같은 설명을 하고 있다.

> 토머스 모어의 유명한 소설 유토피아에 나오는 완벽한 상상의 섬을 보면 완벽함이란 상상에 존재하는 것이기도 하지만 불가능한 것도 되는 역설적인 것이다. (유토피아의 뜻은 그리스어의 ομ가 'not'이고 τσποδ는 'place'이므로 문자 그대로 'not place'라는 의미가 된다.) '유토피아' 하면 떠오르는 긍정적인 생각은 utopia와 발음이 같은 eutopia에서 비롯된 것으로 분명 비슷하지만 뚜렷하게 구별된다. (그리스어의 εμ는 'good' 또는 'well'이고 τσποδ는 'place'라는 뜻이다.) (6쪽)

'유토피아'라는 소재는 참으로 흔하게 접해볼 수 있는 소재다. 영화에서 흔히 볼 수 있는 테크놀로지에 의한 기술 유토피아부터 아르카디아적인 자연주의의 이상향, 로빈슨 크루소의 무인도, 플라톤의 이상 국가, 토머스 모어의 유토피아, 샤를 푸리에의 팔랑스테르 등이 떠오르고, 그 외에도 각종 정치적 유토피아와 예술작품들이 그려온 수많은 유토피아들이 있다. 앞서 존 맥모로우의 말을 인용했듯이, 일찍이 토머스 모어는 유토피아를 그리스어 어원상 '어디에도 없는 장소' 라는 뜻의 '오우토피아(ou-topia)' 와 '좋은 장소' 라는 뜻의 에우토피아(eu-topia)' 로 구별한 바 있다. 한편 루이스 멈퍼드는 '도피 유토피아' 와 '재건 유토피아' 를 구분하면서 전자를 "외계를 그대로 방치하는", "사상누각을 세우고자 하는" 것으로, 후자를 "외계를 변화시키고자" 하는, "측량사나 건축가가 벽돌공과 상담하여 기본적인 욕구를 충족하는 집을 세우고자 하는" 것으로 설명한다.*

어쨌거나 유토피아는 이렇게 이상적인 장소로 표현되기 때문에 장소에 대한 사고가 핵심인 건축과 불가분의 관계에 있다고 해도 과언이 아닌데, 그런 면에서 이러한 유토피아가 우리 시대의 건축에 갖는 의미를 고찰하려면 일단 자본주의의 발달 속에서 건축의 유토피아가 어떤 운명에 처하게 되었는지를 비판적으로 분석한 건축사가 만프레도 타푸리의 『건축과 유토피아』(1973)를 살펴보지 않을 수가 없다. 타푸리의 분석에 따르면, 18세기에 순간적 자율성을 누린 낭만적 유토피아주의는 근대적 자본주의의 발달과 함께 점차 현실적인 도시 이데올로기로 대체되어 가면서 형식(form)이 퇴보적인(regressive) 유토피아로서 남게 되었고,** "건축

* 루이스 멈퍼드, 『유토피아 이야기』 (박홍규 옮김, 텍스트, 2010), pp. 31-2; 같은 책 서문(p. 11)에서 멈퍼드는 유토피아를 '인간의 어리석음' 이나 '희망의 극단' 을 뜻하는 두 부류로, 말하자면 전자는 "도저히 있을 수 없는 완전한 나라에 대한 꿈" 으로서의 유토피아로, 후자는 "일상생활을 가능한 한 풍요롭게 만들기 위해 인간의 환경과 제도 그리고 과오를 범하는 인간의 본성까지 바꾸고자 하는 합리적인 노력" 으로서의 유토피아로 구별하기도 한다.

** Manfredo Tafuri, *Architecture and Utopia*, trans. Barbara Luigia La Penta, Cambridge: MIT Press, 1976, 1장("Reason's Adventure")과 2장("Form as Regressive Utopia") 참조.

의 이데올로기는 계획의 이데올로기가 되"어 "자본주의적-산업적 유토피아로 변형" 되었으며, 다시 "계획의 이데올로기로서의 건축은 계획의 현실에 휩쓸렸는데 이때는 유토피아의 수준이 폐기되고(superseded) 계획이 작동(operative) 메커니즘이 되는 시점이었다."* 말하자면 자본주의의 발달로 계획의 이데올로기로 대체되어버린 건축의 낭만적 이데올로기, 즉 유토피아에 대한 열망이 더는 유효하지 않게 되었다는 시대적 진단이자 일종의 사망선고처럼 느껴질 법한 선언을 했던 셈이다. 다시 멈퍼드의 용어에 빗대어 표현해보자면 이제 유토피아적 열망은 '재건 유토피아'가 아닌 '도피 유토피아'로서의 형식주의로만 남게 되었다는 얘기다. 따라서 타푸리는 건축의 "드라마"가 될 법한 것은 이제 "순수한 건축으로, 유토피아 없는 형식으로, 최상의 경우에는 숭고한 무용성으로 돌아갈 수밖에 없는 건축" 뿐이며 "이데올로기적인 위장을 덧씌우는 기만적인 시도들보다 침묵하는 '순수성'을 말할 용기를 지닌 이들의 진정성"을 선호할 거라고 말했다.**

그때보다 후기자본주의의 힘이 더욱 심화되었을 뿐인 이 시기에 그의 진단은 여전히 충분히 유효하다 할 수 있지만, 그럼에도 불구하고 '유토피아의 수준이 폐기되었다'는 그의 비관적 선언에 대해서는 이제 선불리 동의하기 어려운 면이 있다. 그건 마치 멈퍼드가 '도피 유토피아'에 맞서 '재건 유토피아'를 선호했던 것처럼, 유토피아주의는 마냥 '현실주의'에 반대되는 하나의 환상적 허위의식으로 치부할 수 있는 것이기보다는 꽤나 다면적인 양

* 같은 책, p. 48; p. 70; p. 135.
** 같은 책, p. ix.

상으로 끊임없이 나타날 수밖에 없는 욕망과 관련된 문제임을 자각하는 시대이기 때문이다. 따라서 자본주의의 발달로 유토피아의 수준이 폐기된 것처럼 보인다고 해서, 지금과는 다른 '어떤' 유토피아에 대해서도 냉소적인 태도를 취하다가는 희망의 씨앗을 영영 거세해버리는 결과를 낳을지도 모를 일이다. 아마도 유토피아주의가 다면적인 이유는 그것을 작동시키는 이데올로기 자체의 다면성 때문일 텐데, 푸리에 등의 공상적 사회주의에 맞서 과학적 사회주의를 지향하거나, 이데올로기를 '허위의식' 으로서 비판하며 현실의 물적 토대를 바꾸고자 유물론을 주장했던 마르크스적 현실주의 자체도 알튀세르의 이데올로기 정의*에 따르면 기존 이데올로기를 부정하는 '다른' 이데올로기로 볼 수 있듯이, 모든 '유토피아주의' 를 마냥 '현실주의' 에 반대되는 하나의 환상적 허위의식처럼 치부하기는 어렵다. 말하자면 그 '현실주의' 마저도 기존의 이데올로기화된 현실처럼 무의식 속에 감춰둔 유토피아적 환상과 필연적으로 결부되기에 언제나 불완전한 공백을, 구멍 난 실재를 품은 또 다른 이데올로기일 수밖에 없기 때문이다. 타푸리는 당대의 이데올로기적 위장(ideological dress) 속에서 가려진 현실을, 그 역사의 결을 거슬러 솔질하면서 섬광처럼 꿰뚫어봐야 한다는 생각이었겠지만, 어느새 현실주의적인 실천마저 '실용주의' 와 같은 '이데올로기적 위장' 의 언어로 다시 교란되어 '자본주의적-산업적 유토피아주의' 에 복무해온 것 역시 작금의 '현실' 이라

* '이데올로기는 개인들이 그들의 실재적 실존조건들과 맺는 상상적 관계를 표상한다(Ideology represents the imaginary relationship of individuals to their real conditions of existence).' Louis Althusser, "Ideology and Ideological State Apparatuses," in *Lenin and Philosophy and Other Essays*, trans. Ben Brewster, New York: Monthly Review Press, 1971 참조.

할 수 있지 않은가? 따라서 그 이데올로기화된 현실에 대한 불만이 생기게 되는 공백을 언제나 또 다른 유토피아가 꿰차고 들어가게 마련인데, 이런 빈틈에서 퇴보적인 유토피아에 맞서는 가장 현실적인 방법은 보다 변증법적인 유토피아를 실천해가는 일일 것이다. '유토피아주의'에 대한 사망선고와 같은 타푸리의 선언을 마냥 받아들이기가 뭔가 마뜩잖은 것은 바로 그런 이유 때문이다.* 여기서 유토피아에 대한 프레드릭 제임슨과 슬라보예 지젝의 관점을 참고해보는 게 유익할 듯하다.

타푸리가 미국에 소개된 이후 건축도시연구소(IAUS)의 주관으로 1982년에 열린 타푸리 관련 심포지엄에서 그에 대한 비판적 논평을 한 걸로 유명한 문학비평가 제임슨은 마침 전년도에 그의 대표작인 『정치적 무의식』(1981)을 출간했던 상황이었다. 그런데 타푸리가 유토피아에 비관적 진단을 내린 데 반해, 제임슨에게는 유토피아야말로 지속적으로 그를 매혹시킨 주제였다. 필립 골드스타인에 따르면 "제임슨은 언제나 글을 통해 '기계적이고' 제도적인 갈등을 넘어선 유토피아적 영역을 추구한다."** 애덤 로버츠는 현실적 사고와 유토피아 이념에 대한 제임슨의 생각을 이렇게 정리한다.

> 마르크스는 언제나 자본주의에 맞서는 혁명적인 저항의 기초로서 현실적 사고를 강조했다. 그러나 마르쿠제가 보기에는, 그리고 제임슨

* 이러한 불만이야말로 '변증법적 열정'으로 이어지는 충동이 아닐까?

** Philip Goldstein, *The Politics of Literary Theory: An Introduction to Marxist Criticism*, Tallahassee: Florida State University Press, 1990, p. 149, 151; 애덤 로버츠, 『트랜스비평가 프레드릭 제임슨』(곽상순 옮김, 앨피, 2007), 215쪽에서 재인용.

> 이 동의하듯 이제는 시대가 변했다. '이제 현실적인 사고야말로 모든 면에서 체제에 투항하는 것을 의미하며, 자신의 적마저도 자기의 거울-이미지(mirror image)로 바꾸어버리는 체제의 힘의 증거가 된다. 반대로 유토피아 이념은 이 세계와 질적으로 구별되는 세계의 가능성을 생생히 보존하며, 현재의 모든 것에 대한 완강한 부정의 형태를 취한다.' * (…) 제임슨은 정치적 무의식을 유토피아를 향한 충동으로 간주한다. 그것은 사회적 슈퍼에고에 의해 억압될 수밖에 없는 것이다. 우리는 왜 억압이 제임슨의 유토피아 개념과 그토록 상호 모순되는지 알 수 있다.**

제임슨의 이러한 생각은 그의 라캉적인 사유를 드러내고 있다. '자신의 적마저도 자기의 거울-이미지로 바꾸어버리는 체제' 는 말하자면 '개인의 상상적 유토피아' 마저도 '자본주의적-산업적 유토피아' 에 귀속시켜버리는 자본주의의 상징적 체계이며, 현실적인 사고는 상상적 유토피아를 포기하게 되면서 자연스럽게 현실을 지배하는 상징체계인 자본주의 체제로 투항하는 것을 의미한다는 얘기다. 따라서 제임슨이 말하는 "완강한 부정의 형태" 로서의 '유토피아 이념' 은 타푸리의 현실적 사고가 이미 비관적으로 진단한 '상상적 유토피아' 와는 다른 무엇을 연상케 한다. 그것은 제임슨이 허상에 불과한 '상상계(Imaginary)' 와 철저하게 구조화된 법과 같은 '상징계(Symbolic)' , 그리고 그 법과 같은 상징계마저도 균열을 내버리는 절대적인 '실재계

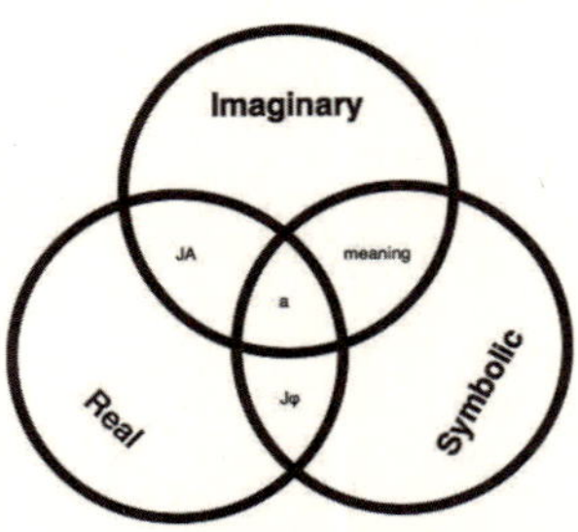

그림 5. 라캉의 보로메오 매듭 (상상–상징–실재) 다이어그램

* Fredric Jameson, *Marxism and Form: Twentieth Century Dialectical Theories of Literature*, Princeton: Princeton University Press, 1971, p. 111.

** 애덤 로버츠, 앞의 책, 216, 221쪽.

(Real)' 라는 라캉의 삼원질서 속에서 사고하고 있기 때문인데, 이러한 삼원질서를 잘 알려져 있는 프로이트의 삼분법인 '이드-자아-초자아' 와 비교해보자면 대략 상상계는 자아와, 상징계는 초자아와, 실재계는 이드와 유사하다. 그리고 라캉의 틀 속에서는 현실(reality)과 실재(the real)를 구분하는 게 중요한데, 현실이란 앞서 얘기했듯이 어디까지나 상상적인 거울-이미지들을 양산해내는 상징계에 예속된 것인 반면 실재는 (라캉에 의하면) 언제나 "상징화에 절대적으로 저항하는 것" 이다.* 따라서 제임슨이 말하는 유토피아 이념은 사회적 슈퍼에고(초자아)에 의해 억압된 정치적 무의식이 충동적으로 지향하는 것이자 현재의 모든 것을 완강히 부정하는 것이므로, 상징계에서 퇴보하는 상상적 유토피아보다는 '실재적 유토피아' 에 가깝다고 봐야할 것이다. 마치 멈퍼드가 유토피아를 '도피 유토피아' 와 '재건 유토피아' 로 대별했듯이 타푸리가 절망적으로 바라본 퇴보적 유토피아와 제임슨이 희망을 거는 유토피아 이념을 각각 상상적 유토피아와 실재적 유토피아라는 두 가지의 다른 양상으로 대별시켜볼 만하며,** 다만 라캉적인 의미에서 실재는 "불가능한 것"***인 데 반해 제임슨의 유토피아 이념은 "이

* 딜런 에반스, 『라깡 정신분석 사전』 (김종주 외 옮김, 인간사랑, 1998) 217쪽; 자크 라캉의 『세미나(Le Séminaire)』 제1권에 수록된 말이다.

** 타푸리와 제임슨의 관점이 보이는 유사성과 차이에 대해서는 제임슨의 『정치적 무의식』이 출간된 지 30주년을 기념하여 나온 *The Political Unconscious of Architecture: Re-opening Jameson's Narrative* (ed. Nadir Lahiji. Farnham: Ashgate, 2011)라는 선집이 자세히 다루고 있다. 이 책에 수록된 글 중 특히 타푸리와 제임슨을 밀도 있게 비교하는 논문은 게복 하투니안(Gevork Hartoonian)의 "빼앗긴 희망: 제임슨의 타푸리 비평에 대한 독해(The Stolen Hope: Reading Jameson's Critique of Tafuri)와 나디르 리히지(Nadir Lahiji)의 "건축 이데올로기 비평의 재장전(Reloading Ideology Critique of Architecture)", 루이스 마틴(Louis Martin)의 "프레드릭 제임슨과 비판적 건축(Fredric Jameson and Critical Architecture)이다.

*** 에반스, 앞의 책, 217쪽; 자크 라캉의 『세미나』 제11권(정신분석의 4가지 근본개념)에 수록된 말이다.

세계와 질적으로 구별되는 세계의 가능성"을 보존한다는 점에서 그의 유토피아가 정녕 라캉적인 의미의 '실재적' 속성을 지닌 것인가에 대한 의문을 품을 만도 하다. 하지만 이런 의문 앞에서 슬라보예 지젝이 『이라크』(2004)에서 제시한 유토피아에 관한 통찰을 주목해보면, 라캉의 실재 관념과 제임슨에게서 추출한 실재적 유토피아 개념 사이에 벌어진 모순적인 의미를 이해할 수가 있다.

> 가장 내밀한 곳에서 유토피아는 불가능한 이상적 사회를 상상하는 것과는 아무런 상관도 없다. 유토피아를 특징짓는 것은 문자 그대로 자리가 없는(u-topic) 공간의 건설이다. 즉 기존의 매개변항들 — 기존의 사회 체계에서 무엇이 '가능한' 것으로 나타나는가를 규정하는 매개변항들 — 바깥에 있는 사회적 공간의 건설이다. '유토피아적인' 것은 가능한 것의 좌표를 바꾸는 제스처이다. (…) **이와 같은 그 순간의 절박함이 진정한 유토피아다.***

여기서 "불가능한 이상적 사회를 상상하는 것"이란 물론 라캉적인 의미의 '상상적' 유토피아로, "기존의 사회 체계"는 '상징계'로, "기존의 매개변항들"은 상징계에 속한 '상징적인 것들'로 읽어볼 수 있다. 그리고 우리의 궁극적인 관심사인 '실재'는 "무엇이 '가능한' 것으로 나타나는가를 규정하는" 매개변항들의 사이에서 한없이 비껴나가는 "바깥"을 통해야만 비로소 경험할 수 있는 것이다. 현실의 체계를 이루는 상징적인 매개변항들 사이에 있지만 언제나 우리의 시야를 비껴나가 있는 것, 그리고 언제라도 귀환하여 그 상징계를 무너뜨릴 준비가 되어 있는 것, 한 마디로 프로이트적인 의미에서 '친숙하면서도 낯선(uncanny)' 역설적인

* 슬라보예 지젝, 『이라크: 빌려온 항아리』(박대진 외 옮김, 도서출판 b, 2004), 159-60쪽.

것이자, 라캉적인 의미에서 친밀하면서도 외부에 있는 '외밀한(extimate)' 것이야말로 라캉이 말하는 '실재'의 진짜 의미다. 이런 의미에서 "현재의 모든 것에 대한 완강한 부정"을 통해 "이 세계와 질적으로 구별되는 세계의 가능성"을 보존하려 하는 제임슨의 유토피아 이념은 "무엇이 '가능한' 것으로 나타나는가"를 끊임없이 고민하면서 현실세계에 정착한 상징적 매개변항들의 좌표를 바꾸는 '실재적 유토피아'의 제스처인 셈이다. 따라서 그런 실재는 라캉적인 의미에서 궁극적으로 불가능한 것임에도 불구하고 끊임없는 가능성에 대한 고민 속에서 불가능의 거리를 좁힘으로써만 순간적으로 경험할 수 있는 것이다. 이러한 불가능의 실재적 유토피아를 향한 충동, 즉 그 "**순간의 절박함**"을 하나의 실천적인 임무로서 간명하게 요약해주는 말로서, 지젝은 다음과 같은 새뮤얼 베케트의 언명을 인용한다. "다시 시도하라. 다시 실패하라, 더 낫게 실패하라."*

참고로 상기한 지젝의 유토피아는 "정치적 유토피아들에 대한 표준적 개념, 즉 실현되어야 한다는 의도조차 기본적으로 없었던 기획들을 포함하는 책들(최초이자 최고의 사례인 플라톤의 『국가』에서 시작해서 토마스 모어의 『유토피아』, 그리고 잊지 말아야 할 것으로 사드의 『규방 철학』에 이르기까지)에도 분명 대립되는 것이며 또한 우리가 자본주의 자체의 유토피아적 실천으로서 통상 언급하는 것(…)에도 분명 대립되는 것이다."** 따라서 우리 앞에

* "Try again. Fail again. Fail better."; Slavoj Zizek, "How to Begin from the Beginning" in *New Left Review*, No. 57 (2009).

** 지젝, 앞의 책, 160~1쪽.

는 이제 3개의 유토피아가 있다. "실현되어야 한다는 의도조차" 없었던 도피적이거나 퇴보적인 '상상적' 유토피아와 "자본주의 자체의 유토피아적 실천"에 속하는 '상징적' 유토피아, 그리고 그 모든 것을 완강히 부정하며 매개변항들의 사이이자 '바깥'을 사유하는 '실재적' 유토피아가 있는 것이다.

그렇다면 이 글이 다루는 그 얇은 두께의 그래픽 소설은 '어떤' 유토피아를 그리는 것일까? 그것은 순전히 현실적으로 실현 불가능한 상상 속으로 도피하는 퇴보적인 유토피아일까, 아니면 정말 현실을 이루는 매개변항들의 좌표를 바꿀 만한 실재적인 유토피아일까? 일단 이 책이 다루는 내용은 건축가가 현실에서 부딪히는 고민들을 바탕으로 하되 지젝의 말처럼 "문자 그대로 자리가 없는" 공간을 사유한다. 하지만 거기에서 분명하게 드러나는 건 지젝이 말한 "사회적 공간"을 "건설"하려는 의도라기보다는 건축가 개인의 차원에서 접하게 되는 각종의 현실과 공통적인 고민의 주제들을 돌아보게 하는 '바깥' 세계의 설정인 듯하다. 따라서 그 내러티브는 '어디에도 없는' 무중력공간에서, 그리고 분명 '이 세계'는 아니면서도 이 세계의 이야기를 담은 곳에서 벌어지는 건축 실무의 여러 단면들을 사유하는 이야기다. 이런 면에서는 현실의 빈틈을 삐딱한 시각에서 바라보려는 '실재'를 사유하려는 충동이 드러나는 게 분명하지만, 다소 당황스러운 것은 이 책의 저자인 히메네스 라이가 '뷰로 스펙테큘러(Bureau Spectacular)'라는 회사*의 리더로서 이렇게 만화적으로 상상한 건축들을 현실적인 프로젝트로도 구현하고 있다는 점이다. 저자 서문에 따르면 이 책은 "존 헤이덕, 다니엘 리베스킨트, 베르나르 츄미와 그 밖의 작가들의 멋진 작품과 같이 어려운 시기(경제가 어려워 일할 기회가 없거나 실현되기에는 아이디어가 너무 환상적일 때)의 페이퍼 아키텍처의 전통을 따르고 있다" 고 하는데, 말하자면 프로젝트 수주가 점점 어려워지는 근래의 건축현실에서 어쩔 수 없이 책으로 도피한 유토피아적 상상의 결과일 수도 있단 셈이다. 그렇기에 이 책은 어쨌거나 '그래픽 소설' 이라는 서사적 장르를 택했다는 점에서 페이퍼 아키텍처의 내향성과 대중적 장르로의 외향성을 매개하는 '안이면서도 바깥' 인 공간을 추구하는 듯하면서도, 다른 한편으로는 현실세계를 보조하기 위한 독특한 대안으로서의 궁여지책으로 보이기도 한다. 따라서 이 책이 '어떤' 유토피아를 그리느냐에 대한 판단은 책의 내용만 놓고 볼 경우 일단 '상상적 유토피아' 와 '실재적 유토피아' 의 사이를 오간다고 할 수 있을 듯하다. 그리고 책의 뒤표지에서 제프리 키프니스가 "새로운 건축가 세대와의 대화를 부활시키기 위해 그래픽 노블 속으로 건축 이론의 형태를 가져왔다" 고 진술했듯이 이 책이 정녕 순간의 절박함에서 나온 실천적 의무로서 현실에서 새로운 건축가 세대와의 대화를 부활시킴으로써 건축을 매개하는 변항들의 좌표를 바꿀 수 있다면, 그 시도 자체를 지젝의 관점에서 하나의 '실재적 유토피아' 로 평가할 수도 있을 것이다. 하지만 이 모든 게 그저 저자의 건축실무를 포장하기 위한 하나의 이데올로기적 위장술에 불과하다면, 라캉적인 의미로 명명한 '상징적 유토피아' 이거나 지젝의 말마따나 "자본주의 자체의 유토피아적 실천" 에 복무하는 상품일 수밖에 없다.

* 지은이 소개에 따르면 "그래픽 스토리를 통해 디자인 아이디어를 연구하고 실현하는 회사" 라고 한다.

따라서 우리는 다시 '실재적 유토피아'를 지향하며 보다 비판적 시선으로 이렇게도 반문해볼 필요가 있을 것이다. 타푸리의 진단처럼 자본주의가 빼앗아간 희망의 씨앗을 과연 이런 식의 유토피아로 얼마나 되살릴 수 있는 것일까?

3 일상의 현전과 조화를 추구하는 리듬분석*

- 서평도서: 『리듬분석』
(앙리 르페브르 지음, 정기헌 옮김, 갈무리, 2013)

오세훈 전 서울시장이 디자인 서울 프로젝트를 진행한 이후로 서울에는 최근 곳곳에 미래주의적인 건물들이 들어섰다. 건축가가 국내건축가냐 해외의 스타건축가냐는 차치하더라도, 게리의 빌바오 미술관처럼 관객몰이를 톡톡히 할 랜드마크 건축을 지향하는 듯한 서울시청 신청사와 동대문디자인플라자 건물은 그렇게 육중한 매스와 전례 없는 곡면을 자랑하며 서울의 중심지마다 들어섰고 자연스럽게 논란의 중심에 섰다. 언론에서 설왕설래했지만, 여전히 건축가들에게 생산적으로 들릴만한 얘기가 얼마나 오갔는지는 불명확하다. 하지만 분명한 건 이런 대형 건축 프로젝트와 관련하여 나오는 얘기들이 대부분 건축의 행정적 측면에 초점을 맞추거나, 건축의 디자인과 관련해서는 통상 '주변과 조화롭지 못하

* 이 서평은 『건축가』 2014년 01-02/03-04월호(통권 266호)에 실렸으며, 일부 미비한 세부사항을 수정 · 보완했다. 여기서 '현전(現前, presence)'은 하이데거적인 의미에서 기계적으로 재현 또는 표상(represent)되지 않은 세계 속 존재, 즉 인간 본연의 실존적 삶을 뜻한다. 또한 '조화'에 초점을 맞춘 이 글은 동대문디자인플라자(DDP)의 완공 이후 있었던 어느 포럼에서 '조화'를 구식 개념으로만 치부하던 패널의 분위기에 자극받아 쓰게 된 것이다.

다'는 문제가 제기된다는 점이다. 그런데 필자의 정보가 부족해서인진 몰라도 그 '조화'와 관련해서는 그다지 심층적인 분석을 보지 못한 느낌이다. 그래서 의문이 든다. '조화'라는 말은 건축을 분석하기에 그다지 적합하지 않은 언어인가? '주변과 조화롭지 못하다'는 생각은 다분히 주관적일 수밖에 없는가? 아니면 그런 생각의 기준을 객관화시킬 수 있는가? 부조화의 기준은 형태적 기괴함인가? 매스의 거대함인가? 스케일의 차이인가?

이런 생각을 보다 깊이 해보는 데 도움이 될 책이 있다면, 그 중 하나가 바로 지금 살펴보려는 앙리 르페브르(1901~91)의 『리듬분석(Éléments de rythmanalyse)』이다. 2013년에 번역 출간된 이 책은 프랑스에서 1992년에 출간된 르페브르의 유작으로서, 현재 국내에 번역된 그의 저서 중 『현대세계의 일상성(La vie quotidienne dans le monde moderne)』(기파랑, 2005; 번역서 초판년도는 1990; 불어원본 출판년도는 1967)과 『공간의 생산(La production de l'espace)』(에코리브르, 2011; 불어원본 출판년도는 1974)을 이어 가장 최근에 나온 책이다. 출간된 이후 많은 서평들이 나왔으나* 이 책의 사회적 · 철학적 · 음악적 의미를 조명하며 그가 말하는

* 〈경향신문〉(news.khan.co.kr)에 실린 김항의 "[명저 새로읽기] 앙리 르페브르 '리듬분석'", 〈서울신문〉(www.seoul.co.kr)에 실린 오상도 기자의 "자본의 리듬에 춤추는 도시의 일상", 〈프레시안〉(www.pressian.com)에 실린 조현진의 "앙리 르페브르의 〈리듬 분석〉"과 임태훈의 "31조원 날리고 파산한 폐허, 서울의 맨살!", 〈참세상〉(www.newscharm.net)에 실린 권범철의 "도시를 듣자", 〈미디어스〉(www.mediaus.co.kr)에 실린 오정학의 "시간과 공간을 '다르게' 그리고 함께 사고하는 것", 웹진 〈문화 다〉(www.munhwa da.com)에 실린 이성혁의 "현재를 현전으로 변형시키는 리듬분석가", 〈서양음악학〉 제17권 제1호(2014. 1)에 실린 김진호의 "앙리 르페브르의 『리듬분석』" 등이 있다. 한편 이에 앞서 번역서를 출간한 출판사 갈무리에서는 2013년 6월 1일에 이른바 '집단서평회'(임태훈, 권범철, 오정학, 이성혁, 김진호 참여)를 연 바 있다.

'리듬분석'의 여물지 않은 한계를 아울러 지적한 경우가 대부분이고, 도시와 건축의 측면에서 리듬분석의 가능성을 심층적으로 따져본 경우는 별로 없는 듯하다. 하지만 르페브르가 누구인가? 무엇보다도 그는 마르크스주의 도시사회학자요 철학자가 아니었던가? 르페브르에게 "철학이란 곧 도시에서 태어나는" 것이요, "도시를 고려한다는 건 이미 철학을 확장하는" 일이다.* 게다가 이 책은 "시간적 차원에 대한 마르크스주의의 지나친 강조를 수정하려는 의도를 가지고 있었을 뿐 아니라, 평생에 걸쳐 교조적 마르크스주의의 내부와 외부에서 시간과 역사에 대한 이해를 다변화하기 위해 투쟁"한 르페브르가 "공간의 생산에 대한 설명을 보충할"(38쪽) 요량으로 시간에 본격적으로 주목하여 나타난 결과이며, 아먼드 아젠버그에 따르면 르페브르는 "이 책을 사실상 『일상생활 비판(Critique de la vie quotidienne)』 4권으로 간주했다"(35쪽)고 한다.** 즉 이 책은 시간과 공간의 변증법으로서 '리듬'을 내세우는데, 그의 리듬분석은 무엇보다 도시의 시공간에서 이뤄지는 일상에 주목한 철학적 과업인 만큼 누구보다도 건축인들에게 큰 의미가 있다 할 수 있을 것이다.

르페브르의 철학적 도식은 기본적으로 '삼항분석'에 기초하는데, 명심해야 할 것은 헤겔식의 '정-반-합' 구도에 머무르는 변증법이 아니라는 점이다. 물론 그렇다고 헤겔식 변증법을 완전히 거부한

* Henri Lefebvre, "Philosophy and the City" in *Writings on Cities* (1996), trans. and ed. Eleonore Kofman and Elizabeth Lebas, Oxford, Cambridge: Blackwell. p. 88, p. 92 참조.

** 한편 르페브르의 대표적 저서인 『일상생활 비판』 1~3권(1947, 1961, 1981)은 국내에 언제 번역되어 나올지 오리무중이다.

다고 말할 수도 없는데, 르페브르가 궁극적으로 의도한 바는 "추상에 대한 완전한 의식에서 출발하여 구체에 접근하는 방법"(58쪽)을 통해 헤겔이 말한 "구체적 보편"(144쪽)에 도달하는 것이기 때문이다. 하지만 그의 변증법적 분석은 "헤겔적 구도에 따라 합에 도달하지 않는"(73쪽) 방식으로 새로운 구도에 도달하며, 이로써 헤겔의 구체적 보편은 세 개의 항 중 앞의 두 항(정[正]과 반[反])을 합한 게 아니라 그것들과 구별된 새로운 모습을 취하게 된다. 요컨대 르페브르에게 변증법적 분석이란 "세 항 사이의 관계를 확인하고 구성한다. 이 관계는 국면에 따라 대립에서 통일로, 통일에서 대립으로 변화한다. (…) 이 과정은 세계의 현전 속에서 이루어진다. 분석은 객체, 주체, 관계 중 어느 것 하나도 따로 떼어놓지 않는다. 변증법적 분석은 유동적이지만 결정된(결정되어 있다고 해서 결정론으로 귀결되는 것은 아니다) 복합성을 포착하는 것을 목적으로 삼는다."(71~2쪽) 이런 관점에서 르페브르가 제시하는 삼항론적 관계는 "시간-공간-에너지"와 "멜로디-하모니-리듬"(73쪽)에서부터 "활동-휴식-오락"(136쪽), "기초적-교육된-순수한" 리듬(142쪽), "소리-강도-울림"(178쪽), "말-노래-음악"(182쪽), "동일리듬성과 다리듬성-조화리듬성-부정리듬성"(193~6쪽), "선형적-순환적-전유된" 시간(207~8쪽), "자신(현전)의 리듬-타자(표상)의 리듬-실천"(242쪽)에 이르기까지 책 전체를 관통한다. 물론 이러한 삼항론적 관계만 있는 건 아니다. "현재(the present)"에 맞서 "현전(presence)"을 대립시키고, "선형적인 것"에 맞서 "순환적인 것"을 대립시키며, "동일리듬성"에 맞서 "다리듬성"을 대립시키는 쌍 개념들이 기본적으로 근간을 이룬다. 그리고 이러한 대립관계에서 중심이 되는 건 "생체적 리듬"과 "사회적 리듬"이 공존하는 "세계-내-존재" 로서의 "몸-주체" (142~3쪽)다. 따라서 르페브르가 말하는 리듬분석가란 이러한 세계 내의 몸-주체로서 도시라는 사회적 세계의 리듬분석을 '실천' 하며 보편성과 구체성을 변증법적으로 매개하는, 구체적 보편을 추구하는 주체인 셈이다.

이 책에서 르페브르는 헤겔과 마르크스는 물론이고 바슐라르와 니체, 프루스트, 하이데거, 푸코, 들뢰즈, 보드리야르 등을 연상시키는 풍부한 이야기를 꺼내놓는다. 바슐라르가 그에게 준 영향은 베르그송의 연속성에 입각한 지속이 아닌 단편적 결합으로서의 지속을 얘기했단 점(48~9쪽)이고, 아울러 니체의 '순간' 개념은 베르그송의 '지속' 에 맞선 개념으로서 중요한 영향을 미쳤다(40쪽). 프루스트의 "기억의 상실과 되찾음, 그 과정의 반복" (41쪽)에서 영향을 받았을 뿐 아니라, '현재' 에 맞서 '현전' 을 강조하는 데서는 데리다와 대비되는 하이데거의 영향을 엿볼 수 있다. 사회적 리듬으로 '조련되는 몸' 에 대해 얘기하는 4장('조련')에서는 푸코의 '훈육체계(discipline)' 가 연상되고, '현전' 을 망각시키며 '현재' 에 집중케 하는 미디어의 시뮬라시옹(simulation)을 얘기하는 5장('미디어적 나날')은 르페브르의 제자였던 보드리야르의 시뮬라시옹 개념을 떠올리게 한다. 한편 르페브르가 말하는 '차이를 만들어내는 반복' 으로서의 '리듬' 은 『차이와 반복』을 쓴 들뢰즈의 '리토르넬로(ritournelle)' 개념을 연상시킨다. 하지만 이러한 다양한 연상들은 그저 제각각의 얘기가 아니다. 이 모든 건 인간의 몸을 소외시키는 사물화가 이루어진 '일상성(everydayness)' 에 맞서 인간의 몸으로 체험되는 '일상적인 것(the everyday)' *을 되살려 세계와의 주체적 조화를 이루려는 '조화리듬성' 을 겨냥한 결과다.

따라서 이 책의 1장은 '사물 비판'으로 시작하고, 2장에서는 "자신의 모든 감각을 동원"(p. 92)하는 리듬분석가의 '체험된 시간성'을 강조하며, 3장('창문에서 바라본 광경')에서는 "리듬들을 파악하고 분석하기 위해서는 그것에서 벗어나야" 하면서도 "완전히 벗어나면 안 된다"(108쪽)는 리듬분석가의 역설적 입장을 제시함으로써 이를 내부와 외부가 중첩하는 '발코니'와 '창'이라는 공간적 위상에 비유한다.** 구체적 보편을 향한 이러한 변증법적 사유는 '조련'이란 제목의 4장에서 사회적 리듬분석의 느낌을 강화하고, 5장('미디어적 나날')에서는 무매개적인(immediate) 현전성과 대화를 소멸시켜 감각적인 것을 현재화하는 미디어화한(mediated) 일상생활을 본격적으로 비판한 후, 6장('시간의 조작')에서는 현전적인 일상적 시간을 조작하는 자본과 기술에 대한 비판으로 이어진다. 이후 '음악과 리듬들'이란 제목의 7장에서 보다 음악적이고 체험적인 관점에서 리듬들을 사유한 뒤 결론으로 이어지지만, 더욱 흥미로운 부분은 마지막에 부록으로 실린 "리듬분석 프로젝트"와 "지중해 도시들에 대한 리듬분석 시도"다.

* 르페브르는 『일상생활 비판』 2권에서 (국내 번역서에서 대개 '일상'으로 번역되어 '일상성'과의 구분이 잘 드러나지 않곤 하는) '일상적인 것(the everyday/le quotidien)'과 '일상성(everydayness/la quotidienneté)'을 분명히 구분했다. '일상성'이 사물화된 현재를 말한다면 '일상적인 것'은 현전성을 보존하는 순간을 뜻한다고 할 수 있다. John Roberts (2006), *Philosophizing the Everyday: Revolutionary Praxis and the Fate of Cultural Theory*, London; Ann Arbor: Pluto Press, pp. 66-7 참조.

** 르페브르는 2장에서 '조화리듬성'에 대해 설명하기를 "다양한 리듬으로 구성된-각각의 기관과 기능은 고유의 리듬을 갖는다-조화 리듬 상태의 몸은 그 리듬들을 준안정 평형상태로 유지한다"(91쪽)고 말한다. 이러한 '준안정 평형상태'로서의 구체적 보편을 추구하는 것이 그가 역설하는 리듬분석가의 입장이라 할 수 있을 것이다. 한편 내부와 외부의 중첩이란 개념은 라캉의 외밀성(extimacy) 개념을 연상케도 한다.

이 두 글은 각각 1983년과 1986년에 르페브르가 그의 마지막 아내 카트린 레귈리에와 함께 쓴 글로, 1983년에 쓰인 "프로젝트"는 이 책에 전반적으로 등장하는 개념들을 정리해볼 만한 글이며 1986년의 "리듬분석 시도"는 그러한 개념을 실제 도시에 어떻게 적용했는가의 측면에서 주목해볼 만한 글이다. "프로젝트"에서 특별히 눈에 띄는 대목은 또 하나의 변증법적 구도인데, '선형적 시간'과 '순환적 시간' 사이에서 '전유된 시간'이 새롭게 사유된다는 점이다. 헤겔과 마르크스의 진보사관이 '선형적 시간'과 결부되고 니체의 영원회귀 관념이 '순환적 시간'과 결부된다면, 르페브르의 '전유된 시간'은 이러한 두 시간이 교차하며 대립적 통일을 이루는 가운데 "시간을 잊어버린 시간으로서, 이 시간 동안 시간은 중요하지 않으며, 계산되지도 않는"(208쪽) 시간, 즉 현전성을 보존하는 일상적 '순간'인 셈이다. 아마도 여기서 그의 '반복'과 '차이' 개념을 연관 지을 수 있을 테다. 순환적 시간은 반복을 일으키지만 그 반복은 언제나 다른 반복이기에 차이를 내포한다. "반복은 차이를 생산한다. 반복은 언젠가는 도래하는 혹은, 반복적으로 생산되는 연속과 연쇄 속에서 돌발적으로 발생하는 사건과 맞닥뜨린다. 그 사건의 다른 이름이 차이다."(63쪽) 따라서 이러한 순환적 반복 속에서 나타나는 순간의 차이를 전유(appropriation)*하는 것, 그것이 르페브르가 말하는 '일상적인 것'의 혁명일 것이다.

* 『현대세계의 일상성』(앙리 르페브르 지음, 박정자 옮김, 기파랑, 2005)에서 옮긴이는 르페브르의 '전유'를 이렇게 설명하고 있다. "포이에르바하적 의미에서 자신의 본질을 재소유한다는 의미이고, 따라서 소외에서의 탈피를 뜻한다." 또한 "자신의 육체, 자신의 욕망, 자신의 시간을 타인에게 맡기는 것이 아니라 그것들을 스스로 장악하고 주체적으로 관리한다는 의미이다." —『현대세계의 일상성』 22쪽, 39쪽 참조.

한편 1986년의 "리듬분석 시도"는 지중해 도시들을 대서양에 면한 북유럽 도시들과 비교하면서 파도의 밀물과 썰물이 달의 리듬을 만들어내는 북유럽과 파도가 치지 않아 태양의 리듬이 지배하는 지중해를 기후적으로 대별시키는데, 이를 양 도시들의 문명과 정치적 발전으로까지 연결시킨다. 이러한 자연적 리듬 외의 사회적 리듬으로서 규범과 의례의 영향이 분석되면서 다시 주체와 객체의 리듬이 구분되는데, 르페브르는 로버트 졸랭의 용어를 빌려 이를 '자신의 리듬'과 '타자의 리듬'으로 일컫는다.

> "타자의" 리듬은 외부, 공적인 것을 향하는 리듬을 가리킬 것이다. 이 리듬을 '표상의 리듬'이라고 불러도 무방할 것이다. (…) 반면, "자신의" 리듬은 사적인 삶에 할애된 시간을 조직하는, 삶 속에 좀 더 깊이 자리 잡은 의례들에 연결된다. 그리하여 표상에 자기현전을 대립시키고, 그 결과로 담화의 형태에 좀 더 고요하고 내밀한 의식의 형태를 대립시킨다……. 그런데 이 대립하는 양극 사이에는 다양한 중간단계들과 그것들의 뒤얽힘이 존재한다는 사실을 잊지 말아야 한다. 방, 아파트, 집, 길, 광장, 동네, 그리고 도시—직계 가족과 먼 가족, 이웃, 친분 관계와 도시 전체가 그 요소들을 이룬다. 자기와 타자는 서로 분리되어 있지 않다. (241쪽)

여기서 중요한 건 '자기와 타자가 서로 분리되어 있지 않다'는 르페브르의 생각이다. 즉 '자신의 리듬'이라는 사적 리듬과 '타자의 리듬'이라는 공적 리듬은 분리되지 않기에, 자기와 타자의 사이를 잇는 매개공간들이 중요해진다. 도시의 일상생활을 분석하는 리듬분석가인 르페브르는 그래서 내부와 외부가 중첩하는 '자신의' 발코니에서 '타자의' 내부와 외부가 중첩하는 '창'을 응시하고, 사적 리듬과 공적 리듬이 교차하는 '계단'과 '광장'에 특히 주목했다. 그가 분석한 지중해 도시들에서는 "낮은 도시와 높은 도시가 구별된다. 계단은 매우 중요한 역할을 한다. (…) 계단은 공간들 사이를 연결할 뿐 아니라 시간들을 연결한다. 계단은 건축의 시간(집, 담)과 도시계획의 시간(거리, 오픈 스페이스, 광장과 기념물)을 연결한다."(245쪽) 심지어 계단을 "공간화된 시간의 멋진 예"라고까지 말하는데, 예를 들어 마르세유의 생샤를 역 계단은 "여행자들이 도시를 향해, 바다를 향해 내려가기 위해 반드시 거쳐야 하는 통로, 혹은 관문"으로서 그 "부정할 수 없는 기념비성은 (…) 우리의 몸과 의식에 한 리듬에서 다른 리듬으로의 전환, 새롭게 발견해야 할 낯선 리듬으로의 전환을 강요한다"(245쪽)는 것이다. 그의 이런 긍정적 시각은 분명 '조화리듬성'의 인식일 테다.

아울러 르페브르는 베네치아를 예로 들어 기념물과 광장의 중요성을 역설한다. "모두가 배우이면서 동시에 관객으로서 다양한 배역과 관계를 연기하는"(243쪽) 연극적 도시인 베네치아에서

그림 6. 마르세유 생샤를 역 계단, 2006년 촬영

그림 7. 베네치아 산마르코 광장, 2006년 촬영

"자유는 국가 내에서 누리는 시민의 자유가 아니라, 국가 외부의 도시에서 누리는 시민의 자유다. 정치권력은 공간을 지배한다. (…) 기념물과 광장 들이 중요해지는 이유다. 그러나 궁전과 교회가 나의 의미, 정치적 목적들을 지닌다고 했을 때, 시민-도시인들은 그 목적들을 우회한다. 그들은 이 공간을 비정치적으로 전유한다."(244쪽) 공적 공간에서 벌어지는 시민들의 이러한 우회와 전유는 권력에 대한 투쟁이자 저항이기도 하고, 표상의 리듬에 맞서 자기현전의 리듬을 찾으려는 노력이기도 하다. 따라서 "전유를 둘러싼 투쟁"이 벌어지는 도시의 광장은 여러 리듬들이 교차하는, 즉 르페브르의 용어로는 다리듬성이 존재하는 장소다.

한편 르페브르는 3장('창문에서 바라본 광경')에서도 파리시내의 광장을 바라보며 리듬을 분석했다. 그곳은 그의 제자 보드리야르가 앞서 『시뮬라시옹(Simulacres et Simulation)』(1981)에서 다룬 바 있는 보부르, 즉 1977년에 퐁피두센터가 완공된 퐁피두 광장이다.

두 사람은 모두 이 하이테크적인 건물에서 실재적 원본이 사라진 사본, 즉 파생실재(le hyperréel)로서의 시뮬라크르를 읽어낸다. 이 건물에서 "생산과 의미의 문화가 아니라, 시뮬라시옹과 미혹의 문화"*를 읽어낸 보드리야르가 보기에 퐁피두센터는 실재적 문화가 아닌 파생실재의 문화를 만들어냈다. 같은 건물 앞에서 르페브르는 유사한 언어로 이렇게 말한다.

> 당신의 현재는 시뮬라크르들로 구성된다. 눈앞의 이미지는 실재를 내쫓고, 사라진 실재를 가장한다. 드라마의 시뮬라시옹, 그 순간은 전혀 드라마틱하지 않다. 그렇다 하더라도 말뿐이다. 파리에서 가장 번화한 거리로 난 창을 통해 본, 스펙타클적인 그 무엇이 우리에게 제공하는 것은 어쩌면 그런 스펙타클의 '느낌' 이 아닐까? (116~7쪽)

이 비판적인 논조를 보건대 르페브르는 이 공간을 '부정리듬성'으로 읽은 것일까? 아마 그럴 것이다. 물론 그는 꽤나 신중한 태도

그림 8. 파리 퐁피두 센터와 광장, 2006년 촬영

* 장 보드리야르, 『시뮬라시옹』(하태환 옮김, 민음사, 2001) 124쪽.

그림 9. 퐁피두 센터 안에서 바라본 광장과 건너편, 2006년 촬영

를 보이는 듯하지만, 주변의 옛 상가와 대비되는 이 건물을 "오로지 테크노크라시가 지배하는 어떤 행성에서 날아와 떨어진 운석"(120~1쪽)이라고도 표현하며 이렇게 묻는다. "부조리한가? (…) 이 기묘한 대조는 무엇을 말하고 있는가? 역사에 밀착된 의고주의와 노출된 초현대성의 공존은 무슨 말을 속삭이고 있는가?"(121쪽) 그러고는 이렇게 말한다. 기술적 진보에 대한 믿음이 지배했던 '좋은 시절'을 연상시키는 "이미지들이 무미건조함을 교정한 곳에 지적 산물들을 포함한 모든 생산물들을 전시하는 창들이 등장했다. 사람들은 어쩌다 이 쇼윈도들을 용납하게 되었을까? 그들은 어쩌다 떼를 지어, 끊임없이 몰려오게 되었을까? (…) '그저 한번 보려고' 오는 것일까?"(123쪽) 볼거리로서의 건축, 즉 건축의 스펙터클이 대중의 일상생활을 잠식했음을 안타까워하는 르페브르의 심기가 느껴진다.

여기서 다시 한국의 도시에 조성된 계단과 광장을, 곳곳에 지어지고 있는 공공건축 프로젝트들을 떠올려본다. 르페브르의 『리듬분석』에서 제기하는 여러 가지 문제의식을 감안하여 일련의 질문들을 해볼 수 있겠다. 우리의 일상생활을 이루는 계단과 광장, 그 외 공적 공간들에서는 과연 어떤 리듬이 발견되는가? 다리듬성과 조화리듬성인가, 동일리듬성과 부정리듬성인가? 다양성의 조화가 아닌 동일리듬성의 지루한 반복이 이뤄져 오진 않았는가? 공공건물의 개발패턴이 이곳저곳에 동일하게 반복되며 시민들의 사적 리듬과 부정리듬성을 만들어내고 있진 않은가? 각자만의 고유한, 즉 '전유된 순간'을 누릴만한 '현전'의 체험이 아니라 실재가 사라진 파생실재, 혹은 시뮬라크르가 매개된 '현재'를 가장하는 스펙터클이 늘어가고 있진 않은가? 우리의 공공건축 프로젝트들은 시민의 일상에 조화로운 리듬을 만들어내려고 얼마나 노력하는가? 이런 수많은 질문을 꺼내볼 수 있음에도 불구하고, 이 책에 나오는 여러 리듬분석의 방법들은 메타포의 차원에 머무르는 느낌이란 한계가 있다. 해제에 등장하는 말마따나 "실제 리듬을 어떻게 찾을지는 여전히 오리무중"(20쪽)이지만, 그럼에도 그 속에서 얻을 영감의 원천은 풍부하리라 생각된다. 그만큼 이 책은 르페브르의 사상을 짧은 분량에 간명하게 압축한 유작다운 유작이기 때문이다.

4 미래를 사유하는관점의 뒤집기*

- 서평도서: 『미래 이후』
(프랑코 베라르디 '비포' 지음, 강서진 옮김, 난장, 2013)

'과거가 아닌 미래로.' 귀에 익히 들리던 이 말이 문득 생각나 한 인터넷 포털사이트의 검색창에서 검색해보니, 역시나 토씨 하나 다르지 않은 수많은 검색결과들이 나타났다. 누가 이런 말을 하는가 보니 '중앙회 회장', '위원장', '협회장', '시장 당선자' 등 유독 권력을 쥔 단체장들 일색이다. 이렇듯 '미래'라는 말은 공동체를 이끌 책임자들이 대중에게 희망을 불어넣는 데 요긴하게 쓰이곤 하는 말이다. 지난 2012년의 대선도 누가 대한민국호의 '미래'를 제대로 이끌어갈 것인가에 국민들의 관심이 집중된 사건이었다. 역시나 그간 숱하게 들어온 '과거가 아닌 미래로'라는 수사를 반복하던 후보도 있었고, '미래는 이미 여기에 있다, 단지 널리 퍼지지 않았을 뿐(The future is here. It's just not widely distributed yet)'이라는 SF 작가 윌리엄 깁슨의 말을 인용하며 주목받은 후보도 있었다. 이 두 표현은 미래에 대한 일종의 시각 차이를 드러내

* 이 서평은 『건축가』 2014년 07-08월호(통권 269호)에 실렸다.

고 있는데, '과거가 아닌 미래로' 가 과거-현재-미래로 이어지는 선형적 진보의 시간관 속에서 희망찬 미래를 약속하는 말이라면 '미래는 이미 여기에 있다' 는 미래를 '현재' 에 포섭시켜 선형적 진보의 시간관에 근본적 회의를 품는 동시에 현재의 중요성을 강조하는 말이다. 전자는 근대적이고, 후자는 탈근대적이다. 미래에 대한 희망찬 유토피아를 그리던 근대는 새로운 기술의 발달과 사회 건설에 당찬 희망을 품었지만, 현대는 더 이상 그렇게 순진한 희망에 기댈 수 있는 시대가 아니다. 근대의 희망찬 장밋빛 미래는 일찍이 두 차례의 세계대전이라는 파국적 경험으로 무너져 내렸고, 이로써 촉발된 인간성에 대한 근본적 회의와 탈근대적 변화는 근대적인 선형적 진보의 시간관에서 벗어나 순환적 시간관을 포용하는 등 바야흐로 다양한 관점을 포용하는 흐름을 형성해왔다. 벨과 후쿠야마가 외친 이데올로기와 역사의 종말은 근대적 시간관의 종말과 본격적인 허무주의 시대의 도래를 알리는 징후였다.

이런 탈근대적 징후들은 20세기 말 전 세계를 특징지은 현상이었던 만큼 전혀 새로울 것도 없는 익숙한 얘기이지만, 다양성과 허무주의가 혼재하는 시대에 사는 우리는 오래 전에 죽은 줄만 알았던 미래주의의 징표를 여전히 심심찮게 목격하곤 한다. 앞서 언급한 정치인들의 수사법이 가장 대표적인 징표일 테지만, '미래주의' 라는 말은 얼마 전 완공된 동대문디자인플라자(DDP)와 관련해서도 곧잘 거론되었다. 국내에서 전례 없던 최첨단 기술로 실현된 이 건축물은 '우주선' 에 곧잘 비유되더니 급기야 '미래주의' 를 연상시키고 있는 것이다. 물론 이때의 미래주의는 전체주의적

그림 10. 자하 하디드, 공사 중인 DDP, 2012년 촬영

열정이 다분했던 20세기 초 이탈리아나 러시아의 미래주의와 다를 것이다. 자하 하디드와 그녀의 파트너 패트릭 슈마허는 어디까지나 신자유주의적 개인주의가 지배하는 21세기의 디지털 건축가이니 말이다. 하지만 그들의 행보는 20세기 초 미래주의 아방가르드가 포디즘사회의 산업화된 기계력을 믿었듯이 포스트포디즘사회의 디지털화된 기술력을 믿는 네오-아방가르드 제스처라는 점에서, 분명 기계와 기술의 힘에 대한 미래주의적 환상을 공유한다. 이러한 '힘'의 맥락에서 할 포스터는 자하 하디드 건축에 깃든 미래주의 정신을 이렇게 읽어낸 바 있다.

> 그녀의 건축에 작용하는 주된 모티프는 주어진 프로젝트나 장소에서 감지되는 힘의 방출이라 할 수 있는데, (…) 이러한 힘에 대한 관심으로 인해 하디드는 또 다른 역사적 선구자들, 특히 그녀의 절대주의와 구성주의에 대한 관심에 가려져 있던 미래주의와 표현주의 건축으로 향하게 된다. (…) 첫 번째 대표작인 〈비트라 소방서〉에 대해 하디드는 "건물 전체가 당장이라도 움직일 태세인 얼어붙은 동작"이라고 표

그림 11. 비트라 소방서, 2012년 촬영

> 현하고 있다. 또한 그녀는 "속도, 강도, 힘, 방향성과 같은 역동적인 속성을 통해 건축적 현전의 새로운 이미지"를 전반적으로 강조해왔다. 이보다 미래주의적인 정신을 더 잘 표현하기는 어려울 정도이다. (…) 이후의 많은 건축가들과 마찬가지로 하디드는 공간을 향해 열린 구조, 실내외의 통합, '형상'과 '환경'의 강화를 주장했던 미래주의자들의 요구에 부응해오고 있다. 그녀의 회화와 건물에서 나타나는 평면적 벡터들이 마치 미래주의적 형태의 상자에서 튀어나와 날아오를 것만 같다.*

하디드가 말하는 "속도, 강도, 힘, 방향성과 같은 역동적인 속성"을 반영하는 슈마허의 디자인 기법은 디지털 기술에 의거한 '파라메트리시즘(parametricism)', 쉽게 말해 '매개변수주의'다. 2008년에 쓰인 「파라메트리시스트 선언(Parametricist Manifesto)」에서 "아방가르드 건축 및 도시계획이 다뤄야 할 핵심 이슈들은 '포스

* 할 포스터, 『콤플렉스』(김정혜 옮김, 현실문화, 2014) 133~5쪽.

트포디즘 사회의 증가한 복잡성을 조직하고 표출하기' 라는 슬로건으로 요약할 수 있다"*고 말한 바 있는 슈마허는 MEL(Maya Embedded Language) 스크립팅이나 라이노 스크립팅 같은 고급 전산설계기법과 파라메트릭 모델링기법의 중요성을 강조했는데, 이것이 '주어진 프로젝트나 장소' 라는 '장(場, field)' 에서 감지되는 각종의 '힘' 을 반영하기 위한 그들의 장소-특정적(site-specific) 기법이기 때문이다. 그 어느 때보다 컴퓨터 기술의 중요성이 커진 이러한 디지털 디자인 기법을 통해, 미래주의는 죽어버린 역사적 아방가르드이기는커녕 어느새 신자유주의적 네오아방가르드의 이념으로서 부활한 듯하다. 굳이 이름을 붙인다면 '디지털 미래주의' 정도가 적절하지 않을까. 서울의 한복판에 '우주선' 처럼 안착한 DDP를 이러한 신-미래주의적 이데올로기로 이해한다면, 그 '미래' 의 관념을 우리는 어떻게 받아들여야 할까? 또한 앞으로 건축의 미래는 어떻게 그려가야 할까? 아무래도 그 '미래' 를 사유하는 방식이, 더 나아가 과거와 현재와 미래를 사유하는 방식이 문제일 것이다.

영미권에서 '비포(Bifo)' 로 통칭되는 이탈리아의 미디어 이론가이자 활동가인 프랑코 베라르디는 이탈리아의 마리네티가 1909년에 미래주의 선언을 한지 100주년이 된 2009년에 『미래 이후』를 펴냈다. 1968년의 열기 속에서 이탈리아의 마르크스주의와 노동자주의(오페라이스모), 자율주의(아우토노미아) 운동에 투신하고, 1975년에 전위적 잡지 『아/트라베르소』를 창간한 데 이어

* http://www.patrikschumacher.com/Texts/Parametricism%20as% 20Style.htm (2014. 7월 접속)

1976년에는 이탈리아 최초의 자유라디오 방송국 '라디오 알리체'를 세웠으며, 1977년에는 볼로냐와 로마 봉기에 참여, 2002년에는 실비오 베를루스코니의 미디어 독재에 맞서 텔레스트리트 운동을 조직하는 등 다양한 미디어를 횡단한 운동가이자 이론가인 비포는 이 책의 제목이 암시하듯 미래를 외치던 시대가 이제는 끝났다고 선언한다. 따라서 이 책은 미래가 현재보다 진일보하는 것이라는 미래지향적 성장주의의 유토피아를 뒤집고 미래의 환상을 버릴 것을 촉구하면서, 마리네티의 「미래주의 선언」을 반대적인 관점에서 다시 쓰고 있다. 그것은 전 세계적인 신자유주의적 자본주의가 파국으로 치닫고 있는 게 이러한 미래주의적 환상 때문이라는 인식의 소산이며, "우리는 위험에 대한 사랑, 힘과 대담무쌍함의 실행을 노래하고자 한다"던 「미래주의 선언」 제1절을 "우리는 사랑에 대한 위험, 결코 흩어지지 않는 달콤한 에너지의 일상적 창조를 노래하고자 한다"는 「포스트미래주의 선언」 제1절로 다시 쓰는 식이다. 힘과 남성성, 반란과 투쟁, 공격성, 빠른 속도, 전쟁과 군국주의 등을 노래하던 「미래주의 선언」을 비포는 이렇게 사랑과 여성성, 반란과 자율, 수동성, 느린 속도, 시와 예술 등을 노래하는 「포스트미래주의 선언」으로 다시 써냈다. 비포에게 미래란 기본적으로 "기다림과 기대의 조건이자, 몸과 정신의 성향을 미리 결정짓는 조건"(10쪽)이지만, 20세기 미래주의가 키운 미래는 "점점 더 팽창하며 잉여가치를 추구하는 자본주의적 생산양식의 '상상 효과'"(22쪽)였다. 이러한 미래 관념은 "20세기의 이데올로기와 활력에서 핵심이었으며, 여러 측면에서 유토피아라는 관념과 섞여 있었다"(33쪽). 또한 미래주의 선언의 유토피아를 형성한 "속도의 신화는 근대성의 상상계 전체를 지탱했고, 속도의 현실은 노동시간의 가속화에 기반해 발전하는 자본의 역사에서 결정적인 역할을 했다"(38쪽)는 것이다.

여기서 우리가 알 수 있는 건 20세기의 미래지향적 유토피아가 다름 아닌 가속화와 속도경쟁의 산물이란 점이다. 일찍이 20세기 정치를 속도의 관점에서 접근한 대표적인 사상가는 폴 비릴리오였다. 그는 1977년에 발표한 『속도와 정치』에서 그 유명한 드로몰로지(dromologie), 즉 '질주학'을 정초한 바 있다. 말하자면 역사의 가속화로 인해 지리적 공간의 축소화가 일어나는 '극의 관성', 즉 역사의 가속화와 공간의 축소화라는 시·공간의 양극화 속에서는 종래의 상대적 속도가 광속에 가까운 절대적 속도로 대체되면서 신체의 운동능력이 사라지고 "저항을 창출하는 데 필요한 공간 자체도 사라져"*간다는 것. 이런 속도의 관점에서 보면 "사실상 '산업혁명'이란 것은 존재하지 않았다. 오직 '질주정 혁명'이 있었을 뿐이다. 민주정['인민'(demos)의 지배]도 존재하지 않는다. 질주정['질주'(dromos)의 지배]이 있을 뿐이다. 전략['장군'의 명령]도 존재하지 않는다. 오직 질주학['질주'의 명령]이 있을 뿐이다."** 그리고 이런 질주는 필연적으로 파국을 맞이하게 되는데, "진보를 파괴"하는 것은 "질주학적 진보의 본성인 속도"***이기 때문이다. 그렇다면 이러한 가속화에 저항할 수 있는 유일한 방법은 무엇일까? 비릴리오는 이를 다름 아닌 일체의 지속에 대한 중단이라 말하며, 이는 곧 "속도를 변화시키는 것이다."**** 이런 의미에서

* 폴 비릴리오, 『속도와 정치』(이재원 옮김, 그린비, 2004) 285쪽.
** 같은 책, 117쪽.
*** 같은 책, 119쪽.
**** 같은 책, 288쪽.

비포가 「포스트미래주의 선언」에서 강조하는 느린 속도 역시 신자유주의적 자본주의 생산양식의 팽창속도를 늦추는 반란인 셈이다. 비릴리오가 말하는 절대적인 빛의 속도, 즉 신체의 운동능력을 소멸시키고 저항의 공간 자체를 소멸시켜 버리는 절대적 속도는 이미 정보화로 인해 스마트폰과 인터넷을 통해 광속으로 전송되는 정보의 속도이기도 하다. 비포 역시 절대적 속도에 대한 이런 관점을 공유한다. "절대적인 속도는 정신의 편재성을 의미한다. 몸이나 감수성이 아닌 정신의 편재성. 절대적 속도는 기호들의 네트워크에 의해 가능해진다. (…) 미래는 언어와 접속의 잠재력 덕분에 도래했다. 이탈리아 미래주의가 이런 가능성을 파악했던 것으로 판명됐다. 이런 주장을 처음 외친 것은 마리네티였다. 무선의 상상력." (88쪽)

무선의 상상력(wireless imagination)과 더불어 찾아온 절대적 속도의 미래주의에 대한 진단은 1990년대를 꽃피운 '마지막 유토피아' 인 인터넷과 디지털 문화에 대한 논의로 이어진다. 비포는 1993년 샌프란시스코에서 창간된 잡지인 『와이어드』의 미래주의적 상상력이 90년대의 가장 영향력 있는 문화적 흐름이었다고 말한다. 당시 이 잡지에서 "자유지상주의자들의 정신은 신자유주의 경제학자들의 시장신학과 합쳐졌다. 가상의 생산 분야에서 경제가 무한히 성장하리라는 이들의 환상은 장기 호황과 신경제 이데올로기의 유토피아를 키워나갔다." (90~1쪽) 이 잡지의 편집자로 몇 년간 일한 케빈 켈리는 "보이지 않는 손이라는 스미스와 자유주의의 신화를 따르면서 전지구적 정신의 본래적 합리성을 주장" (95쪽)하는 한편 "떼 정신을 이야기" (94쪽)했는데, 여기서 말하는

'떼'는 흔히 '곤충의 무리'를 뜻하는, 영어에서 대개 swarm으로 통용되는 말이다. 앞서 언급했던 패트릭 슈마허도 「파라메트리시스트 선언」에서 탈중심적 장(場)에 어울리는 '떼(swarm)'의 역할을 강조한 바 있다. "떼 역시 장(場) 개념에 대한 전형적인 유사어로서 기능해왔다. 우리는 랜드스케이프를 가로질러 유동하는 건물들의 떼에 대해 생각하고 싶다."* 한편 이탈리아 마르크스주의-노동자주의-자율주의 운동을 주도한 안토니오 네그리도 마이클 하트와 함께 쓴 『다중』(2004)에서 네트워크화된 '떼 지성(swarm intelligence)'을 다중지성의 힘으로서 긍정한 바 있으나, 비포는 네그리와 달리 떼의 한계를 지적한다. "인간의 행동은 점점 더 [곤충] 떼의 행위를 닮게 될 것이다. 떼는 늦기 전에 막차를 잡으려고 기차역으로 달려가는 한 무리의 사람들과 유사할지도 모른다. 그러나 군중(crowd)은 떼보다 더 우발적이고 예측 불가능하다."(94쪽) 여기서 비포는 물론 네트워크화된 떼보다 결속력이 강한 군중이 저항적 주체로서 더 적합하다고 말하고 있는 것이다. "네트워크에 참여하는 사람들의 행동은 우발적일 수 없다. 네트워크에 참여하려면 규칙의 준수가 요구되고 명령되기 때문이다. 떼를 통치하는 원리는 내면화이다. (…) 접속은 의미나 애정 수준에서의 상호이해가 아니라 운영상의 복종을 요구한다. (…) 여기에는 의식

* http://www.patrikschumacher.com/Texts/Parametricism%20as%20Style.htm (2014. 7월 접속) 한편 하디드와 슈마허는 2007년 '동대문디자인플라자 & 파크 국제지명초청설계경기'에서 "환유의 풍경(Metonymic Landscape)"이란 제목의 설계안으로 당선되었다. 환유의 풍경이란 표현은 사실상 '랜드스케이프를 가로질러 유동하는 떼 형상'의 시뮬라시옹에 대한 수사법이 아니었을까? 한편 케빈 켈리에 영향을 받은 디지털 건축세대의 표현은 이후 '떼 구축술(swarm tectonics)' 등으로 나타난 바 있다. —Neil Leach, "Swarm Tectonics", *Digital Tectonics*, eds. Neil Leach, David Turnbull and Chris Williams (Wiley-Academy, 2004) 참고.

적이고 감각하는 몸들이 포함되지만, 이 몸은 단지 접속의 수동적 담지자일 뿐이다.”(94~5쪽)

이처럼 비포가 중시하는 것은 미래주의적 신경제의 네트워크로 접속된 떼가 아니라 감수성으로 결속된 군중이다. 하지만 그가 “미래를 지각하는 방식이 바뀌”(78쪽)게 된 전환점으로 꼽는 1977년 이후 자본주의적 지배에 맞선 프롤레타리아트 군중은 “지식노동자”이자 “기술과학 지성의 담지자”(80쪽)인 코그니타리아트, 즉 인지노동자 떼로 변해왔다. 이들이 이루는 집단지성의 힘은 이론적으로 볼 때 “한계가 없다. (…) 그러나 그것은 오늘날 자기 자신에 대한 일체의 의식성을 결여하고 있다. 자기의식이 없는 지성.”(249쪽) 따라서 저항이론가로서 비포는 “자기의식을 지닌 형태의 일반지성을 만들어내는” 미래의 정치적 과제를 설정하며, “시와 치료(치료시, thera-poetry)”가 “코그니타리아트의 자기의식을 창출할 힘이 될 것”(251쪽)이라고 기대한다. 결국 미래가 끝났다는 그의 진단은 자기의식을 지닌 일반지성의 창출을 염원하는 “기다림과 기대의 조건”(10쪽)만을 미래의 정치적 과제로 남겨두고 있는 셈이다. 이러한 느린 속도와 집단지성의 힘, 시와 예술에 대한 기다림과 기대 외에도 비포가 최종적인 「포스트미래주의 선언」에서 강조하는 사항이 몇 가지 더 있는데, 미래주의의 단일한 행진과도 같은 저항이 아닌 각자의 특이한 리듬에 따른 ‘자율’과 ‘현재의 무한함’을 노래하며 미래라는 환영을 버리는 게 그것이다.

여기서 말하는 각자의 ‘특이한 리듬(singular rhythm)’이란 비포가 질 들뢰즈와 펠릭스 가타리의 ‘리토르넬로(Ritornello)’ 개념에서 받은 영향을 그대로 보여주는 표현인데, 리토르넬로란 바로크 시대의 합주협주곡에서 사용되던 '반복악구' 형식으로서 '반복 속의 차이' 라는 특이성을 드러내는 리듬이기 때문이다. 비포는 리토르넬로 개념을 활용하여 우정과 혼돈, 사건을 얘기하기도 한다. "우정은 들뢰즈와 가타리가 쓴 이 마지막 저서(『철학이란 무엇인가』)의 핵심 단어들 중 하나이다. 우정은 리토르넬로를 공유하는 것을 의미한다. 즉 우리로 하여금 똑같은 이상을 보게 해주고, 혼돈으로부터 새로운 세상을 창조하도록 도와줄 기호들의 무리를 공유하는 것을 의미한다. (…) 혼돈을 다듬는 것은 가타리가 리토르넬로라 부른, 기호를 생성하는 기계의 출현에 의해 가능해진다. 이것이 카오스모제, 즉 형식의 출현이며 창조적 형태발생이다." (246~7쪽) 카오스모제란 '혼돈(chaos)과 질서(cosmos)의 상호침투(omose)' 를 뜻하는 합성어로서, 특이성의 리듬인 리토르넬로가 무한 반복하며 차이를 발생시키는 영원회귀의 장이다. "사건은 우리가 현재 알고 있는 것의 전개가 아니기 때문에 예측할 수 없다. 사건은 새로운 리토르넬로를 창조하는 창조의 몸짓이다."(248쪽) 들뢰즈와 가타리의 이러한 사유는 비포에게 새로운 리토르넬로를 창조하는 사건적 몸짓에 영감을 주고 있지만, 그것이 카오스모제의 '창조적 형태발생' 을 논하는 만큼 그간 디지털 건축 트렌드에 숱하게 반영되어오기도 했다. 디지털 미래주의를 대표하는 『와이어드』가 창간된 1993년에 들뢰즈의 『주름, 라이프니츠와 바로크(The Fold, Leibniz and the Baroque)』가 영어로 번역 출판되었고, 같은 해에 그렉 린은 「건축의 곡선성: 주름진 것, 유연한 것, 부드러운 것(Architectural Curvilinearity: the Folded, the Pliant and the Supple)」이란 글을 발표하면서 들뢰즈 사상에 기초한 디지털 건축세대의 본격적인 서막을 알렸다. 역시 같은 1993년에 렘 콜하스는 〈두 개의 주시우 도서관〉 프로젝트를 통해 접힘/주름(the folded)의 건축을 선보였고, 이후에는 한동안 '폴딩' 이 건축의 트렌드였다. 즉 '폴딩 건축' 이란 1990년대 디지털 신경제의 붐을 타고 일어난 건축의 '신바로크주의' 에 다름 아니다.

비포는 들뢰즈를 따라 바로크에 대해 이렇게 얘기한다. "바로크는 주름이다. 이는 변동을 거듭하는 가치들의 우연적 특성에 가장 잘 부합하는 시학이다." 하지만 이러한 바로크적 "신화들은 사회적 가상 속에서 서로 뒤얽힌다. 생산과 기호현상은 점점 더 하나의 동일한 과정이 된다. (…) 기호와 의미의 지시관계가 사회적 소통 안에서 확연히 정지된다. 광고, 정치, 언론은 자신이 천명한 시뮬라시옹의 언어로 말한다." 따라서 비포에 따르면 "시뮬라시옹과 프랙탈화는 본질적으로 바로크적 범주들이다."(177쪽) 장 보드리야르가 시뮬라시옹(simulation)을 얘기했을 때, 그것은 퐁피두센터와 같은 스펙터클의 잔치가 실재를 없앤 초과실재 혹은 파생실재(the hyperreal)로서의 시뮬라크르를 양산하는 탈근대적 양상에 대한 비판이자 우울한 허무주의적 진단이었다. 따라서 플라톤의 원본-사본-시뮬라크르의 위계를 뒤집어 시뮬라크르에 긍정성을 부여한 탈근대적 들뢰즈는 보드리야르와 시대를 읽는 인식은 유사할지언정 근본적으로 결이 다른 사상가다. 들뢰즈의 영향을 크게 받은 비포는 여기서 보드리야르 다시 읽기를 시도하는데, 이는 보드리야르의 진단에 공감할 수밖에 없음에도 들뢰즈의 시각으로 보드리야르를 다시 읽어 주체화의 계기를 만들어내려는 시도로 보인다. 예컨대 비포는 "보드리야르의 파국적 전망 속에서 주체성을 사유하는 새로운 방식을 본다. 20세기의 혁명 이론들에 생명을 불어넣은 활기찬 주체화의 전도, 우울과 소진에 근거한 내파적 전복 이론의 개시를." (212쪽) 하지만 비포의 이러한 시각이 얼마나 활기찬 전도와 전복의 계기를 낳을지는 의문이다. 물론 속도를 늦춰 새로운 리토르넬로를 만들어낼 수 있으리라는 기대는 충분히 가치가 있지만, 근본적으로 비포가 기대는 들뢰즈/가타리의 사상이 '욕망의 기계적 배치' 라는 이름으로 '힘과 강도, 속도, 방향성' 등을 내포한 벡터로 이뤄진다는 점에서 미래주의와 유사한 언어를 공유하기 때문이다.* 앞서 보았던 자하 하디드의 미래주의적 언어는 달리 말해 들뢰즈적 언어이기도 하지 않은가? 들뢰즈의 언어는 디지털 신경제의 미래주의를 시뮬레이션하는 건축가를 브랜드화하며 바로크적 기호자본에 복무하고 있는 게 아닌가?

한편 미래의 환영을 버린 비포는 '현재의 무한함' 을 노래하자고 선언하지만, 이 말은 앙리 르페브르가 경계하는 '현재의 철학' 이 아닌지 의심케 된다. 현재(the present)와 현전(presence)에 대

* 이택광은 들뢰즈/가타리와 미래주의의 유사성을 언급하면서, 비릴리오를 미래주의에 대한 더 강력한 비판자로서 제시한다. "들뢰즈와 가타리는 운동과 속도를 구분해서, 전자를 외연적, 후자를 내포적이라고 본다. 쉽게 말하자면, 운동은 여기에서 저기로 옮겨 가는 일정한 여정을 미리 생각하게 만드는 반면, 속도는 들뢰즈와 가타리의 용어로 말하자면, 강밀도(intensity)의 우발적 분출을 뜻한다. 이런 관점에서 들뢰즈와 가타리는 '절대 속도' 를 언급하면서 '이동하지 않는 유목민' 을 상상한다. 그러나 비릴리오에게 속도는 모두 국가 장치로 귀속되는 일이며, 따라서 절대 속도라는 것 자체가 국가의 무기 노릇을 하게 된다. 확실히 속도에 대한 이런 지적은 설득력이 있다. 속도를 높이는 것 자체가 국가에 복속되는 일이라는 사실은 한국에서도 빈번하게 목격할 수 있기 때문이다. 기술력을 곧 국력 신장으로 보는 관점이 이를 증명하는 것이라고 할 수 있겠다." - 이택광, 『세계를 뒤흔든 미래주의 선언』(그린비, 2008) 181~2쪽.

한 르페브르의 구분을 미디어로 점철된 매개성(mediacy)과 몸의 실존적 감각에 근거하는 무매개성(immediacy)에 둔다면,* 미래 이후를 얘기하는 미디어 이론가인 비포가 현재의 무한함을 노래하자는 선언이 자칫 미디어로 점철된 표피적 일상성을 수용하고 무매개적이고 즉자적인 현전을 망각하는 바로크적 시뮬라시옹으로 곡해될 가능성이 우려되는 것이다. 비포의 말로 얘기하자면 그가 원하는 감수성(sensibility) 있는 결속보다 감각적인(sensitive) 접속의 가능성만 늘어나고 있는 게 현재일진대(43쪽), 현재의 무한함을 노래하기보단 우리의 실존적 감수성을 키워낼 현전을 회복하자는 말이 더 설득력 있게 다가오는 터다. 최근 미술과 건축의 복합현상을 일종의 팝적인 스펙터클로 읽어내는 할 포스터가 미니멀리즘의 무매개적이고 즉자적인 현상학적 가치를 옹호하면서도 "많은 미술가와 건축가들은 현상학적 경험을 우선시하면서도 거의 정반대되는 결과를 보여주곤 한다"**고 말한 것 역시, 작가가 사유하는 언어와 작업결과가 거의 반대효과를 보이는 위험을 언급한 것이다. '미래'와 '현재', 그리고 '역사'의 개념도 마찬가지가 아닐까. 비포가 말하듯 우리가 미래주의 이후의 시대를 사는 건 분명하다. 하지만 그렇게 미래가 끝이 났다고 현재의 무한함만을 노래한다면, 역사를 돌아볼 수 있는 능력으로서의 실존적 감수성은 어디로 가는가. DDP의 미래주의야말로 오히려 신자유주의적 현재의 무한함을 노래하고 있는 게 아닌가? 신자유주의적 미래로 덧칠된 매개된 현재의 무한함이 아니라, 역사가 우리 앞에 현전하는 실존적 감수성을 일깨울 때

* 3장 「일상의 현전과 조화를 추구하는 리듬분석」 참고.
** 할 포스터, 『콤플렉스』 15쪽.

에야 비로소 진정 무한한 현재가 가능한 게 아닐까? 이쯤에서 발터 벤야민의 역사 개념을 참조하는 게 좋을 듯하다. 과거의 기억 속에서 미래가 조우하는 그의 메시아적 역사관이야말로 더없이 무한한 현재의 느낌을 전해주기 때문이다.

> 유대인들에게는 미래를 연구하는 일이 금지되었었다. 그에 반해 토라와 기도는 그 미래를 회상 속에서 가르친다. 이 회상은 점술가들에게 정보를 얻으러 가는 사람들이 빠져들었던 미래를 그 미래가 지니는 마법에서 벗겨내주었다. 하지만 그렇다고 해서 유대인들에게 미래는 균질하고 공허한 시간이 되지 않았다. 왜냐하면 그 미래 속의 매초는 메시아가 들어올 수 있는 작은 문이었기 때문이다.*

* 발터 벤야민, 『발터 벤야민 선집 5: 역사의 개념에 대하여/폭력 비판을 위하여/초현실주의 외』(최성만 옮김, 도서출판 길, 2008) 350쪽.

5 '지금 여기' 의 공공성을 위하여*

- 서평도서: 『공공성』(하승우 지음, 책세상, 2014)

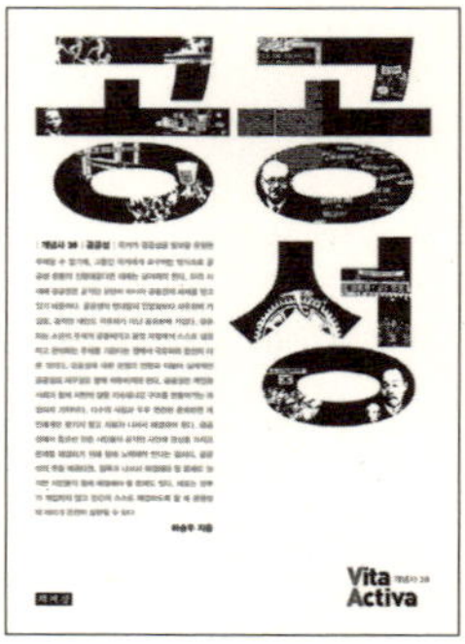

지난 2014년은 그 어느 때보다 공공성에 사회적 관심이 집중된 해였던 거 같다. 서울에 들어선 몇몇 공공건축물의 사회적 논란도 있었지만, 무엇보다도 사회 전반의 공공성 부재를 충격적으로 일깨운 4월 16일의 세월호 참사가 있었다. 이 날의 참사 이후로 사회 전반에서는 '이대로는 안 된다', '가만히 있지 않겠다' 는 절박한 변화의 다짐이 일었다. 이 사건은 우리 사회 전반에 펴진 공통적 문제를 일깨웠고, 관련 당사자들에게 물어야할 법적 책임의 소지를 뛰어넘어 그간 우리가 살아온 삶의 가치관에 근본적인 물음을 던져놓았다. 우리는 그동안 어떻게 살아왔기에, 전 국민이 지켜보는 가운데 300명에 가까운 소중한 생명을 '가만히' 몰살시키는 시대에 살게 된 것일까. 이 납득하기 힘든 현실 앞에 사회 각계에서 많은 말들을 쏟아냈다. 승객들을 버리고 자기 안위를 챙기기에 급급했던 선장 이하 선원들에 대한 대중의 비난은 말할 것도 없었

* 이 서평은 『건축가』 2015년 01-02월호(통권 272호)에 실렸다.

고, 사고 이후 벌어진 구조당국의 이해할 수 없는 직무유기와 책임회피, '기레기' 라는 별명이 붙을 정도로 비상식적인 언론의 행태, 참사 앞에서 정치적 술수를 부리려던 갖은 수작들은 이 참사를 더 이상 사고가 아닌 사건으로 만들며 유가족과 대중의 분노와 환멸을 키웠다. 당연히 이것이 '국가' 냐는 절망적 반문이 일었다. 한편 평형수를 채워야 할 공간에 화물을 실어버린 어처구니없는 행태는 생명의 안전보다 돈의 이윤이 우선시되기 일쑤인 우리 사회에 집단적 자성을 촉구하는 계기가 되었으며, 각종 규제완화 정책이 미친 직·간접적 영향을 지적하며 문제의 핵심에 신자유주의가 있다는 정치경제적 관점의 분석도 잇따랐다.

상식적으로 이해되지 않는 사건적 현실로 말미암아 국가와 사회에 제기된 일련의 물음들은 결국 공공성의 문제와 맞닿아있다. '통상적으로 아는' 상식(常識)이란 곧 공통적으로 느끼는 공통감각(common sense)이며, 현실이 상식적으로 이해되지 않는 것은 현실이 우리의 공통감각을 담지하지 못하기 때문이다. 따라서 세월호는 우리의 공적 현실이 공통감각에 부합하지 못하는, 공공성의 부재를 상징하는 기표다. 2014년 11월 초의 한 뉴스기사는 서울대 사회발전연구소의 연구를 토대로 공공성의 4가지 요소들을 '공익성' 과 '공정성', '공개성', '시민성' 으로 분류하며 세월호 사태를 아래와 같이 분석한 바 있다.

> 선령 21년의 세월호가 일본에서는 운항이 불가능했지만, 한국에서는 운항이 가능했다는 점은, 승객의 안전이라는 공공의 이익보다는 청해진 해운의 이익을 위해 규제가 풀렸다는 것을 말합니다. (공익성) / 사태 직후부터 지금까지 이 문제를 뒤덮고 있는 관피아 역시, 자신들의

이익을 위해 존재하는 사적 집단으로, 의사결정 과정이 공정하지 못했습니다. (공정성) / 구조 과정에서 관련 기관들이 보여준 무능과 혼란, 비밀주의와 책임 떠넘기기는, 한국 정부와 한국 사회의 공개성 수준이 매우 낮다는 것을 의미합니다. (공개성) / 그리고 우리 사회가 유족들에게 인내와 망각을 요구하고 있는, 그래서 단원고 아이들을 포함한 유가족들이 직접 대국민 호소에 나서는 지금의 상황은, 시민참여라는 시민성에 의문을 던지게 합니다. (시민성)*

이 4가지 요소를 하나씩 들여다보자. 먼저 공공의 이익이라는 '공익성'을 저해하는 것은 기업이 우선적으로 추구하는 '이익'이다. 의사결정의 '공정성'을 저해하는 것 역시 이러한 이익을 위해 존재하는 '사적' 집단이다. 비밀주의와 책임회피는 정부와 사회의 '공개성'이 낮다는 징표다. 그리고 마지막으로 핵심적인 공공성의 요소는 '시민성'이라는 시민의 참여다. 공익성과 공정성에서는 얼핏 '공'과 '사'의 대립을, 공개성에서는 '열린 구조'를, 시민성에서는 '참여'를 읽어낼 수 있는데, 이 정도면 과연 공공성을 숙고했다고 얘기할 수 있을까? 그렇다하기가 힘든 것이, 이 말의 중요한 의미부터가 분명히 다뤄지지 않고 있기 때문이다. '공공성'이란 말에서 두 번 반복되는 '공'은 각기 公과 共이라는 다른 한자말인데 이에 대한 분명한 구분이 없을 뿐더러, 과연 그것이 '사'의 개념과 단순히 대립적이기만 한가에도 의문의 여지는 남는다. 그렇다면 그 개념을 좀 더 근원적으로 숙고해볼 필요가 있겠는데, 마침 이런 관점에서 공공성에 접근하는 책이 세월호 참사가 일어나기 보름쯤 전에 나온 바 있다. 하승우의 『공공성』(2014)

* 조성원 기자, "[취재파일] 공공성 '꼴찌 국가' 한국…세월호와 '공공성'" (2014.11.7.)(http://news.sbs.co.kr/news/endPage.do ?news_id=N1002675154&plink=SEARCH&cooper=SBSNEWSSEARCH)

이 바로 그것인데, 저자는 책의 전반부에서 "인간이란 어떤 존재인가"라는 철학적 질문 속에서 다음처럼 공공성에 대한 문제의 틀을 정초한다.

> 인간을 사회와 독립된 개체로 볼 것인가, 아니면 국가나 공동체의 공민(公民)으로 볼 것인가? 인간 존재에서 자유의 의미는 무엇인가? 공동체의 목적에 우선해 개인의 의지를 실현하는 것이 자유인가? 이런 질문에 대한 답에 따라 공공성의 성격이 달라진다. (36쪽)

이러한 문제설정 속에서 하승우의 논지는 먼저 서양 공공성의 역사를 훑은 다음 한국적 맥락의 공공성을 논하고, 이에 대한 비판적 접근을 통해 공공성을 재구성하는 흐름으로 나아간다. 그리고 그는 결론적으로 우리 사회에서 흔히들 보는 관료제의 하향식 '공(公)'을 상향식 '공(共)'으로 대체하자고, 즉 '공(共)을 통한 공(公)의 탈환'을 주장한다. 말하자면 식민지 경험과 독재 정부, 민간 정부를 거치며 우리 사회에 비인격적 결합체로서 정착한 공(公)의 자리를 풀뿌리적인 시민들이 만드는 인격적 결합체인 공(共)으로 대체하자는 것이다. 이런 주장의 요지는 흔히들 우리가 '공공(公共)' 건축이라 부르는 프로젝트들이 정작 폭넓고 심도 있는 '공(共)'적 합의, 즉 '공통(共通)'적이거나 '공동(共同)'적이라 부를 만한 시민적 합의와 거리가 먼 경우가 많았음을 생각해볼 때 충분히 이해가 된다. 그리고 중요한 것은 결코 "공적인 것이 사적인 것의 소멸을 요구하지 않는다는 점"(36쪽)인데, 지금껏 우리가 공을 떠받치기 위해 사를 없애야 한다는 멸사봉공(滅私奉公)의 이데올로기에 지배되어왔다면 이제는 사(私)를 활성화하며 공(公)을 열어젖히는 활사개공(活私開公)으로 나아가야 한다는 논지로 이해할 수 있다. 즉 공(公, public)은 사(私, private)와 반대됨에도 불구하고 사의 소멸을 요하는 것은 아니며, 오히려 이런 사에 기초하여 '공개성(公開性, publicity)'을 확보하는 운동이 저자가 말하는 '공(共)을 통한 공(公)의 탈환'이다. 같은 맥락에서 저자는 "공(公)의 반대말이 사(私, private)라면, 공(共)의 반대말은 개(個, individual)"(158쪽)라고, 또한 한국적 공과 사의 기원을 논할 때는 "동양 사상에는 홀로 고립된 개인이라는 관념이 존재하지 않았"으며 동양 사상이 "단지 공과 사라는 대립 관계만이 아니라 그 사이에 공(共)이 있음을 인식론적으로 전제"(66쪽)했다고 말한다. 하지만 이러한 '공(共)'에 대한 동양의 인식론적 전제는 서구에서와 같이 '공(公)'을 탈환하는 운동으로 확립되지 못한 채, 그것에 억눌려왔다는 것이 저자의 설명이다. 정리하자면 '공(共)'은 사(私)를 기반으로 공(公)에 접근하는 것이고, '개(個)'는 공(公)과 사(私)의 대립으로 나타나는 고립된 개인과도 같다. 참고로 저자는 결론적으로 다음과 같이 당부한다.

> 인격적 결합체인 공(共)과 비인격적 결합체인 공(公)의 장점을 잘 살릴 수 있도록 개인이 서로 연대하고 사유화된 것을 공유로 다시 점유하려는 운동이 중요하다. 그렇다고 이미 이질적인 것으로 변한 공(公)과 공(共)을 억지로 통합하자는 것이 아니라 공공의 영역이 잘 순환되는 구조를 만들어나가야 한다. 이런 노력은 실제로 사회 구조를 바꾸는 시도를 하고 공공성의 장소를 만들 때 구체적인 결과를 낳을 수 있다. (159쪽)

"공공의 영역이 잘 순환되는 구조"를 만들어나가는 "공(共)을 통한 공(公)의 탈환"이란 말은 다소 추상적으로 들릴 수 있지만 매우 중요한 통찰이다. 이 말의 맥락을 좀 더 구체적으로 살펴보기 위해 이와 유사한 관점을 공유하면서도 다른 차원의 논의가 이뤄지는, 아렌트와 네그리 · 하트의 저서들을 대비적으로 살펴보는 게 좋을 듯하다. 먼저 이미 고전으로 자리 잡은 한나 아렌트의 『인간의 조건』(1958)부터 살펴보자. 이 책은 '활동적 삶(vita activa)'을 강조하면서 '노동(labor)'과 '작업(work)'과 '행위(action)'라는 세 가지 활동적 삶을 고찰하는 가운데 궁극적으로 행위를 정치적인 공론영역에 위치시키며 중요하게 부각시킨다. 아렌트에 따르면 공(public)과 사(private)의 구분이 분명했던 고대 그리스 시대에 바람직한 정치적 공론장이 형성되어 있었고, 당시 '사적인' 것은 어원상으로도 본디 자유를 '박탈당한'* 것을 뜻했던 만큼 삶의 경제적 필연성에 속박된 것이었다. 그러나 이러한 사적인 가정경제**를 확장한 노동 중심의 '사회적인 것(the social)'이 중세 봉건제 이후로 발달하며 공적 영역을 차지해버렸다고 비판하면서 다시 정치적 행위와 말에 기초한 공론 영역의 중요성을 강조하는 게 그의 입장이다. 따라서 아렌트는 정치가 경제에 결부되는 마르크스적 정치경제학(political economy)도 사적 노동에 묶인 것으로서 비판하며 이러한 경제적 필연성에서 자유로운 정치적 행위의 중요성을 역설한다.***

* 우리는 이러한 사적인(private) 것의 박탈적 의미가 '박탈된'을 의미하는 deprived라는 영어단어에 남아있음을 확인할 수 있다.

** 경제를 뜻하는 'economy'라는 영어단어의 뿌리는 그리스어 'oikonomia'에 있고, 이 말은 '가정'을 뜻하는 'oikos'와 '경영 · 관리'를 뜻하는 'nomia'의 합성어다.

*** 아렌트의 마르크스 비판은 사적인 가정경제가 확장한 '사회적인 것'에 대한 비판 중 일부이며, 오히려 문제는 먼저 애덤 스미스를 비롯한 자유주의 경제학자들에게 있었다고 한다. "'공산주의의 허구'를 도입한 것은 마르크스가 아니다. 다시 말해, '보이지 않는 손'으로 인간의 사회적 행동을 이끌고 상충하는 이해관계를 조화시키는 하나의 사회적 이익이 존재한다는 것을 가정한 자는 마르크스가 아니라 자유주의 경제학자들이었다." 또한 마

한편 안토니오 네그리와 마이클 하트의 3+1부작* 중 세 번째 저작에 해당하는 『공통체(Commonwealth)』(2009)는 월스트리트저널이 공산당 선언 2.0이라고 칭할 만큼 국가와 자본에 맞선 21세기 코뮤니즘의 혁명적인 정치철학서인 만큼 마르크스의 정치경제학적 입장을 이어받아 아렌트를 비판한다. 아렌트에게는 '노동' 이 사적 삶의 필연성에 묶여 자유롭지 못한 것이니 창조적 '작업' 의 도움을 받아 정치적 '행위' 를 하는 공론 영역(public realm)의 활성화가 '자유' 를 성취하는 길이지만, 네그리와 하트에게는 창조적 다중의 생활노동이 곧 예술적 작업이자 정치적 행위가 되는 삶-정치적(bio-politic) 활동을 통해 '공통적인 것(the common)' 을 향한 정치적 자유의 가능성을 도모하는 게 중요하다. 즉 아렌트는 사적인 것이 침범하여 위축된 공(公)의 영역을 정치적 행위의 공통(共通) 감각으로 복원하려하고, 네그리와 하트는 'common' 과 'wealth' 를 합친 책 제목이 암시하듯이 소유공화국(republic of property)이 사적으로 전유해버린 '공(公, public)' 에 다중의 '공(共, common)' 으로서 저항하려한다고 볼 수 있으며, 번역서의 제목이 암시하듯이 저항하며 '함께 소통' (共通)하는 가난한 다중의 연결체로서 '공통체(共通體)' 를 지향한다.** 여기서 네그리와 하

르크스는 "혁명만이 국가를 소멸시킬 수 있다고 생각하는 잘못을 저질렀다. 더욱이 이러한 사회의 완전한 승리가 종국적으로는 '자유의 왕국' 의 출현을 의미한다고 생각한 것은 더욱 잘못된 것이었다." 한나 아렌트, 『인간의 조건』(이진우 · 태정호 옮김, 한길사, 1996) 96쪽, 97쪽 참고.

* 『제국』(2000),『다중』(2004),『공통체』(2009),그리고 『선언』(2012)을 말한다.

** commonwealth라는 말은 본래 중세 공유지가 존재할 때 공유지에 사는 서민(commoner)들이 정치와 경제가 결합한 공동적 삶의 의미로 사용한 말이지만, 홉스의 『리바이어던』과 같은 저작에서는 단순히 '국가(state)' 를 가리키는 말로 전유되면서 국가와 자본에 복무하는 말이 되는 역설이 일어났다. 네그리와 하트는 이 말을 본래의 의미로 되돌려 사용하고 있다. 안토니오 네그리 · 마이클 하트, 『공통체』(정남영 · 윤영광 옮김, 사월의책, 2014) 24쪽 역주 참고.

트가 가난한 자들의 신체적 '존재'와 대비시키는* '소유(property)' 개념은 아렌트와 달리 부정적으로 개념화되는데, 아렌트는 소유를 일컬어 "원래 (…) 세계의 특정 부분에서 자신의 위치를 가지고 그렇게 함으로써 정치적 조직체에 소속되는 것, 즉 공론 영역을 구성하는 한 가족의 가장이 되는 것 이상도 이하도 아니었다"**고 말하며 중립적으로 특징짓기 때문이다. 즉 아렌트에게서 소유(所有)는 우리말의 한자에 엿보이는 것처럼, 사적인 부가 아니라 지구라는 세계 속에서 개인적 '장소(場所)를 점유(占有)' 하는 것인 데 반해, 네그리와 하트에게 소유는 사적 재산을 보존하는 소유공화국의 근본이기에 이러한 소유공화국이 억압하는 빈자 다중은 공화국이 전유하는 공과 사를 벗어난 삶정치적 저항으로 '공통적인 것'을 사수해야 한다. 또한 네그리와 하트는 아렌트가 정치와 경제를 분리할 때 "분명히 공장을 주된 모델로 하는 물질적 생산이라는 경제적 패러다임을 언급하고 있다"***며, 이제는 경제적 패러다임이 "산업적 메트로폴리스에서 삶정치적 메트로폴리스로의 전환"****을 이루었으니 아렌트의 정치-경제 분할이 전혀 타당하지 않다고 말한다.***** 네그리와 하트의 정치경제적 통찰은 대표적으로 도시의 젠트리피케이션(도심고급화)과 예술인 마을의 고전적 변증법에 대한 다음과 같은 서술에서 잘 드러난다.

* "소유가 인간의 사고와 행동에 본질적이라는 생각은 입헌국가와 법의 지배의 규제적 이념으로 기능한다. (…) '개인'이라는 개념은 존재가 아니라 소유에 의해 정의된다." 또한 "가난은 소유하기가 아니라 존재하기와 연관된다." 같은 책, 34-5쪽, 88쪽 참고.

** 앞의 책, 115쪽.

*** 앞의 책, 255쪽.

**** 같은 책, 227쪽.

***** 같은 책, 254쪽.

> 부동산 경제학자들은 외부성이 소유관계의 영역 외부에 존재한다는 점, 따라서 시장논리와 교환에 잘 종속되지 않는다는 점에 골몰한다. (…) 이들을 미치게 하는 것은, 특히 도시 환경에서는 부동산의 가치가 주로 외부성에 의해서 결정된다는 사실이다. (…) 가난한 예술가들이 돈이 없어서 재산가치가 낮은 동네로 이사 오고, 거기서 예술을 생산하는 것 이외에 새로운 도시 풍경도 생산한다. 이들의 활동이 그 동네를 지적으로 자극적이고 문화적으로 역동적인 멋진 곳으로 만들게 되면서 재산가치가 오르고 그 결과로 가난한 예술가들은 그곳에 더 이상 살지 못하고 이사할 수밖에 없게 된다. 부유한 사람들이 이사 오고, 그 동네는 천천히 지적이고 문화적인 성격을 잃게 되며 지루하고 메마르게 된다.*

이런 식의 정치경제적 관점에서 네그리와 하트는 '공화국(republic)'과 '근대성(modernity)'과 '자본(capital)'에 맞서 '공통체'와 '대안근대성(altermodernity)'과 빈자 다중의 존재론적 '사랑'에 기초한 계급투쟁을 내세우지만, 즐거운 혁명을 향한 이러한 열정은 지나치게 목적론적이고 순진한 긍정으로 충만한 아나키즘의 냄새를 풍긴다. 물론 이들은 단순한 무정부주의가 아닌 '혁명의 제도화'를 꿈꾸고 "전략적 목적에 의해 방향을 부여받은 이질적 요소들의 네트워크"라는 푸코의 '장치' 개념에 기대어 삶-권력에 저항하는 삶-정치를 지향하지만, 무엇보다 그 장치 개념이 동시에 "언제나 권력 속에 새겨"지고 "한계들에 항상 묶여 있기도 하다"는 점**부터 극복해야 한다. 게다가 소유와 국가와 가족, 계급과 민족 등 기존의 근대적 범주에서 모두 벗어나려는 어려운 과업을 이루려면 들뢰즈·가타리처럼 사랑하고 스피노자처럼 웃으면서 각종의 억압들에 맞서 싸우는 '괴물'이

* 같은 책, 228-31쪽.
** 같은 책, 191쪽.

되어야만 한다.* 그들의 혁명적 이상이 현실적으로, 특히 우리의 현실에 얼마나 유효한 변화를 가져다줄지는 의심스럽지만 여전히 그들의 시도는 더 이상 분리할 수 없게 된 정치와 경제를 종합적으로 접근한다는 점에서 훌륭한 통찰을 보여주며, 실제로 2009년에 이 책이 나온 이후로 세계적으로 '공통적인 것' 이란 개념을 중심적 논의로 끌어올렸을 만큼 주목할 수밖에 없는 이론적 작업이다.

아렌트와 네그리 · 하트의 대비적 독해를 통해 정리할 수 있는 단순한 사실은 아렌트가 공(公)의 자리에 공(共)을 위치시키는 데 반해, 네그리와 하트는 공(公)과 공(共)을 대립적으로 구성한다는 점이다. 반면에 아렌트와 네그리 · 하트는 모두 '사(私)' 적인 것에서 벗어나려 하고 '공통감각' (혹은 공동감각)을 중시하면서 본질적으로 '함께 하는 자유' 를 꿈꾼다는 점에서 공통적이다. 한편 '사회적인 것' 을 사적인 것과 연관시켜 비판하는 아렌트의 자유주의와, 근대적 사회주의를 소유공화국의 하나로 연관시켜 비판하는 네그리 · 하트의 '대안근대적(altermodern)' 코뮤니즘은 역시 '근대적 이성의 완성이란 관점에서 사회적 국가의 진보를 지향하는' 하버마스식 사회민주주의와 공통적으로 대별된다. 이렇듯 공통적인 것을 둘러싸고 벌어지는 정치이념의 지형은 맥락이 꽤나 복잡해서, 관련 맥락을 잘 파악하지 않을 경우 정치적 · 사회적 공공성에 대한 논의는 추상적 수준에서 헛돌 소지가 크다. 반면에 하

* "혁명은 소심한 겁쟁이의 과업이 아니다. 혁명은 괴물들의 것이다. 당신은 당신이 될 수 있는 바를 찾기 위해 지금의 당신을 잃어야 한다." 같은 책, 464쪽 참고.

승우는 짧은 분량의 책으로 공공성에 관한 여러 논의들을 효과적으로 엮어내고 있는데, 특히 우리의 현실에서는 다음과 같은 언급들이 중요해 보인다.

> 일제 식민지 경험은 (…) 자율적인 성장 과정을 가로막았을 뿐 아니라 공(公)을 내세워 힘으로 공(共)을 억눌렀다. (61~2쪽)
> 이나미는 (…) 한국의 자유주의가 사회 진화론적 관점을 무비판적으로 수용하면서 인종주의와 제국주의를 미화하고 민중의 권리를 인정하지 않는 반(反)민주적 속성을 지니고 있었다고 비판한다. 그리고 이런 반민주적 속성은 자유만이 아니라 평등과 정의 같은 가치들에도 스며들었다. (69~70쪽)
> 신자유주의로 대표되는 세계 경제의 흐름은 공적인 문제들을 사적인 문제로 전환하면서 사적인 삶의 자율성을 잠식한다. 공적인 간섭이 사라지면 사생활의 자유가 늘어날 것 같지만 실제로는 권력이 아니라 화폐라는 또 다른 힘의 규율을 받는 존재로 전락하게 되는 것이다. (95쪽)

식민지 경험과 자유주의의 반민주적 수용, 그리고 신자유주의에 의한 공적 문제의 사유화는 우리의 공공성 문제가 실로 정치적이고도 경제적인 것임을 말해준다. 아렌트의 관점에서 생각해보면 사적 노동에 치우친 경제적 자유주의가 정치적 자유의 공론영역을 침식해버려서일 것이고, 삶의 자율성을 잠식하는 신자유주의 경제의 가속화에 대해서는 앞서 거론한 네그리와 하트의 정치경제적 분석이 적절한 통찰을 보여준 바 있다. 즉, 도시의 젠트리피케이션(도심고급화)과 예술인 마을의 고전적 변증법에 대한 그들의 분석은 공적 규제를 완화하는 신자유주의의 가속화 속에서 '화폐라는 힘의 규율을 받는 존재로 전락' 하고 있는 한국의 대도시에 더없이 들어맞는 통찰이었다.*

정치와 경제의 문제가 복합적으로 엮인 우리 사회는 하승우가 분석했듯이 "멸사봉공 이데올로기가 널리 퍼져" 있으면서도 "사를 전면에 내세우는 자유주의를 수용하고 주장하는"(36~7쪽) 모순이 심각한 사회인만큼, 우리의 과제는 이렇게 공(公)이 공(共)을 억눌러버린 자리에서 다시 공통(共通)의 감각을 회복하는 일일 것이다. 따라서 아렌트의 공론영역과 네그리 · 하트의 공통체에 관한 논의도 '지금 여기' 의 현실에 맞는 공통감각으로 갱신할 필요가 있다. 아렌트는 "세계에서 함께 산다는 것은 본질적으로, 탁자가 그 둘레에 앉는 사람들 사이에 자리잡고 있듯이 사물의 세계도 공동으로 그것을 취하는 사람들 사이에 존재한다는 것을 의미한다" 고 말한다. 탁자로 비유된 우리의 이러한 공통적 세계는 "모든 사이(in-between)가 그러하듯이 (…) 사람들을 맺어주기도 하고 동시에 분리시키기도 한다."** 즉 공통세계는 우리를 사적으로 분리하면서도 공적으로 연결하는 이중적 역할을 하므로, 우리는 공을 위해 사를 멸하거나 사를 위해 공을 멸하는 일방적 논리에 빠져서는 안 될 것이다. 탁자라는 공통적 '사물(thing)' 은 사적인 개인들의 '사이' 에서 쌍방적인 말과 행위가 오가는 정치적 공론의 영역이기도, 혹자가 말하듯이 인간 공통의 비근한 식욕을 채우며 정치

* 예술인들이 몰려들면서 소위 '뜨는 동네' 가 형성되면 어느새 투기 자본이 몰려와 임대료를 높이는 방식으로 노동 가치를 외부적으로 수탈하는 젠트리피케이션의 가속화는 고전경제학으로 예측 불가한 잉여가치에 주도되는 부동산 경제가 공통적인 것을 수탈하는 속도가 빨라지고 있음을, 또한 가난한 창조적 다중이 만들어내는 공통적인 것이 내부적으로는 유령처럼 더욱 급박한 탈주를 감행하며 떠돌아다녀야 함을 보여주는 지극히 현실적인 예다. 네그리와 하트의 분석에 따르면 이러한 노동가치의 수탈이 소유관계의 외부에서 일어난다는 점(외부성)이 중요하며, 소유공화국은 소유에서 벗어난 공통적인 것을 견딜 수 없는 만큼 공통적인 것을 끊임없이 사유화하고 합리화하며 창조적 노동의 가치를 수탈하려 한다.—같은 책, 228–31쪽 참고.

** 앞의 책, 105쪽.

적 상상을 키우는 공유협생(共有協生)의 장소,* 즉 정치경제적 영역이기도 하다. 라캉적인 의미에서는 사물(the Thing)이 상징적 인식체계의 안팎을 넘나드는 외부적이면서도 내밀한 실재의 대상인 만큼, 우리의 공통감각도 그런 것이라고 해두는 게 좋을 듯하다. 왜냐면 아렌트가 사물로 표현한 공론영역의 부재를 다른 무언가로 완전히 채울 수 있으리란 환상은 또 다른 허위적 이념이 될 수 있기 때문이다. 따라서 그 빈 공간을 탈환하는 공(共)은 끊임없이 공(公)(공익성, 공정성)을 중심으로 순환하며 공적 소통(공개성)과 사적 자율(시민성)을 중첩시키는 운동이어야만 하며, 바로 이렇게 운동하는 다중의 인격적 결합체를 공통체(共通體)라 불러야 할 것이다. 그럴 때에야 비로소 비인격적 결합체인 공(公)의 장소를 에워싸고 인격적 결합체인 공(共)이 나선을 그리며 선순환하는 운동, 즉 하승우가 말하는 '공(共)을 통한 공(公)의 탈환'이 일어나는 게 아닐까. 그리고 그 공(共)의 장소는 현상학적 의미에서 세계 내에 존재하는 시간 속의 장소이기도 할 것이다.** 이러한 현상학적 시간과 장소의 의미가 확보될 때 공통체의 운동은 '지금 여기'의 운동이 된다. 세월호 참사는 이미 우리 시대의 공공성 부재를 적나라하게 드러낸 하나의 상징적 기표가 되었다. 그 텅 빈

* 황종연은 이에 대해 이렇게 말한다. "누군가 주장했듯이 합석회식(合席會食, commensality)은 공유협생(共有協生, commoning)과 통한다. 아렌트에게는 미안한 말이지만 인간 공통의 비근한 필요를 충족시키는 공통의 행위로부터 민주적 공동성을 위한 정치적 상상이 성장한다." 황종연, 「국가재난시대의 민주적 상상력」, 『눈먼 자들의 국가』(김애란 외 11인, 문학동네, 2014) 132쪽 참고.

** 한편 하승우는 "공공성을 위한 장소"를 얘기하면서 이렇게 말한다. "함께함을 통해 공공성을 재구성하려면 시민이 자신들의 뜻을 원하는 방식으로 실현할 단단한 거점들이 필요하다. (…) 그런 공간(空間)이 있어야만 그곳을 통해 다양한 시민들이 만나고 서로의 어깨를 빌려줄 수 있다. 비어 있는 자리가 아니라 만날 수 있는 자리로서 공간(共間)은 공공성에 매우 중요하다." (146쪽)

공(空)의 기표가 관료제의 비인격적 결합인 '공(公)' 이 비워낸 '공(共)의 부재' 를 드러내는 장소라면, 그것은 필시 '공(共)' 을 보지 못하는 '눈먼 자들의 국가' 에 대한 일깨움이다. 이제는 그 공의 맹점을 우리의 인격적 결합으로 탈환하여 시력을 회복하는 것이 '지금 여기' 의 공공성을 위한 운동이 될 것이다.

6 간주곡 1: 건축가의 갑옷을 벗고*

- 서평도서: 이토 도요, 『내일의 건축』 (이정환 옮김, 안그라픽스, 2016)

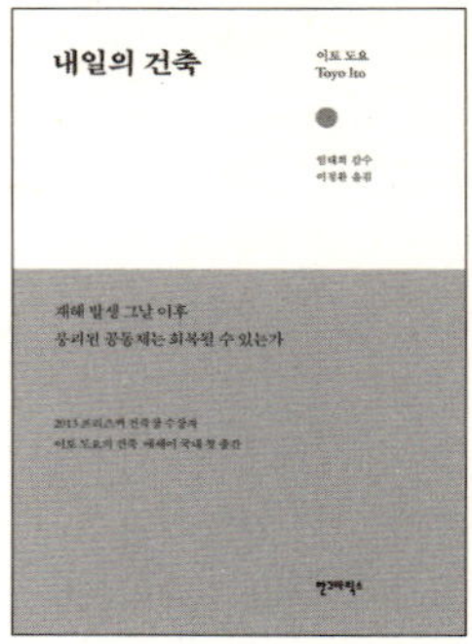

어느새 2015년이다. '벌써' 라는 말이 떠오른다. 왜냐면 지난 2014년 4월 16일이 머릿속에 너무도 또렷이 각인되어 있어서다. 세월은 흐르고, 흘러간 세월의 진실은 아직도 제대로 규명되지 못했다. '세상을 뛰어 넘는다' 는 뜻인 '세월' 호의 침몰 이후, 우리 사회의 배는 아직 침몰 이전 세상을 뛰어 넘지 못했다. 물론 침몰 이전 세상의 감춰진 진실이 좀체 드러나지 않아서일 테다. 실체적 진실이 드러나지 않는 이상, 시계는 당연히 그 진실이 종적을 감춘 그날에 맞춰질 수밖에 없으므로. 멈춰버린 세월은 이중의 의미를 함축한다. 시간이 전방으로만 직진하는 근대적 '세월(歲月)' 의 침몰과, 그러한 근대적 시간에 제동을 걸며 성장주의를 뛰어넘으라는 '세월(世越)' 의 요청. 이것은 파국이지만, 동시에 새로운 과제를 잉태한 파국이다. 성장주의를 뛰어넘는 과제란 전혀 변하지 않은 본질을 자각하는 문제의식에 근거하여, 이상과 현실의 괴리

* 이 글은 『와이드』 2015년 1-2월호(통권 43호)에 기고한 서평이다.

를 키운 근대적 개발주의를 벗어나 '지금 여기'의 모순을 직시하는 일이리라. 근대적 진보사관은 무릇 '미래'로의 유토피아적 이상을 생산하지만, 그 이상과 현실의 간극에서 발생하는 시스템의 균열을 방치하며 모순을 심화해왔다. 이러한 근대적 문명의 균열은 사실 세월호 이전부터 세계 곳곳에서 전례 없는 재난과 파국의 형태로 발생해왔다. 멀게는 2001년 미국의 9/11이, 가깝게는 2011년 일본에서 발생한 3/11 대지진 및 원전사고가 그랬다.

일본 대지진은 자칫 불가항력적인 자연재해로 생각하기 쉽지만, 이토 도요는 『내일의 건축』에서 이를 자연재해가 아닌 '인재'로 규정한다. 즉 2011년 동일본대지진 당시 '쓰나미가 자연재해이고 원전 사고는 인재'라는 항간의 이야기에 대해 "두 가지 재해 모두가 인재라는 결론에 이르렀다"고 말하는 그는 이것이 "어떤 재해이건, 기술의 발달로 자연을 정복할 수 있게 되면서 기술을 절대적으로 신뢰해온 근대주의 사상"(41쪽) 때문이라 말하며, "수치를 설정하면 그 다음에는 아무도 책임을 지려 하지 않는 자세"(42쪽)가 재난을 키운다는 것이다. 그는 근대주의의 명쾌함이 "그레이존(중간지대)을 완전히 없애버렸다"(43쪽)고, "건축가들은 '근대'라는 틀에 흠뻑 젖어 건축을 생각해왔다. (…) 하지만 동일본대지진은 그 틀이 얼마나 연약한 것인지를 충분히 깨닫게 했다"(61~4쪽)고도 말한다. 근대주의에 대한 그의 비판의식은, 메타볼리즘의 전성기인 60년대 말에 건축실무를 시작하여 세계적으로 반문화가 지배한 70년대에 독립하고 자연스레 시대적 폐쇄성이 느껴지는 자율적 건축을 설계했다가 버블경제 시기인 80년대의 탈근대적 신자유주의 속에서 소비사회를 따라 유목적인 '이미지로서의 건축' 을 추구할 때부터 이미 본격화한 걸로 보이는데, 중요한 것은 그 이미지의 건축을 넘어 90년대 초부터 공공건축에 관심을 가져왔다는 점이다. 특히 2011년의 동일본대지진을 통해 "우리 사회에 건축가는 정말 필요한 존재일까?" 라는 가슴 아픈 질문(29쪽)을 떠올리며 재난지역 주민들과 함께 '모두의 집' 을 설계해온 그는 "건축가들이 건축가의 에고이즘을 뛰어넘을 수 있다면 (…) 틀림없이 개인을 초월한 공동의 결과물이 기다리고 있을 것" (215쪽)이라며 공공성을 강조한다.

이렇듯 이 책은 근대주의에서 유목적 탈근대주의를 지나 현대 자본주의 사회의 파국적 국면까지 목격해온 건축가가 자연스레 공공성에 주목하게 된 여정을 담고 있다. 따라서 그가 말하는 '내일의 건축' 이란 파국 이후 종래의 명확성에 입각한 건축가의 근대적 에고를 버리고 더 자연스럽고 주민과 함께 만들어가는 공통적 건축임이 드러나는데, 이렇게 재난에서 공공성을 직시하는 그의 태도는 우리에게 간접적으로 시사하는 바가 적잖아 보인다. '세월호' 라는 인재가 우리에게 "다가올 재난의 선행적 기표" 이자 그 이후의 시간이 결코 없는 "영원한 재난상태" (전규찬, 『눈먼 자들의 국가』 151~73쪽) 그 자체라면, 이러한 잠재적이고 현행적인 재난사회를 사는 우리 역시 이토처럼 가슴 아픈 반문을 해보지 않을 수 없기 때문이다. '과연 이러한 재난사회에서 우리는 정말 필요한 존재일까?' 필요하다면 어떤 면에서? 공동성의 호출이 필연적인 재난사회에서, 우리는 어떻게 '에고이즘' 을 뛰어넘어 '개인을 초월한 공동의 세상' 을 만드는 데 기여할 수 있을까? "사람들 간의 공감대를 형성" 하기 위해 "건축가라는 갑옷을 벗어던지고 순수한 인간으로서 건축을 생각해야"(75쪽) 한다는 이토의 말처럼, 여기서 '우리'도 건축이란 갑옷을 벗은 순수한 인간으로서의 우리일 뿐이리라.

7 간주곡 2:
속도의 기술과 비판적 예술*

- 서평도서: 『속도의 사상가 폴 비릴리오』 (이안 제임스 지음, 홍영경 옮김, 앨피, 2013)

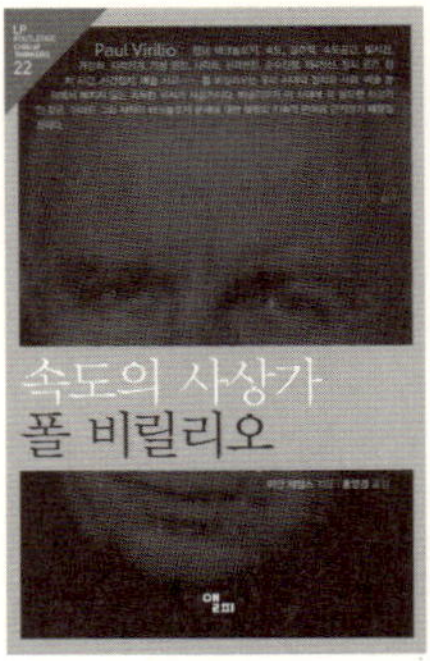

어느 날 저녁 텔레비전에서 나오는 뉴스를 보니, 병원에서 원격 시술이 발달하고 있는 모양이다. 예비 의사들은 인체 장기를 3차원 인쇄하여 만든 실물 모형으로 스크린을 통한 원격 실습도 하고, 실제로도 더욱 정밀한 진단과 수술이 가능해졌다고 한다. 이렇게 기술의 혜택을 전파하는 뉴스는 물론 어제오늘의 일이 아니다. 정부가 육지에서 떨어져 교통이 불편한 섬 지역 주민들의 집에 원격 의료기기를 설치하겠다던 뉴스도 그리 오래전 일이 아니고, 화상통신과 화상채팅은 이미 2000년대부터 일반화되기 시작했으며, 이제는 손에 든 스마트폰 하나면 마치 세계 어디에서 벌어지는 사건이든 금방 확인할 수 있을 것만 같다. 2001년 뉴욕을 강타한 9/11의 충격도, 2014년 대한민국을 강타한 4/16의 충격도 모두 텔레비전과 인터넷을 통해 '실시간 영상'의 형식으로 전해졌다. 그것은 먼 거리에서 일어난 사건이 짧은 시간 내에 '순간'

* 이 서평은 『건축가』 2016년 01-02월호에 실렸다.

이동하여 시청자의 뇌리에 인식된 것이나 다름없다. 즉, 텔레비전과 인터넷이 전해주는 영상은 그러한 '빛의 속도'에 기초한 기술의 효과다. 빛의 속도라고 하니, 마치 빛보다 빠르게 달리면 시간여행을 할 수 있다는 상대성이론의 환상에 빠질 것만 같다. 그런데 그런 빛의 속도에 이르도록 가속화하는 인간 삶의 시공간적 변화가 과연 그렇게 환상적인 일일까?

이 문제는 그리 간단치 않다. 텔레비전의 어느 통신사 광고에서 유명 영화배우가 부르던 노래처럼 그저 '생각대로 하면 되고' 말 단순한 문제가 아니란 얘기다. 소위 '속도의 사상가'로 알려진 폴 비릴리오는 바로 이러한 가속화가 변화시키는 감각 '지각'의 문제를 사유하면서, 이를 지금껏 인간이 발전시켜온 총체적 기술 문명의 현실 속에서 문제시한다. 그에 따르면, 이렇게 빛의 속도로 절대화하기에 이른 가속화의 문제는 곧 인간성이 붕괴하는 파국적 현실과 연결된다. 이것은 물론 인간이 "바닷가 모래사장에 그려 놓은 얼굴처럼 사라질지 모른다"* 며 현재 인간의 종말과 새로운 인간의 탄생을 기대하던 푸코식의 '포스트휴머니즘'과는 반대되는 시각이다. 오히려 비릴리오는 포스트모더니즘의 탈인본주의라는 '대세'를 거슬러 모더니즘을 지지해온 인본주의 사상가다. 게다가 그는 1968년 5월 파리 봉기에 투신했었던 자칭 '무정부주의 기독교인'이기까지 하니, 전통적 인본주의자와는 분명 다른 독특한 색깔을 지닌 사상가가 아닐 수 없다.

* 미셸 푸코(1966), 『말과 사물』(이규현 옮김, 민음사, 2012), 526쪽.

1932년생인 폴 비릴리오의 사유는 2000년대 들어 국내에 본격적으로 소개되기 시작했다. 2002년에 『정보과학의 폭탄』(1998)이 번역되었고, 2004년에는 그의 초기 작품인 『속도와 정치』(1977)와 『소멸의 미학』(1980), 『전쟁과 영화』(1984)가 번역되었다. 2006년에는 『탈출속도』(1995), 2007년에는 『동력의 기술』(1993), 2008년에는 『시각 저 끝 너머의 예술』(2005)이 번역되었다. 그러나 그 외에도 비릴리오의 저서는 무수히 많으며 아직 그의 가장 중요한 저작으로 손꼽힌다는 『부정의 지평』(1984)도 번역되지 않은 만큼, 그의 사유는 앞으로도 탐구할 게 많아 보인다. 이런 와중에 비릴리오의 사상 전반을 개괄하는 입문서가 있어 반가운데, 2013년에 번역된 이안 제임스의 『속도의 사상가 폴 비릴리오』(2007)가 그것이다.

이 책은 입문서인 만큼 '왜 비릴리오인가' 라는 당위성에 대한 해명부터 시작하여, 그의 중심 개념들을 '지각의 정치', '속도', '가상화', '전쟁', '정치', '예술' 이라는 여섯 장의 본문으로 나누어 설명한다. 이러한 본문의 순서는 비릴리오의 사유가 걸어온 길들을 자연스럽게 이어주는 느낌이다. 그 첫걸음을 안내하는 '지각의 정치' 라는 장은 그의 사유의 뿌리인 현상학적 관점에서 '지각'의 문제를 형태심리학적으로 설명하고, "외관의 세계를 지각하는 방식을 구성하는 기본 원리가 정치적일 수 있다"(44쪽)는 그의 관심을 설명한다. 말하자면 "용인된 보기(seeing) 습관"(40쪽), 즉 낯익은 것 속에 지각을 가두는 습관을 우려하는 비릴리오는 "단지 형태만이 아니라 그 반대인 '반형태' 에도 관심이 있다"(같은 쪽)는 것이며, "이 반형태, 즉 사이에 있거나 보이지 않는 것을 심문

하려는 목표는 심미적인 것만이 아닌 윤리적 · 정치적 차원에도 해당"(43쪽)한다는 것이다. 이는 바로 '현상학과 형태, 시각의 틀' 이라는 부제로 요약되고 있다. 그리고 이러한 현상학적 관점에서는 무릇 공간적 상황에 자리하는 주체가 언제나 '인간의 몸' 이라는, '상황 속 신체(situated body)' 혹은 '신체 상황성(bodily situatedness)' 이 중시된다. 이러한 "공간 속 신체 정위 및 이것이 지각과 이해에 끼치는 영향의 문제가 1960년대부터 오늘날에 이르기까지 비릴리오 저작 전체를 밑받침한다"(23쪽). 이는 물론 현상학자 후설과 메를로-퐁티의 영향이다.

아울러 저자는 비릴리오를 "현상학적 사유의 전통을 계승하기도 하고 넘어서기도 하면서 테크놀로지의 현대성과 우리 시대의 사회, 정치 및 문화 형식을 비판적으로 이해하는 데 필요 불가결한 (…) 자료를 계속 제공하는"(20쪽) 사상가로서 특징짓는다. 벤야민이 「기술복제시대의 예술작품」(1936/1939)에서 "테크놀로지가 새로운 형태를 발생"시키고 "테크놀로지 형태가 사회형태를 촉발"(15쪽)한다는 기술의 역사성을 가정했다면, 비릴리오는 '속도' 기술의 관점에서 사회의 역사성을 고찰한다. 따라서 "어떤 점에서는 비릴리오의 저작을 벤야민 저작의 속편으로 볼 수 있다"(같은 쪽). 비릴리오에게 속도란 "현상이 아닌 현상 간의 관계"(55쪽)이자 "우리가 처한 환경"(같은 쪽)이요 "현상의 가시성에 필요한 가능 조건"(60쪽)이다. 이런 관점에서 비릴리오는 여러 신조어들을 만들어내는데, "그리스어로 경주 또는 경주장을 뜻하는 'dromos' 에서 유래"(51쪽)한 '질주학(dromology)', '질주경(dromoscope)', '질주경 관찰(dromoscopy)', '질주권

(dromosphere)', '질주정(dromocracy)' 이 대표적이다. 전략을 질주학으로, 시각을 질주경으로, 공간을 질주권으로, 정치를 질주정으로 만드는 이러한 현상 간의 관계, 환경, 가능 조건, 그것은 '속도기계(speed-machine)' 라는 말로도 일컬어진다.

속도기계가 일으키는 가속화는 급기야 사물 간의 '상대속도' 를 넘어 '빛의 속도' 라는 '절대속도' 로 이어지고, 빛은 다름 아닌 시각을 가능케 하는 '시각기계' 다. 물론 여기서 말하는 '빛의 속도' 는 엄밀한 과학적 개념으로 이해할 게 아니라, "감각적 외관 세계를 즉각적으로 지각하면서 경험하는 시간성과 공간성"(64쪽)을 말하기 위한 개념이라고 저자는 설명한다.* "비릴리오의 주장은 속도기계가 우리의 지각 방식을 근본적으로 바꾼다는 것이다. 시각기계는 '실제 현전' 을 구성하는 시공간 요소들을 바꿔서 우리가 감각적 외관 세계와 맺는 관계를 재구성한다"(81쪽). 그리고 이러한 재구성은 "사회가 속도기계로 넘쳐나서 이른바 '원격 위상적(teletopolotical)' 지각의 구조화를 일으키는 방식이다"(같은 쪽). 따라서 여기서 '원격현전(telepresence)' 이라는 신조어가 나온다. "텔레비전 화면은 우리에게 가까운 관계이면서 먼 관계로 영상을 전한다. 텔레비전 영상의 근접 인상은 물론 완전히 거짓이다. 하지만 세상으로 난 이 '다른 창' 바라보기가 우리의 지각 습관에 아주 깊이 배어 있어, 우리는 그 창에 뜨는 영상을 바로 가까이서 우리를 둘러싸는 외관만큼이나 당연히 받아들인다"(93쪽).

* 이런 용어 사용에 대해서는 이미 과학자인 앨런 소칼과 장 브리크몽이 『지적 사기』라는 책에서 엄밀한 용법이 아니라고 비판한 바 있으나, 제임스는 이들의 비판을 "청맹과니 행태"(63쪽)라고 평가한다.

이러한 과정은 곧 "경험의 가상화"(같은 쪽)이며, "현대 통신과 디지털 혹은 방송 매체의 속도기계가 가져오는 원격현전의 일반화 과정"(같은 쪽)이다.

원격현전을 일반화하는 시각기계는 '투명성'에 기초한다. 비릴리오에 따르면, "투명이란 '빛을 잘 통과시키는 것'이거나, 아니면 '(예컨대 유리처럼) 바로 그 밀도를 통해서 대상을 분명히 식별하도록 하는 것'이다. (…) 인간 역사의 주된 특징은 영토 공간과 그 대기가 제공하는 이 원천적 투명을 보충하거나 변형하는 인공 매질의 발명에 있다"(94~5쪽). 따라서 텔레비전은 곧 '음극 투명'이며, 투명 창을 만든 도시 건축사의 "마지막 지평인 '전자 창'"(95쪽)인 셈이다. 이런 의미에서, 텔레비전보다 일찍이 원격현전을 가능케 한 투명 창은 망원경이었다. 그런데 망원경은 "통을 포개 접는 방식의 원근 단축을 창조"하고, 이것은 "우리의 거리 및 차원 이해력을 폐기하는 가속 현상"(96쪽)이며, 비릴리오는 이를 '지각의 병참학'*과 연계 짓는다. '병참학'은 곧 전쟁물자 조달을 위한 '질주학'이므로, 그것이 가장 극명한 효과를 발휘할 때는 물론 전시(wartime)이다. 전쟁기계들은 적이 나를 알기 전에 먼저 적을 앎으로써 전광석화처럼 공격해야 승리한다. "비릴리오는 도시의 기원을 전쟁에 두며 전쟁과 정치 역시 뗄 수 없는 관계임을 천명한다. (…) 경제는 어쩔 수 없이 부차적인 위치에 놓인다"(116쪽). "병참은 전쟁경제의 시작이며, 이 전쟁경제가 그 다음엔 (…) 정치경제를 대신한다고 할 정도이다"(117쪽).

* 이 말은 비릴리오의 1984년 저작 『전쟁과 영화 I』의 부제이기도 하다.

비릴리오에 따르면 도시의 기원이 경제보다 정치에 있었을 뿐만 아니라, 정치는 본래 전쟁과 불가분의 관계에 있었다. 이런 생각은 도시의 기원을 경제 활동에 두는 중상주의적 도시계획 학설과도, 정치와 전쟁을 분리하여 생각하는 클라우제비츠의 전쟁론과도 다르다. 그는 이런 전쟁기계의 속성을 속도기계로, 시각기계로 해석하여 현상학적인 지각의 문제와 연결함으로써, 우리의 현대 문명 속에 전쟁기계가 얼마나 침투해있는지를 비판적으로 고찰한다. "군사 공간과 속도공간이 이렇게 근본적으로 상호 연결되고, 이 두 공간이 정치 공간(즉, 폴리스 혹은 도시 공간)의 구성에 으뜸가는 역할을 하다 보니 전쟁과 평화의 구별이 더 어려워진다"(124쪽). 따라서 제2차 세계대전의 '총력전'은 냉전시대의 핵무기 대치라는 '총력평화'로 이어지고, 이러한 핵 억지력 논리에 근거한 총력평화는 사실상 항구적인 대치상태에 있는 '순수전쟁'이나 다름없다. 말하자면 순수전쟁과 총력평화는 모두 "전쟁 및 평화 상태의 융합을 함축"(133쪽)한다. 그런데 비릴리오가 문제시하는 바는 이러한 상태를 지탱하는 핵 억지력 원칙이 "과학과 테크놀로지가 그 전능함을 발휘하여 신비한 표상이 되게 하는 음모"(134쪽)라는 것이다. 텔레비전과 인터넷의 원격현전은 현시(presentation)의 기술이지만, 그 이면에는 기술지상주의라는 신비한 표상(representation)이 우상화된 이데올로기로서 작용하는 셈이다.

비릴리오는 "모든 정치적 · 사회적 발전상을 테크놀로지 혁신에 예속시키려는 목표를 지닌 진보 이념을 날카롭게 비판한다"(165쪽). 이제 도시의 기원이자 고대 민주정치의 현장이었던 '폴리스

(polis)' 는 "더 이상 뛰어난 정치 현장이 아니며 통신수단의 탈지역화는 탈도시화라는 사람들이 잘 모르는 현상을 주도"(162쪽)한다. "인구의 사회적 · 정치적 문제는 장소에서 교환 및 거의 즉시 대이동이라는 비장소의 문제로 바뀐다"(같은 쪽). "국지적 도시는 이미 한 구역에 지나지 않으니, (…) 눈에 보이지 않은 채 중심이 어디에나 있고 주변은 어디에도 없는 세계적 메타도시의 한 구이다"(167쪽). 세계화가 일으키는 이러한 탈장소화와 가상 폴리스로서 메타도시는 민주주의를 소멸시킬 위험이 있다는 점에서, 비릴리오에게 '실시간의 전제정치' 라는 오명을 얻는다. "민주주의는 연대에 관한 것이지 혼자만의 경험이 아니며, 인간은 행동하기 전에 숙고하는 시간이 필요하다. 그러나 실시간이자 세계적 현재는 원격 관객 쪽에 반사 반응을 요구하는데, 이는 이미 조종 행위에 가깝다"(170쪽). "새로운 전제정치, 즉 더 이상 민주주의의 통제를 허용치 않고 오로지 조건반사인 자동 작용만을 허용하는 실시간의 전제정치"(169쪽) 때문에 민주주의가 사라질 위험에 처한다는 것이다.

비릴리오는 우리 시대의 예술도 무척 강도 높게 비판한다. 그는 "비판 혹은 대항의 표현 매체로서 존재하는 예술이 최근 수십 년간 이 기능을 대부분 상실"(180쪽)했고, "속도와 가속도, 가상화란 우리 시대 문화를 비판하거나 이에 대항할 표현 양식을 발전시키지 못했다"(181쪽)고 본다. 이러한 "예술 문제에 대응하려면 먼저 예술 문화, 말하자면 예술 생산에 영향을 주는 더 넓은 세계를 다루어야만 한다고 그는 단언한다"(180쪽). 이것이 그가 말하는 '표상' 의 의미다. 따라서 비릴리오의 예술론이 '표상' 과 '현시' 를 대립시킬 때, 그것은 각기 예술과 기술에 대응한다. "예술의 표상 기능, 즉 세계의 이미지를 재현(re-present)하는 역량은 '현시'란 특정 양식으로 대체된다"(186쪽). 이런 변화는 "표상 예술의 종말"과 "현시 예술의 지배"(같은 쪽)로도, 혹은 "예술의 기술화"(187쪽)로도 표현된다. 그가 우려하는 바는 "표상을 희생시킨 현시의 지배력 증대"로 인한 "예술이 할 수 있는 일의 협소화"이며, "예술 기법의 다원성이 축소"(같은 쪽)될 가능성이다.

언뜻 보면 비릴리오가 기술을 너무 부정하기만 하는 극단적인 비관론자처럼 보이지만, 그는 자기가 "테크놀로지가 아니라 그 뒤에 있는 논리"(193쪽)에 반대하는 것이라고 역설한다. 그렇다면 이 모든 논의가 비관으로 빠지지 않으려면, 예술은 무엇을 해야 하는가? 비릴리오는 흥미롭게도 예술의 표상 기능을 '사고(事故, accident)'라는 개념과 연계한다. 그에게서 '사고'는 어떤 기술이든 발명될 때부터 이미 내재하는 것인데, 예컨대 "난파선은 배의 (…) 발명이고, 항공기 추락은 초음속기의 발명이며, 이는 바로 체르노빌이 원자력발전소의 발명인 것과 마찬가지다"(193쪽). 이러한 사고 개념은 "테크놀로지의 진보를 그저 단순히 긍정적으로만 말해서는 안 된다"(194쪽)는 비판적 태도에서 나왔지만, 예술에는 이게 오히려 가능성으로 작용한다. "예술의 사고[事故]는 표상이다. 세상을 다르게 바라보게 되는 것이다. (…) 예술가는 세계를 보는 새로운 시각으로 현실을 창조하는 사람이다"(195쪽). 따라서 "비판 없는 예술이 없고 예술 없는 비판은 없"(196쪽)다고 말할 수 있다.

"비릴리오는 스스로 '테크놀로지의 예술비평가[art critic of technology]' 혹은 '기술예술 비평가[critic of the art of technology]' 임을 자임했다"(193쪽).* 흥미로운 건 이게 마치 기술과 비평 사이에 놓인 예술의 모호한 지위를 나타내는 증상처럼 보인다는 점이다. 전자는 비평가가 예술적 입장에 서서 기술을 비판하는 뉘앙스이지만, 후자는 비평가가 기술적인 예술을 비판하는 뉘앙스이기 때문이다. 이렇듯 예술의 지위는 기술과 비평 사이에서 모호하게 서성이지만, 비평가로서 비릴리오는 분명 테크놀로지를, 더 정확히는 '테크놀로지 이면의 비인간적 논리'를 비판한다. 그래서 이 책은 비릴리오를 '테크놀로지의 예술비평가'라고 부르며, 단호하게 말한다. "예술은 테크놀로지에 대항해야 한다"(199쪽)고.

* 두 표현의 영문은 John Armitage (ed.), *Virilio Live: Selected Interviews* (London; Thousand Oaks; New Delhi: Sage Publications, 2001)를 참고.

8 간주곡 3:
시각의 분리, 감각의 통합*

- 서평도서: 『건축과 감각』
(유하니 팔라스마 지음, 김훈 옮김, 스페이스타임, 2013)

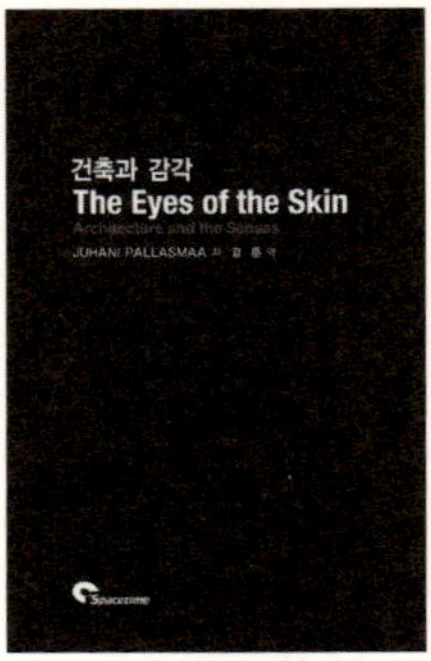

일상에서 흔히들 사용하는 말이 있다. '이 공간은 참 감각적이야' 라든가, '저 사람 참 센스 있어' 와 같은 말들. 그런데 경우에 따라 그 '감각(sense)' 의 문제를 두고 이견이 벌어지곤 한다. 누군가는 감각적인 것을 추구하지만, 누군가는 감각적 경향에 비판적 시선을 취하기도 한다. 누군가는 어떤 작품이 감각적이라고 판단하지만, 누군가는 그렇게 판단하지 않는다. 심지어는 '감각' 이란 무엇인가에 대한 인식부터가 분분하다. 아무래도 필자만의 '감각' 에 따르면, 이 '감각(感覺)' 이라는 말이 아직 우리의 상식 속에서, 혹은 공통 감각(common sense) 속에서 썩 잘 소화되고 있지 못하다는 느낌이 든다. 사실 '감각' 으로 번역되는 영단어 sense(라틴어로는 sensus, 독일어로는 Sinn, 불어로는 sens에 해당)에 대한 정의는 역사적으로 복잡한 계보를 갖고 있다. 일례로 칸트는 이 말을 인식 이전의 '감정' 상태로 국한시켜 미감을 논의하려했던 반면, 그

* 이 서평은 『건축가』 2015년 05-06월호에 처음 실렸으며, 여기서는 일부 디테일상의 오류를 수정하고 군더더기를 삭제하여 싣는다.

에 앞서 바움가르텐은 이 말을 '인식'의 의미와 결부시켜 미학을 정초했다. 이렇게 인식과 결부되는 경우 이 말은 '의미'라고도 번역되며, 들뢰즈의 *Logique du Sens*도 『의미의 논리』로 번역된다. 한편 들뢰즈의 『감각의 논리』는 *Logique de la Sensation*에 대한 번역이다. 칸트가 사용하는 라틴어 sensus communis는 공통 '감각'을 뜻하지만, 이에 대한 영어 번역어인 common sense는 회의주의와 무의미(nonsense)에 맞선 스코틀랜드학파가 '건전한 오성(悟性)'의 의미로서 발전시킨 '상식'의 뉘앙스를 담고 있다. 게다가 sense와 관련된 용어들인 sensual과 sensuous는 일반적으로 각각 '관능적'과 '감각적'에 가까운 의미이고, 철학에서는 sensual이란 말 자체를 '감각적'으로 번역하곤 한다. sensitive라는 형용사는 '민감한'에 가까운 뜻이지만, sensible은 '지각(知覺) 있는'에 가까운 뜻이다. '감각'을 둘러싼 어휘들은 대체 왜 이리 복잡한 걸까. 감각을 인식하는 관점들이 복잡해서일까, 감각 그 자체가 본래 복잡해서일까? 아마도 원인은 둘 다에 있는 듯하다.

이러한 감각의 다양성과 복잡성에 꼬여가던 필자의 머릿속에 언젠가 원서로 슬쩍 읽어보았던 『건축과 감각(The Eyes of the Skin: Architecture and the Senses)』(1996)이란 책이 문득 떠올랐다. 감각을 다루는 책이야 정말 많지만, 적어도 이렇게 간결한 분량으로 시각과 청각, 후각, 미각, 촉각, 그리고 근감각 혹은 운동감각(kinesthetic sense)에 이르는 감각에 대한 사유를 현상학적으로 풀어낸 책은 흔치 않기 때문이다. 그래서 다시 펼쳐들었다. 다만 이번에는 원서가 아닌 번역서로. 1996년에 출판된 이래로 수많은 건축학교에서 기본 교재로 사용되어왔을 만큼 그 논의의 정교함과 깊이를 인정받고 있는 이 흔치않은 책이 2013년에야 국내에 번역되어 나온 것은 비록 늦었지만 꽤 의미 있는 일이 아닐 수 없다. 이 작은 책은 시류에 편승하는 책과 거리가 먼 대신, 오랜 시간 빛을 발할 풍부한 영감을 녹여내고 있기 때문이다.

번역서는 원서의 부제를 따라 '건축과 감각' 이라는 제목으로 나왔으나, 원제는 '피부의 눈(The Eyes of the Skin)' 이라는 흥미로운 표현으로 되어있다. 피부의 눈이라니, 피부에 눈이 달린 것도 아닌데 이게 대체 무슨 말이냐고 누군가는 푸념할지 모르겠다. 그러나 이건 결코 빈말이 아니다. 시각에 초점을 둔 서구 사상의 시각중심주의(ocularcentrism)에 반대하는 저자는 촉각의 중요성을 강조하면서, "시각을 포함한 모든 감각들은 촉각이 확장된 것"(15쪽)이라고 말한다. 그리고 의학적 증거를 바탕으로 한 인류학자 애슐리 몬터규의 말을 다음처럼 인용하고도 있다.

> [피부는] 우리의 기관 중에서 가장 오래되고 가장 민감한 것으로, 소통을 위한 최초의 매개체이면서 가장 효과적인 보호장치이다. (…) 심지어 눈 위의 투명한 각막조차도 피부의 변형된 한 층에 의해 덮이게 된다. (…) 촉각은 시각, 청각, 후각, 미각의 모체이다. 피부로 느끼는 촉감에서 다른 감각들이 분화되어 나타나는데, 실제로 이러한 생각은, 촉각을 '감각의 어머니' 로 보아온, 오래된 생각에도 있었던 것으로 보인다. (14쪽)

한편 저자는 메를로-퐁티를 언급하며 시각을 몸으로 체화되는 촉각과, 더 나아가 세계를 '만지는' 살의 존재론과도 연결하고 있다. "메를로-퐁티의 감각에서 시각은 체화된 성격의 것이었다. 그는 시각을 '세계의 살(flesh of the world)' 이 인간화된 부분으로 생

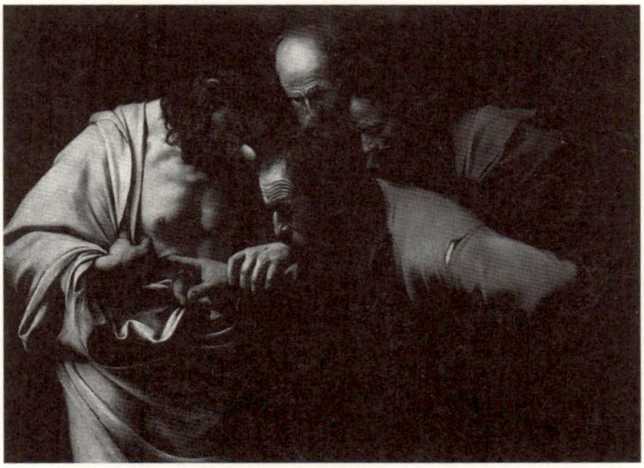

그림 12. 카라바조, 〈의심하는 도마〉, 1601-2

각했다. '우리의 몸은 대상들로 둘러싸인 하나의 대상이다. 하지만 몸이라는 대상은 주변의 대상들을 보고 만지는 대상이다.'" (33쪽)

이렇듯 저자는 '눈'의 위치를 특권화한 전통적인 시각중심주의에서 벗어나 눈을 촉각의 수준으로 통합하고, 이러한 촉각 중심의 감각적 지향성을 '피부의 눈'이란 말로 요약하는 것이다. 이에 따라 자연스럽게 강조되는 것은 시각중심주의를 넘어선 감각중심 세계의 일부로서 ('초점화된 관찰자적 시선'이 아닌) '초점을 두지 않은 주변적 시야'다. 따라서 이 책이 쓰인 90년대에 한창이었고 지금까지도 계속되는 시각 중심의 건축적 경향에 저자가 비판적 태도를 취함은 물론이다. 그리고 저자가 말하는 '피부의 눈'은 원서의 표지에 실린 카라바조의 그림에서, 도마(Thomas)가 손가락을 대고 살펴보는 예수의 복부 상처에 비유되고 있다. 이 그림에 대한 저자의 논평은 "눈에 우선순위를 두고 있음에도, 시각적 관찰은 종종 직접 접촉에 의해 확실해진다" (39쪽)는 것이다. 이러한 '피부의 눈' 은 "손은 보기를 원하고, 눈은 애무를 원한다"(23쪽)는 괴테의 말로도 묘사되고 있다.

이러한 시각과 촉각의 대비적 구도는 전체적으로 두 개의 장으로 구성된 이 책의 첫 번째 장에서 중점적으로 전개된다. 전통적인 시각중심주의가 사상과 지식 및 진리 개념에 미친 영향, 또한 그것이 자율성의 충동을 낳고 관중(spectator)의 시선*을 낳음으로써 주객분열을 낳아온 역사를 비판하고, 이러한 '시각적 공간' 개념에 맞선 '구강적 공간(oral space)' 을, '망막의 건축' 에 맞선 '조형성(plasticity)' 을, '시각적 이미지의 건축' 에 맞선 '물질성과 시간' 의 건축을, '알베르티 창' 에 맞선 '새로운 시각 그리고 감각의 균형' 을 강조하는 것이다. 그리고 이러한 시각과 비물질적 공간에 맞선 촉각과 물성, 시간의 강조는 두 번째 장에 이르러 더 다양한 감각들의 논의로 확장된다. 즉 촉각과 시간은 '여러 감각이 관여하는 경험' 의 논의로 이어지면서 '청각적 친밀감' (청각과 온도감각)과 '향기' (후각), '맛' (미각), '행동' (운동감각)과 같은 다양한 감각의 논의로 확장된다. 한편 빛을 강조하던 시각중심주의와 반대되는 '그림자' 의 중요성이나, '침묵' 의 중요성과 연계된 청각적 경험은 모두 더 평온하고 풍부한 시각적 경험과 연계되며, 이 모든 공감각적 경험은 궁극적으로 그 속에서 피어나는 기억과 상상의 의미로 확장된다.

이러한 책의 구성은 현상학의 기본 틀 속에서 실로 수많은 사상가

* 관중(spectator)이라는 '구경꾼' 의 시선은 스펙터클(spectacle)이라는 '볼거리' 와 '방관자' 의 문화를 양산한다.

들의 생각을 녹여내고 있어서 그들의 영향관계를 일일이 따지기는 힘들지만, 대체로는 후설에서 하이데거, 사르트르를 거쳐 메를로-퐁티로 이어지는 현상학 계열에 기대고 있으며, 기억과 상상에 대한 강조에서는 특히 바슐라르에 대한 참조가 두드러진다. 그러나 무엇보다도 가장 중심을 이루는 사상적 기반은 하이데거의 '세계-내-존재'에서 메를로-퐁티의 '살 존재론'으로 이어지는 현상학의 계보다. 하이데거는 직접 거론되는 부분도 많지만, 다음처럼 간접적으로 참조되기도 한다.

> 레빈은 (…) 시각의 방식을 '주장적 시선(assertoric gaze)'과 '진리적 시선(aletheic gaze)'으로 구분한다. (…) 진리적 시선은 진리에 대한 해석학적 이론화를 의미하는 aletheic이라는 표현과 연관이 되어 있다. 이로 인해, 진리적 시선은 다양한 입장과 조망으로부터 대상을 보려는 경향을 가지고 있으며, 다층적이고, 다원론적이고, 민주적이며, 맥락적이고, 포괄적이고, 수평적이고, 보살피는 성격을 보인다. (56쪽)

여기서 '진리에 대한 해석학적 이론화를 의미하는 aletheic'이란 표현은 진리를 '알레테이아(aletheia)'로, 즉 은폐된 것의 '열어 밝힘'으로 해석한 하이데거를 염두에 둔 말이리라. 메를로-퐁티에 대한 참조는 책 전반에 걸쳐 워낙 분명하게 나타나므로 새삼 재론할 필요가 없을 듯하다. 반면에 현상학의 계보에서 후설과 사르트르에 대한 참조는 약해 보인다. 비록 저자가 자신의 현상학적 관점을 후설의 "순수한 바라보기(pure looking)"(143쪽)와 동일시한다고는 하지만, 후설은 애초에 저자가 중점적으로 비판하는 데카르트적 시선을 이어받은 인물이었던 만큼 별로 거론되지 않고 있다. 한편 사르트르를 중요하게 참조하는 경우도 그의 "시각공포증"(32쪽)을 언급할 때 말고는 거의 없다. 사르트르의 응시 개념을 시각공포증으로 해석하는 팔라스마는 그러한 응시와 결부된 '타자' 적 논의에 큰 관심이 없는 듯하다. 사르트르에게는 타자의 응시야말로 비로소 주체가 탄생하는 계기가 되는 만큼, 어쩌면 그러한 타자에 대한 관심이 현상학적 논의를 더욱 풍부하게 할 법도 한데 말이다. 저자는 정신분석학에 대한 관심도 내비치지만, 역시 사르트르의 응시 개념을 이어받은 라캉보다는 멜라니 클라인을 참조하는 정도에 머무른다.*

그러나 저자는 한편으로 벤야민의 '아우라(Aura)' (분위기) 개념을 중시하면서 주체와 대상이 서로 응시를 주고받는 현상에 주목한다. "예술작품과 마주했을 때 우리는 감정과 느낌을 그 작업 위에 투사한다. (…) 우리의 감정은 작품에, 작품은 그것의 권위와 아우라를 건네준다. 결과적으로 우리는 우리 자신과 만나게 된다."(96쪽) 이 말을 사르트르 식으로 해석해보면, 대상의 아우라는 바라보는 자의 응시를 지속시키고 결국 대상의 응시를 돌려줌으로써 바라보던 자를 반성적으로 주체화하는 것이다. 그런데 아우라는 주체와 대상 간의 물리적 거리가 아닌 심리적 '거리감' 이 만드는 분위기의 효과로서, 공간적 거리가 아닌 시간적 거리감을 내포하는 개념이다. 여기서 말하는 시간적 거리감이란 현재의 어떤 순간적 계기가 호출하는 무의식적 과거의 기억, 말하자면 프루스트의 '무의지적 기억' 혹은 바슐라르의 '기억' 이나 '상상' 과

* "멜라니 클라인은 '투사적 동일시' 라는 개념을 통해, 인간의 모든 상호작용에 실제로는, 자아의 부분 부분들을 다른 사람에게 투사하는 과정이 암시되어 있다고 주장했다."(96쪽) 멜라니 클라인은 아버지의 역할을 중시한 라캉과 달리 어머니의 역할을 중시한 정신분석가다. 라캉은 클라인의 이론이 안나 프로이트의 자아심리학파보다 월등하다고 보았지만, 여전히 타자 개념은 어머니를 넘어 아버지 측면에서 궁극적으로 얘기되어야 한다고 보는 입장이다.

같은 개념들과 연결되는 '시간성(temporality)'의 의미를 함축한다. 따라서 저자가 '아우라'의 상실을 개탄하는 것은 그러한 시간성의 상실을 개탄하는 것에 다름 아니다. "현존의 권위이자, 발터 벤야민이 진품의 예술에 필수적인 가치로 생각했던 '아우라'의 감각은 이제 더 이상 찾아볼 수 없다. 이렇게 건축은 도구화된 기술 생산품이 되어, 건축 자체의 프로세스를 숨긴 채, 허깨비 혹은 유령같이 변하고 있다."(47쪽) 이렇듯 저자는 시간성을 드러낼 건축 자체의 '프로세스'가 허깨비처럼 압축되어가는 세태를 비판한다.

시간성의 상실은 곧 그것이 공간성으로 대체되어왔음을 뜻한다. "공간이 시간보다 더 중요한 것이 되었다"(32쪽)고 표현되는 근대적 시각중심주의 패러다임은 데이빗 하비가 말하는 "시공간 압축(time-space compression)", 즉 "공간 및 시간의 경험들[이] 속도에 의해 융합"되는 현상 속에서 "두 차원의 명백한 역전"(34쪽)을 일으켰다. "시간에 지속성이 사라지고, 태곳적부터 이어져오던 과거의 메아리가 없어지면서, 인간은 역사 속에 머무르는 존재로서의 자아에 대한 감각을 놓치게 되었다."(78쪽) 시간의 지속성을 강조하는 저자는 자연스럽게 명사가 아닌 동사로서 시공간 개념에 주목하는데, "'공간(space)' 대신 '공간을 두기(spacing)', '시간(time)'보다는 '시간을 들이기(timing)'"(93쪽)라는 일본인의 시공간 개념에 주목하는 것이다. 그러고는 결국 '세계-내-존재'로서 감각하는 건축의 통합적 과제를 이끌어낸다. "건축은 세계와 우리자신 사이의 조화에 관한 예술"(104쪽)이라며, 이러한 "중재는 감각을 통해 일어난다"(같은 쪽)라고, 또한 프랭크 로이드 라이트를 따라 "오늘날 건축에서 가장 필요한 것은 (···) 통합성(integrity)" (같은 쪽)이라고 말한다. "기억에 남는 건축의 경험 속에서 공간, 물질, 시간은 하나의 단일한 차원으로 융합되어 우리의 의식을 관통하는 존재의 기본적 실체로 합쳐진다" (같은 쪽)는 것이다. 다시 말해, 건축의 과제는 '주체와 대상의 시각적 분리에서 벗어난 감각적 통합으로 존재와 세계를 인식' 하는 것이란 얘기다.

제2부
주체와 타자 사이의 인간

9 『파운틴헤드』와 건축가의 주체적 위치*

- 서평도서: 에인 랜드의 『파운틴헤드』
(민승남 옮김, 휴머니스트, 2011)

현상: 현실 혹은 환상

잘 생긴 중년의 남성이 깔끔한 인테리어의 사무실 책상 위에서 와인 한 잔을 홀짝이며 여유롭게 스케치를 한다. 흔들리지 않는 눈빛, 오똑한 콧날, 깔끔한 셔츠, 반쯤 걷어 올린 소매와 단단한 팔뚝. 그는 아직 독신이고, 다소 이상적인 아이디어를 실현시키는 데 골몰하다 종국에는 아름다운 공간을 만들어내고야 마는, 깐깐하고도 심미적인 유능한 낭만주의자다. 제도판 위에서 땀 한 방울(꼭 한 방울이어야 한다) 맺어가며 열심히 도면을 그리던 그의 핸드폰이 울려대더니 어느새 감각적인 레스토랑에서 섹시한 여성과 식사를 하며 그녀의 욕망어린 눈빛을 도도하게 받아낸다. 그가 설계하는 건축물은 그의 매력만큼이나 '쿨' 하다. 마지막에는 멋진 건물이 우뚝 서서 해피엔딩을 장식한다.

이 사람은 대체 누구인가. 언젠가 텔레비전 드라마에서 우연히 보고 자연스럽게 헛웃음을 짓게 한 어느 주인공을 떠올리며 필자가 재구성해본 가공의 건축가다. 어느 광고에 등장한 스타건축가의

* 이 글은 '건축가는 누구인가' 를 주제로 한 『건축평단』 2015년 여름호부터 연재하기 시작한 매개서평의 첫 번째 꼭지다.

이미지도 떠오른다. 자유로운 스케치와 도면의 디테일이 중첩되며 멋지게 사인을 휘갈기는 건축가의 손, 그것을 하염없이 아름답게 담아내는 카메라 프레임, 역시나 대지를 박차고 우뚝 솟아오르는 건물. 이런 건축가의 이미지들은 대체 언제부터 형성된 것일까. 아무래도 대중매체에 등장한 건축가 캐릭터들을 거꾸로 더듬어 올라가보는 게 좋을 거 같다. 3년 전인 2012년 영화 〈건축학개론〉이 소위 흥행 '대박'에 성공했을 때 드라마 〈신사의 품격〉에서는 슈퍼스타 장동건이 대략 위와 같은 건축가의 이미지로 등장했고, 2010~11년 드라마 〈시크릿가든〉에서는 현빈이, 2010년 〈개인의 취향〉에서는 이민호가, 2009년 〈결혼 못하는 남자〉에서는 지진희가 건축가로 등장했다. 2004년 영화 〈내 머릿속의 지우개〉의 정우성, 2002년 한류열풍의 주역이 된 드라마 〈겨울연가〉의 배용준, 2000년 영화 〈시월애〉의 이정재도 모두 건축가로 등장했고, 그에 앞서 손지창과 이병헌이 각각 건축과 학생으로 등장한 1994년 드라마 〈느낌〉과 1992~4년 드라마 〈내일은 사랑〉은 한동안 건축과의 커트라인을 높이는 데 혁혁한 공(?)을 세웠다. 그 이전에는 또 뭐가 있었을까? 무엇보다 눈에 띄는 것은 1988년에 한국어로 초역된 에인 랜드의 소설 『파운틴헤드(The Fountainhead)』다.

맥락

이 작품이 유독 눈에 띄는 이유를 대기란 어렵지 않다. 첫째, 1943년 미국에서 출판되어 50여 년간 2,500만부 이상의 획기적인 판매량을 기록하고 작가 사후 30년이 넘은 지금까지도 수많은 미국 독자들에게 꾸준히 사랑받아온 베스트셀러이자, 무엇보다 건축을 본격적으로 소재화한 거의 전무후무한 소설이기 때문이다. 한국에서는 1988년에 『마천루』(허종열 · 김원 옮김, 광장)라는 제목으로 첫 번역서가 나왔다가 2011년에 원제를 따라 『파운틴헤드』라는 제목으로 재번역되어 나왔다. 일찍이 1949년에 킹 비더 감독이 각색한 동명의 미국 영화는 건축가의 대중적 이미지를 전파하는 데 큰 역할을 해오면서 2009년 제1회 서울국제건축영화제의 개막작으로 상영되기도 했다. 두 번째 이유는 이 소설이 건축계에서 일어날법한 사건들을 흥미롭게 엮어내면서 미국적 자유의 이상에 부합하는 작가의 객관주의 사상을 담아냈다는 데에 있다. 이 작품의 성공과 대표작 『아틀라스(Atlas Shrugged)』(1957)의 출판에 힘입어, 그녀는 개인주의에 입각한 미국 신자유주의의 정신적 지주로 자리 잡았다. 그녀의 추종자 중에는 일찍이 20년간 연방준비제도이사회(FRB) 의장을 지낸 앨런 그리스펀*이 있으며, 사후 3년이 지난 1985년에는 그녀의 객관주의 사상을 연구하는 비영리 싱크탱크인 에인 랜드 연구소(Ayn Rand Institute)도 설립되었다. 한편 뉴욕의 대중적인 만화작가 프레드 반렌트가 지은 『지상 최대의 철학 쇼(Action Philosophers!)』(2005-7)라는 만화 시리즈는 전통적인 철학사에 등장하는 대철학자들 사이에 그녀의 이름을 당당히 위치시켰는데, 그녀의 사상이 미국 사회에 얼마나 큰 영향을 미쳤는지를 반증하는 대목이다.

에인 랜드는 논란이 많은 작가이기도 하다. 그것은 그녀가 작품에 녹여내면서 적극적으로 전파해온 객관주의(Objectivism) 사상이

* 그리스펀은 이렇게 술회했다고 한다. "에인 랜드는 자본주의가 왜 효율적이고 실용적이며 도덕적인지 내게 증명해주었다." – 민승남, "옮긴이의 말", 『파운틴 헤드』(휴머니스트, 2011) 2권 702쪽.

전통적인 이타주의를 철저히 부정하고 이기심에 입각한 개인주의를 내세우기 때문이다. 그 경위를 이해하려면 아무래도 그녀의 생애를 살펴봐야 한다. 1905년 러시아의 유복한 가정에서 태어난 그녀는 1917년에 일어난 볼셰비키 혁명과 함께 가족이 재산을 몰수당하는 경험을 하면서, 사회주의에 대한 깊은 반감을 키운다. 결국 자유의 이상을 찾아 1926년에 미국으로 건너가게 되는데, 뉴욕의 맨해튼에 들어서자마자 눈앞에 펼쳐진 마천루들의 스카이라인에 감격의 눈물을 흘렸다고 한다. 러시아에서 막연히 가졌던 미국사회에 대한 낭만적 이상을 현실로 경험하기 시작한 그녀는 이후 영화판을 전전하다가 당시 러시아와 전 유럽을 휩쓸던 집산주의가 미국 영화계까지 지배하고 있음을 보게 된다. 『파운틴헤드』라는 소설이 모더니즘 건축가를 주인공으로 하여 미국적 개인주의의 이상을 그려내는 것은 바로 그러한 당시의 친사회주의 경향에 대한 그녀의 비판의식에 근거하고 있다.

랜드는 아리스토텔레스와 토마스 아퀴나스를 이어 자신이 철학사에서 추천할만한 세 번째 인물이라고 당차게 주장할 정도로 현실주의와 경험주의에 가까이 선다. 예컨대 소설의 원서 말미에 수록된 요약 내용에 따르면, 그녀의 객관주의는 형이상학적 관점에서는 객관적 현실(objective reality)을, 인식론적 관점에서는 이성(reason)을, 윤리적 관점에서는 자기이익(self-interest)을, 정치적으로는 자본주의(capitalism)를 옹호한다. 그리고 이런 관점을 "자연은 복종함으로써만 복종시킬 수 있다(Nature, to be commanded, must be obeyed)."라는 베이컨의 경험주의적 경구와 "인간은 그 자신이 목적이다(Man is an end in himself)."라는 칸트적 언명을 빌려 표현하기도 한다.* 이 말들은 무엇을 의미하는가. 일단 '자연은 복종함으로써만 복종시킬 수 있다'는 베이컨의 경구는 자연을 따라야만, 즉 자연과학적 방법으로 자연을 연구해야만 자연을 정복할 수 있다는 뜻이다. 한편 인간 자체를 수단이 아닌 목적으로 삼는 칸트적 언명은 개인주의적 자유주의의 기틀이 되는 윤리적 태도다. 따라서 이 두 가지 태도를 결합한 것은 얼핏 자연주의와 인문주의를 적절히 결합한 것처럼 보이지만, 실상은 그리 간단하게 생각할 수 없는 문제다. 베이컨의 말 자체는 이미 자연 대 인간의 대립구도를 유지하고 있고, 랜드가 칸트적 언명을 인용할 때의 인간은 칸트의 도덕적 인간형이기보다 '이기적' 인간형으로 드러나기 때문이다. 그녀의 객관주의는 자기이익이 인간의 자유의지를 보장하는 기반이라고 말하지만, 그녀가 옹호하는 자본주의적 자기이익은 기본적으로 동물적인 생존본능과 연관되어있다. 이런 태도는 결국 칸트적인 주관주의를 배척하며 객관주의라는 이름으로 동물적인 실천이성을 극단적으로 밀고 가는 것이어서, 사변이성**에 대한 안티테제인 반지성주의를 낳기 십상이다. 반지성주의는 특히 한국에서 보편화된 대중적 경향이 아닌가? 예컨대 대학이 취업학원으로 전락해가는 사례도 그렇거니와, 대중스타들에게 수없이 투영되는 성적 욕망의 기표들인 '우월한' 외

* "The Essentials of Objectivism" in Ayn Rand, *The Fountainhead* (Centennial Edition) (Signet, 1996) p. 709 참고.

** 여기서 필자는 화이트헤드가 『이성의 기능(The Function of Reason)』(1929)에서 구분한 율리시즈적 실천이성과 플라톤적 사변이성의 구분을 따른 것이다. 화이트헤드는 인간이 인간이기 이전에 동물인 만큼 언제나 경험주의적인 실천이성으로 시작하지만 경험주의는 즉각적인 이익의 굴레 속에 갇혀있어서 그 너머를 사유하게 되고, 그렇게 나타난 것이 사변이성이었다고 말한다. 이성의 기능은 이렇게 자신의 틀을 깨며 상승해가는 것이며, 인간은 지금껏 거쳐 온 실천이성과 사변이성의 역사를 넘어 궁극적으로 우주론적 이성으로 나아가야 한다는 게 이 책에서 그가 주장하는 핵심 내용이다.

모와 '이기적인' 몸매와 같은 표현들은 어느새 반지성적인 힘의 논리와 이기심의 형용사가 대중의 무의식을 잠식해왔음을 드러내는 증상이라고 볼 수 있다.

그렇다면 미국 객관주의의 창시자인 에인 랜드의 이 '지적인' 소설에도 그런 성향이 나타나고 있을까? 미리 대답하자면 물론 '그렇다' 이다. 적어도 이 소설에서 그녀는 이기적이고 폭력적인 것을 낭만적으로 묘사하고, 이타적이고 나약한 것을 악랄하고 경멸스러운 것으로 묘사하는 니체적인 수사로 일관하기 때문이다.* 게다가 랜드는 한편으로 낭만주의를 옹호하기도 하는데, 과연 객관주의와 낭만주의는 어떻게 결합하는 것일까. 이에 대해 필자는 『파운틴헤드』에서 작가가 그리는 인간상의 실체가 무엇인지를 정신분석 담론을 통해 살펴보려고 한다. 그래서 그녀가 그리는 인간상을 분석해보고, 그 과정에서 나타나는 건축가상은 어떤 주체성을 환기하는지를 비판적으로 따져볼 것이다.

서사 구도

소설은 먼저 건축학교를 함께 다니는 두 학생인 하워드 로크와 피터 키팅의 이야기로 시작한다. 두 사람은 각기 순수하게 자율적인 이성적 자아와 거의 전적으로 타율적인 비이성적 자아를 대표하

* 예를 들어, 여주인공의 다음 문장은 이런 성향을 잘 요약하고 있다. "탱크는 아주 깨끗하고 순진한 무기죠. 앞으로 나아가며 모든 걸 깔아뭉개고 모든 반격을 받아내는 정직한 무기. 그는 부식성 가스예요. 폐를 좀먹는. 난 악의 핵심에 이르는 비결이 존재한다고 생각해요."(1권 257쪽) 여기서 부식성 가스에 비유되는 '그'는 모든 이타주의적 '악'을 상징하는 등장인물인 엘즈워스 투히를 말한다.

는데, 로크는 역사적인 절충주의가 지배적인 시대에 자기만의 정직하고 기능적인 모더니즘 건축을 고집하는 학생이어서 결국 학교와 마찰을 빚고 퇴학당한다. 반면에 키팅은 시대의 대세를 따라 언제나 절충적인 스타일로 설계하는 타율적인 모범생이어서 학교를 최우등으로 졸업하지만 그와 달리 자존감으로 충만한 로크의 존재가 항상 맘에 걸린다. 키팅은 졸업 후 당시의 스타건축가라 할 만한 가이 프랭컨의 사무소에 취직하는데, 프랭컨은 사실상 비즈니스맨 정도에 불과한 인물이다. 프랭컨에게는 그와 성격상 맞지 않는 딸이자, 필력 있는 건축 칼럼니스트요, 미모의 '차가운 도시여자'를 표상하는 도미니크가 있다. 한편 퇴학당한 로크가 찾아가는 건축가 헨리 캐머런은 한때 모더니즘으로 유명세를 떨쳤다가 한물간 퇴물 취급을 받고 있는 고집스런 영혼의 소유자다. 비타협적 성격 때문에 일감도 별로 없는 캐머런은 로크에게 고생길에 들어서지 말고 다른 길을 택하길 권하지만, 그에 못지않게 비타협적인 로크는 결국 캐머런의 밑에서 유일한 설계직원으로 일하기 시작한다. (이 두 사람의 관계는 실제로 '형태는 기능을 따른다'는 유명한 말을 남긴 모더니스트 루이스 설리번과 그의 수하에서 견습한 미국 모더니즘 건축의 거장 프랭크 로이트 라이트의 관계에 착안한 것으로 알려져 있다.) 의기투합하여 몇 년을 고생해도 프로젝트 수주에 실패하는 일이 반복되자 캐머런은 곧 은퇴하게 되고, 남겨진 로크는 어쩔 수 없이 다른 사무소에서 일하게 된다. 그러다 로크는 우연한 기회에 자신의 기량을 알아본 의뢰인을 만나고, 그의 전폭적인 지원 속에 일찍이 개인사무소를 차린다. 독립 후에도 그의 고생길과 불굴의 도전은 끝없이 이어지는데, 그 과정에서 또 다시 궁핍해진 로크는 급기야 채석장에서 인부로 일하게 되지만 여기서 채석장 소유주인 프랭컨의 딸 도미니크와 운명적으로 만나게 된다. 도미니크는 태어나서 한 번도 남자에게 제대로 매력을 느껴보지 못한 인물이었다. 그러나 로크를 본 순간부터는 더 이상 그렇지 않다. 첫눈에 튀긴 로맨스의 불꽃. 로크를 향한 도미니크의 욕망. 도미니크를 향한 로크의 강간. 사건은 그렇게 이어지고, 도미니크는 자신이 사랑하는 이 고결한 남자의 특별한 이기심이 타협적인 세상과 불화할 것을 확신하여 그가 세상의 일을 수주하지 못하게 필사적으로 노력한다. 이 신기한 행각의 이유를 말하지 않아도 이미 다 이해하는 로크는 도미니크가 은밀히 방문할 때마다 사랑을 나눈다. 한편 키팅은 오랫동안 사귀어온 자신의 여자 친구 홀시를 버린 채 도미니크와의 급작스런 공개 결혼이라는 욕망의 길로 빠져드는데, 실제로는 단 한 번도 도미니크에게 사랑을 받아본 적이 없다.

여기까지는 얼핏 로크와 키팅, 도미니크 사이의 전형적인 욕망의 삼각관계를 떠올리게 하는 로맨스 소설 정도로 보이지만, 이러한 욕망의 구조는 급진적 사회주의자로서 대중의 목소리를 대변하는 저명한 건축비평가 엘즈워스 투히가 개입하면서 본격적인 이데올로기적 전선을 형성한다. 투히는 로크와 대비되는 궁극의 악으로 설정된 인물이자 여론을 좌지우지하는 "이타주의의 1인 지주회사" (1권 669쪽)와도 같은 인물이고, 키팅은 로크의 절대적 이기주의와 투히의 절대적 이타주의 사이에서 히스테리적 면모를 보이는 전형적인 간접인생일 뿐이다. 원래 이 작품의 원제는 '간접인생들(Second-hand Lives)' 이었다가 이기주의가 창조성의 원천임을 의도한 '파운틴헤드' 로 바뀌었던 만큼, 소설 속에는 역시나 수

많은 간접인생들이 등장한다. 키팅의 여자 친구이자 투히의 조카로서 이타주의의 굴레에 갇힌 캐서린 홀시, 키팅의 속물적 성공에 집착하는 그의 어머니, 그리고 키팅과 프랭컨의 건축을 칭송하며 투히를 존경하는 많은 대중을 자아가 없는 간접인생으로 그리는 것이다. 이러한 간접인생을 양산하는 절대적 이타주의의 상징인 투히가 개입함으로써, 비로소 투히와 로크의 대극적 구도가 완성된다. 투히는 일찍이 로크가 설계한 건축을 보고 그의 위험성을 알고 있었다. 그러나 언제나 때를 기다릴 줄 아는 노련한 투히는 적절한 시점에 가서야 로크의 개인주의를 '신성모독' 으로 일컫는 비평문을 싣고 로크를 곤경에 빠뜨린다. 투히의 목적은 로크와 같은 개인주의자를 파멸시키는 것이다. 반면 로크는 조금씩 자신의 이상을 알아보는 친구들을 사귀어가고 자신과 통하는 의뢰인들을 통해 수주를 받음으로써 점차 세상에 작품을 내어놓게 된다. 그리고 세월이 흘러 다시 모더니즘이 유행하는 시대가 다가온다.

그림 13. 영화 〈파운틴헤드〉(1949)의 한 장면.
도미니크 프랭컨 역의 패트리샤 닐과 하워드 로크 역의 게리 쿠퍼.

투히와 로크의 대극적 관계는 투히의 건축 칼럼을 싣는 신문사의 사주인 게일 와이낸드의 등장으로 또 한 번 복잡해진다. 와이낸드는 뉴욕의 빈민굴 출신임에도 타고난 '귀족적' 특성으로 악착같이 생존하여 성공한 신문재벌로 묘사된다. 소년 시절 갱단의 졸개에서 두목으로 단숨에 올라선 과정부터 고대 로마인에 빗댄 외모 묘사까지, 작가는 와이낸드를 통해 다분히 니체적인 권력의지와 『도덕의 계보』에 등장하는 반기독교적인 주인 도덕을 형상화한다. 그러나 그렇다고 와이낸드가 진정한 니체적 초인(Superman)으로 그려지는 것은 아니다. 오히려 작가가 그리는 이상적인 초인의 이미지는 로크에게 투사되는데, 불굴의 의지를 지닌 로크에게 주변인들이 곧잘 붙이는 '슈퍼맨' 이란 칭호라든가, 도미니크가 로크에게 느낀 다음과 같은 첫 인상이 그것을 암시한다. "그녀는 그것이 자신이 볼 수 있는 가장 아름다운 얼굴임을 알았다. 그건 힘이라는 추상적인 개념이 가시화된 얼굴이었으니까."(1권 449쪽) 반면에 와이낸드는 자신의 삶을 작동시킨 것이 오로지 권력의지였음을 알고 있음에도, 그것의 허무함을 느끼는 인물이다. "최악의 간접 인생이 무엇인지 말하지 않았어. 그건 힘을 추구하는 것이지."(2권 500쪽) 와이낸드가 신문재벌로 성공한 이유는 일관된 편집정책을 추구해서가 아니라 대중의 입맛에 따라 상업적인 이익추구에 충실해서였다. 그렇게 자기이익을 위해 대중을 이용해온 와이낸드는 로크와 운명적으로 만나 그의 건축에 탄복하며 우정을 나누게 되지만, 결국 로크가 곤경에 빠졌을 때 난생 처음으로 그를 변호하는 칼럼을 내보내다가 대중의 힘을 못 이겨 굴복하기에 이른다.

와이낸드의 이러한 실패에 비해 로크는 수많은 곤경에 처하면서도 결국 승리하는 영웅적 인물이다. 어느새 미국에 경제 불황이 불어 닥치고 대다수의 기업형 건축사무소들이 맥을 못 추게 될 때, 오로지 실력만으로 승부해온 로크는 오히려 빛을 발하고 그의 모더니즘은 점점 저변을 넓혀간다. 도미니크와 결혼했던 키팅은 대형의 설계 계약 건과 도미니크의 소유를 교환하겠다는 와이낸드의 잔인한 제안을 군말 없이 받아들이면서, 도미니크와의 의미 없던 결혼을 타율적으로 박탈당한다. 점차 자신에 대한 회의에 휩싸여가는 키팅은 투히에 대한 환상에서 조금씩 벗어나 로크와의 신의를 지키는 데 더 충실하게 되는데, 그 와중에도 회사와 자신을 먹여 살리기 위해 자존심을 구겨야만 한다. 이제는 차라리 자신의 설계능력이 없음을 솔직히 인정하며 로크에게 대신 설계해줄 것을 절박하게 요청하는 키팅에게, 로크는 반드시 원안대로 지어져야한다는 단 하나의 조건만을 내건 채 설계를 대신 해준다. 그러나 키팅의 노력에도 불구하고 건물은 원안이 아닌 여러 건축가의 타협된 안으로 지어지는데, 타협된 건물을 용납할 수 없는 로크가 야밤에 건물을 폭파하면서 소설은 극적인 절정에 도달한다. 자연스럽게 소설의 결말은 이 폭파사건에 대한 대중의 분노와 법정에서의 변론으로 꾸며진다.

인물 분석

이 소설에는 여러 인물이 등장하지만, 전체적인 흐름을 이끄는 주인공들은 각 파트의 제목이기도 한 키팅과 투히, 와이낸드, 로크, 그리고 이들 사이에 작가의 페르소나로서 등장하는 도미니크다.

로크와 도미니크가 작품의 주요 로맨스 라인을 형성한다면 투히와 와이낸드는 더욱 상징적인 차원의 기표로 작동하고, 키팅은 투히와 로크 사이에서 흔들리며 괴로워하는 주체와 같다. 이들의 주체적 위치를 파악하기 위해 이제부터는 정신분석의 틀을 활용할 것이다. 참고로 지젝은 이미 1998년에 라캉의 네 가지 정신분석 담론으로 키팅을 제외한 나머지 네 명의 관계를 해석한 바 있으나,* 필자는 여기에 도미니크 대신 키팅을 포함시켜 조금 다른 결론을 내려고 한다.

라캉의 네 가지 담론은 주인담론과 대학담론, 히스테리담론, 분석가담론으로 이루어지는데, 이 담론들은 언어적으로 의미화되는 기표들의 체계와 기표들의 의미화 속에 포섭되지 않는 무의식적 실재 사이에서 작동하는 네 가지의 다른 도식들로 표현된다. 이 네 가지 도식을 참고해보면 『파운틴헤드』의 주요 인물들 간의 긴장관계 뿐만 아니라, 더 나아가 각 인물들이 대표하는 직업인 건축가와 비평가, 기업가의 위치와 보편적 대중의 위치를 따져볼 수도 있을 것이다. 그러나 여기서는 되도록 작품 분석에 집중하여 주요 인물들 사이에 작동하는 욕망의 구조를 살펴보려고 한다.

담론의 공통구조

$$\frac{\text{행위자}}{\text{진실}} \rightarrow \frac{\text{타자}}{\text{생산물}} \quad (\text{진실} \parallel \text{생산물})$$

* Slavoj Žižek, "Four Discourses, Four Subjects" in *Cogito and the Unconscious* (Slavoj Žižek et al., Duke University Press, 1998) p. 74~113 참고.

네 가지 담론의 구조는 모두 행위자, 타자, 진실, 생산물이라는 네 개의 항으로 구성되며, 중심의 가로줄을 중심으로 행위자와 타자는 도식의 상단에, 진실과 생산물은 하단에 위치한다. 상단은 의미화의 층위이고, 하단은 의미화에 포섭되지 않는 무의식의 층위다. 즉 상단은 행위자가 타자를 향해 말할 때 일어나는 의미화의 흐름을, 말하자면 의식적인 상징체계에서 작동하는 담론의 방향성을 나타낸다. 반면에 하단은 그런 의미화에 포섭되지 않은 채 타자에게 남는 무의식적 생산물과 이렇게 말하는 행위자의 무의식적 진실을, 말하자면 언어의 상징체계 속에 포섭되지 않는 무의식적 진실과 무의식 속에 생산되는 미지의 과잉을 나타낸다. 그리고 이러한 진실과 생산물은 상단의 상징체계와는 달리 서로 직접적 관계를 맺지 않기 때문에 화살표로 이어 표현하지 않는다. 중요한 것은 이 하단의 기호들이 모두 언어적 기표들을 통한 의미화에 포섭되지 않은 채 작동하는 무의식적 '실재'를 표현한다는 것이다.

주인담론의 도식

S1: 주인기표	→	S2: 지식(기표체계)	의미화	행위자	→	타자
$: 결핍된 주체	∥	a: 잉여(향락)	무의식	진실	∥	생산물

이 네 가지 담론의 기본이 되는 것은 주인담론인데, 이것은 집단의 지도자나 지배자, 스승과 같은 기표가 주도하는 담론을 말한다. 주인담론의 왼쪽 상단을 차지하는 주인기표 S1(master signifier)은 최초의 상징적 의미로 고정되는 기표를 말하며, 이것이 향하는 S2라는 기표는 S1을 재현 혹은 표상하는 무한한 기표들

의 연쇄 망을 말하기 때문에 '지식(knowledge)'이라 말할 수 있다. 그러나 S1에서 S2로의 이행이 나타내는 기표의 치환은 결코 완벽한 의미화를 이루는 게 아니어서 그 과정 속에서 언제나 의미화가 불가능한 미지의 잉여(a)*가 타자의 무의식 속에 남기 마련이다. 이러한 행위자의 무의식적 진실은 결핍된 주체($)인데, 상징적 의미에서 완전한 것으로 표현되는 것은 어디까지나 주인 '기표'일 뿐이며 실재하는 주체는 근본적 결핍을 내포하는 불완전한 것임을 뜻한다. 따라서 『파운틴헤드』의 등장인물 가운데 이 담론을 대표하는 인물은 신문재벌인 게일 와이낸드라 할 수 있는데, 막강한 언론권력(S1)을 쥔 채 자신의 의중을 반영하는 각종의 신문들(S2)을 지휘하고 있음에도 미처 예상치 못한 대중의 힘(a)에 굴복하고 마는 결핍된 주체($)이기 때문이다.

대학담론의 도식

S2: 지식(기표체계)	→	a: 잉여(향락)	의미화	행위자	→	타자
S1: 주인기표	∥	$: 결핍된 주체	무의식	진실	∥	생산물

두 번째 담론인 대학담론은 주인담론을 반시계방향으로 90도 회전하여 만든다. 대학담론은 객관적인 지식체계(S2) 자체가 담론을 주도하며, 그것은 아직 지식체계 속으로 해석되지 않은 타자적 잉여(a)를 의식의 수준으로 끌어올려 탐구한다. 이로써 발생하는 것은 이 담론을 학습하는 결핍된 주체로서의 학생들($)이며, 이

* 여기서 미지의 잉여를 나타내는 a는 라캉 정신분석의 핵심으로서 무의식적으로 실재하는 역설 자체를 뜻하는 기호로서 언제나 주체의 의미화를 넘어선 타자(autre)적인 잉여이자 결여이며, '향유되는 고통'으로서 향락(*jouissance*)이 맴도는 자리이기도 하다.

담론의 궁극적 진실은 그러한 지식체계가 권력(S1)을 형성한다는 데에 있다. 이 담론은 모더니티의 담론이 작동하는 방식이기도 해서 근대적 공산주의나 자본주의와 같은 상징적 이데올로기의 담론이기도, 객관적 과학주의의 담론이기도 하다. 따라서 이 담론을 대표하는 소설 속 주인공은 해박한 사회주의 지식인이자 비평가인 엘즈워스 투히다. 투히는 소설 전반에서 거의 모르는 게 없는 객관적 지식(S2)의 소유자이며, 그의 상징적 담론이 만들어내는 것은 결국 그를 존경하는 히스테리적 주체들($), 즉 그의 조카 홀시와 그녀의 남자친구 키팅, 그리고 수많은 대중이다. 그리고 그의 진실은 사회적으로 영향력 있는 문화 권력(S1)이다.

히스테리 담론의 도식

$: 결핍된 주체	→	S1: 주인기표	의미화	행위자	→	타자
a: 잉여(향락)	‖	S2: 지식(기표체계)	무의식	진실	‖	생산물

세 번째 담론인 히스테리담론은 주인담론을 시계방향으로 90도 회전하여 만든다. 정신분석에서 다루는 피분석자는 기본적으로 히스테리담론을 기초로 하며, 히스테리는 모든 신경증의 기본이 되는 증상이다. 주인담론이 반시계방향으로 회전하는 것은 주체의 욕망이 남성적 상징체계 속에서 전진해가는 것이지만, 이렇게 시계방향으로 회전하는 것은 여성적인 히스테리로 후퇴하는 것이다. 하지만 바로 이러한 히스테리적 주체가 자본주의 사회의 대중심리를 설명해줄 뿐만 아니라, 이러한 주체는 자신의 진실에 해당하는 잉여향락이라는 욕망(a)을 알지 못해 선생이라는 주인기표(S1)에게 끊임없이 질문을 던지는 학생과도 같은 결핍된 주체($)

다. 그러나 이 담론이 만들어내는 생산물인 지식(S2)은 히스테리자를 상대하는 타자의 무의식 속에 자리한다. 지젝은 도미니크를 히스테리적인 인물로 꼽지만, 필자가 보기에는 키팅이야말로 가장 극적으로 히스테리를 드러내는 주체다. 즉 키팅은 정신적 스승(master)의 기표인 투히(S1)를 존경하지만 정작 그의 진실은 매번 자존심의 상처를 입음에도 불구하고 자꾸만 로크를 향한 도움의 손길을 요청할 수밖에 없는 텅 빈 자존감 속의 고통스러운 향락(a)이다. 그리고 그의 이러한 히스테리담론은 투히나 로크, 도미니크와 같은 타자들의 무의식 속에 그에 관한 지식(S2)을 생산한다.

분석가 담론의 도식

a: 잉여(향락)	→	$: 결핍된 주체	의미화	행위자	→	타자
S2: 지식(기표체계)	‖	S1: 주인기표	무의식	진실	‖	생산물

마지막 담론인 분석가 담론은 주인담론을 반시계방향으로 180도 회전하여 만든다. 즉 이 담론은 주인담론에서 대학담론으로 이행한 후, 대학담론이 한 번 더 반시계방향으로 90도 회전하는 것이어서 더 이상 의미화의 상징체계가 아닌 무의식적 실재의 기호가 행위자로서 주도하는 담론이다. 여기서 행위자의 자리가 a인 이유는 결핍된 주체인 히스테리주체($)를 상대하는 분석가가 히스테리자의 잉여향락을 분석하기 위해 그것을 읽어낼 수 있는 순수하게 빈 주체로서 스스로를 가정해야 하기 때문이다. 분석가는 지식을 지닌 존재이지만 대학담론에서 말하는 객관적 지식이 아닌, 피분석자의 깨달음을 유도할 텅 빈 주체의 진리로서 지식(S2)을

지닌다. 그리고 분석의 과정은 피분석자의 무의식 속에서 그의 욕망이 수렴하는 주인기표(S1)를 발견해냄으로써 피분석자가 스스로 분석가의 담론으로 이행할 수 있도록 준비해주는 것이다. 『파운틴헤드』의 로크를 에인 랜드는 철저히 '이기적인' 인물로 그려내지만, 일반적 의미로 봤을 때 로크는 오로지 건축의 욕망 외에는 아무런 사리사욕도 없이 히스테리적인 타자를 상대하며 대중의 집단 무의식 속에 억압되어 있던 자유의 기표로서 모더니즘 건축을 발견하는 인물이다. "제가 타인들에게 갖고 있는 의무는 단 한 가지, 그들의 자유를 존중해주고 노예 사회의 일원이 되지 않는 것입니다."(2권 674면) 로크는 자신의 텅 빈 주체성(a)을 관통하는 건축의 욕망을 통해 대중($)에게 억압된 자유의 주인기표가 모더니즘 건축(S1)이라는 진실을 깨닫게 한다(S2)는 점에서 이러한 분석가담론을 대표한다고 말할 수 있다.

여기서 밝혀지는 한 가지 사실은 에인 랜드가 힘 있는 존재로, 도미니크를 강간하기까지 하는 문제적인 남성적 주체로 그리는 로크가 다름 아닌 여성적 주체라는 점이다. 상징적 의미화의 기호 S1과 S2가 남성적 주체의 기표들을 나타낸다면, 무의식적 실재의 기호 $와 a는 여성적 주체의 의미화 불가능성을 나타내는 결핍된 주체와 미지의 잉여 혹은 무한한 결여이기 때문이다. 따라서 현실에서는 곧잘 이러한 실재적 결여(a)를 메우는 환상(〈 〉)이 작동하기 마련인데, 이를 라캉은 $ 〈〉 a 라는 환상의 수학소로 표현한다. 이렇듯 표준적인 주인담론에서는 실재적 간극을 메우는 무의식적 환상이 현실을 지탱하는 기반이 되기도 하지만, 문제는 이런 환상이 분석가담론에 개입할 때다. 즉 주인담론을 뒤집은 꼴인 분석가

담론에서 상단을 차지하는 a → $ 라는 도식에 환상이 개입하면 a 〈〉 $ 라는 도착(perversion)의 구조가 형성된다. 도착증 환자의 특징은 자신을 타자가 욕망하는 대상으로 내어주며 스스로를 도구화하는 마조히즘에 있다. 도착적 주체는 이 모든 걸 알면서도 타자의 무의식에 사디스트의 주인기표를 생산하여 스스로를 그런 주인기표와 접속하는 욕망의 대상으로 치환하지만, 분석가의 과제는 언제나 순수한 실재적 결여(a)의 자리에서 주인기표를 타자의 무의식 속으로 떨어뜨리며 타자가 전하는 이상적 주체의 환상과 비판적 거리를 유지하는 일이다.

건축가의 주체성: 분석가 혹은 도착증

그렇다면 하워드 로크라는 주인공이 표상하는 영웅적인 건축가가 정말 분석가적 주체에 머무르는지도 따져봐야 한다. 분석가적 주체와 도착적 주체를 가르는 선은 아주 가늘기 때문이다. 소설 속에서 이러한 도착적 주체화를 의심케 하는 장면들이 있는데, 예컨대 도미니크가 (분명 나름의 이유를 제시하기는 하지만) 로크를 사랑하면서도 다른 남자들과 결혼하고 그에게 일감이 가지 않도록 키팅에게 일을 몰아주면서, 스스로 그에게 그런 고통을 준 날에 어김없이 그를 찾아가 사랑을 나누는 내용이 나온다. 이것은 작가가 로크라는 주인공을 도착적으로 환상화하며 구성할 수밖에 없었던 사디즘-마조히즘의 증상이 아닌가? 게다가 정신분석 차원에서 로크가 여성적 주체임을 감안한다면, 이것은 레즈비언 충동의 사도마조히즘 버전이다. 물론 소설 속에서 그들의 로맨스는 충분히 낭만적으로 표현되고 후반부로 갈수록 점점 더 자연스러워지면서 이런 의심의 여지를 희석시켜가는 편이다. 그러나 더 의심스러운 부분은 마지막의 법정 변론 장면에 있다. 로크는 자신의 건축물 폭파 행위가 왜 정당한지를 설명하면서 그간 거의 짧은 문장들로 말을 아껴온 것과는 달리 일장의 연설로 작가의 사상을 대변한다. 예를 들어 "한 인간이 창조해낸 작품을 온전히 지키는 것이 그 어떤 자선 행위보다 더 중요하다는 사실을 밝히기 위해 이 자리에 서고 싶었습니다. (…) 그것은 제가 미국에 바치는 충성이 될 것이며, 미국의 자리를 차지한 사회에서는 살지도, 일하지도 않겠다는 결의이기도 합니다."(2권 674쪽) "개인주의 원칙 위에 세워진 사회의 결과들을 보십시오. 바로 우리의 미국을요. 인류 역사상 가장 고귀한 나라."(2권 670쪽) 이것은 사실 자신을 순수한 빈 주체에 자리매김하는 분석가적 주체답지 않게 로크가 미국의 국가적 이데올로기라는 기표와 자기를 상징적으로 동일시하는 이상한 장면이고, '이기적인' 그답지 않게 국가에 대한 충성을 선언하는 장면이다. 물론 이러한 몇 가지만으로 소설 속 분석가적 주체로서의 성격을 도착증으로 환원할 수는 없다. 하지만 오히려 도착적으로 여겨지는 것은 작가가 미국적 이념을 옹호하고 이기심의 미덕을 강조하기 위해 사실상 여성적 주체인 건축가를 설정한 후 상징적 이데올로기와 동일시되는 남성적 주체를 덧씌워 호명하는 판타지의 순환구조에 있다. 즉 소설 속에서는 로크가 전반적으로 분석가적 주체답다 하더라도, 소설 외부에서 인물관계를 이데올로기적으로 구성해내는 작가의 상징적 타자성을 고려한다면 그는 분명 도착적인 마조히즘적 주체로 호명되어 자본주의 이데올로기의 숭고한 대상으로 복무하는 것이다. 따라서 랜드가 건축가에게 개입시키는 남성적 주체성은 분석가적 주체를 도착적인 낭만의 환상적 주체로 몰아간다고 볼 수 있다.

『파운틴헤드』가 그리는 현대 자본주의 사회의 건축가는 정신분석적인 관점에서 순수하게 텅 빈 분석가적 주체가 되어 의뢰인이나 대중이라는 타자의 욕망을 상대하고 그들의 무의식 속에 억압된 건축의 주인기표를 되살려내는 위치에 있다. 그러나 이런 여성적 주체로서 실재의 매개자로 그려지는 건축가를 국가주의나 사회적 이데올로기라는 상징적 타자가 호명하는 이상적 주체화라든가 대중매체라는 사회적 타자가 욕망하는 영웅적 건축가의 판타지와 결합하는 것은, 건축가로 하여금 자본주의 현실이 부과하는 각종의 구조적 고통을 개인주의의 낭만적 향락으로 치환해버리게 하는 도착의 증상이다.* 대중매체에서 소비되는 스타건축가의 판타지 또한 이런 도착의 구조 속에 있음을 느낄 수 있지 않은가?

남겨진 의심: 실체와 주체

『파운틴헤드』를 통해 알 수 있는 것은 작가가 투히로 상징되는 전형적인 근대적 담론에서 느낀 텅 빈 멸사봉공(滅私奉公)의 주체를 경멸한 나머지 그와 반대되는 실체적인 영혼으로서 개인주의를 옹호하고자 로크라는 건축가 캐릭터를 이상화했다는 점이고, 이것이 실체 중심의 철학에 입각한 랜드적 객관주의의 표상이리란 점이다. 적어도 이 소설 속에서 그녀가 자꾸만 변증법적 유물론이란 말을 반복하는 것은 그녀의 객관주의가 옛 소련의 과학적 사회

* 이는 물론 건축가뿐만이 아니라 자본주의 사회 전반에 영향을 미치고 있는 자기계발 담론의 일종이기도 하다.

주의를 뒤집기 위한 담론적 증상임을 드러낸다. 그렇다면 그녀의 객관주의는 그녀가 인용한다는 베이컨의 '자연은 복종함으로써만 복종시킬 수 있다'는 경구처럼, 사실 근대성의 굴레를 벗으려고 거기에 빠져든 꼴이 아닌가? 정신분석의 교훈을 빌려보면 그녀가 실체적으로 이상화한 영웅도 결국 텅 빈 주체의 자리에 있고, 그녀가 모든 악의 화신처럼 설정한 반(反)영웅이 대표하는 담론은 사실상 근대의 '객관적' 대학담론에 속한다. 따라서 그녀의 '객관주의' 마저도 근대적 대학담론의 'ㅇㅇ주의(-ism)'를 벗어날 수는 없다. 그렇다면 경험적 실증주의의 관점에서 이성을 내세우고 실체적인 영혼과 영웅적 개인주의를 추종하는 미국적 객관주의가 은폐하는 진실은 무엇인가? 자본주의 이데올로기의 실체적 환상으로 봉합할 수밖에 없는 객관적 현실과 실천이성의 한계가 존재한다는 사실 자체가 아닌가?

10 '쿨' 하스의 정크스페이스를 어떻게 볼 것인가*

- 서평도서: 렘 콜하스/할 포스터의 『정크스페이스와 러닝 룸(Junkspace with Running Room)』(Notting Hill Editions, 2013)

두 분석가의 텍스트

에인 랜드가 『파운틴헤드』(1943)에서 하워드 로크라는 건축가를 불굴의 의지를 지닌 초인으로 그렸을 때, 그 건축가는 대중과 의뢰인의 욕망이 수렴하는 기표로서 모더니즘을 발견하는 (정신분석적 의미의) 분석가적 주체로서 등장했다. 그렇다면 이런 분석가적 주체가 소설적 환상을 벗어나 현실로 뛰어들 경우 어떤 모습을 하게 될까? '분석가'가 피분석자의 '욕망'을 분석하는 자라면, 아마도 현대 건축의 욕망을 탐구하는 데 탁월한 능력을 보여 온 렘 콜하스야말로 이러한 분석가적 주체에 가장 어울리는 건축가일지

* 이 서평은 2015년 6월 말 정림건축문화재단에서 열렸던 '렘 콜하스 비판적 독해' 집담회를 참관하고 느낀 담론의 공백을 보충하려는 의도에서 쓴 것으로, 『건축평단』 2015년 가을호에 매개서평의 두 번째 꼭지로 실렸다. 여기서는 세부내용상의 일부 오류를 수정·보완하여 싣는다. 이 글의 제목에서 콜하스를 '쿨' 하스로 표현한 이유는 본문 속에서 암시될 것이다. 한편, 9장 「파운틴헤드와 건축가의 주체적 위치」에 이어 여기서도 계속해서 현실과 환상의 접점에 주목하고자 한다.

모른다. 물론 건축의 욕망은 건축가만 분석하는 게 아니며, 건축 이론가나 비평가도 그런 분석가의 역할을 자임한다. 더러는 건축계의 웬만한 인사보다 더 탁월하게 건축을 분석하는 미술비평가도 있는데, 할 포스터가 바로 그런 인물이다. 1944년생인 렘 콜하스가 70년대에 혜성처럼 떠올라 지금까지 세계 건축계를 주름잡아온 스타건축가라면, 1955년생의 할 포스터는 80년대부터 현대 문화예술의 역학관계를 날카롭게 분석해온 저명한 미술비평가다. 그런데 이 두 탁월한 분석가들의 글이 콤비를 이룬 책이 있다면? 분명 평범한 책은 아닐 것이다.

렘 콜하스와 할 포스터의 『정크스페이스와 러닝 룸』. 이 책은 형식면에서도 평범하지 않다. 물론 실제 책으로도 접할 수가 있지만 「정크스페이스」와 「러닝 룸」이라는 단 두 개의 에세이만을 포함한 짧은 분량이어서 전자책으로도 가볍게 이용할 수 있다. 게다가 포스터의 「러닝 룸」은 콜하스의 「정크스페이스」를 이해하기 위한 키워드들을 A부터 Z까지 알파벳순으로 정리하는 형식을 취하면서, 두 사람의 생각이 만나는 접점과 쟁점들을 암시하고 있다. 이런 형식은 콜하스가 그의 대표작 『스몰, 미디엄, 라지, 엑스라지(S, M, L, XL)』(1995)에서 선보였던 백과사전식 용어목록을 연상시키지만, 그 성격은 다르다. 콜하스가 나열했던 수많은 용어들은 모두 인용된 것들이었던 데 반해,* 포스터는 자신이 써온 용어들을

* 1995년에 출판된 콜하스의 『스몰, 미디엄, 라지, 엑스라지』는 그 제목이 암시하듯 점점 스케일에 따라 정량화되어가는 건축의 추세를 반영한다. 1천 쪽이 넘는 이 두툼한 책은 그의 각종 프로젝트와 텍스트를 모아 스케일별로 분류한 동시에, 페이지의 측면에서 각종의 개념어들을 백과사전식으로 병행하여 전개한다. 이러한 개념어들은 마치 인용문들로만 이루어진 책을 쓰고 싶다던 발터 벤야민의 꿈을 실현하기라도 하듯, 저자를 명기하지 않은 파편

콜하스의 「정크스페이스」를 통해 엮어내며 본인의 글로 풀어내고 있기 때문이다. 콜하스가 복잡한 맥락의 사실들을 '있는 그대로' 제시하는 인상을 의도한다면,* 포스터는 그가 늘어놓은 인상적인 사실들을 엮어 모종의 개념을 전하려고 한다. 즉 포스터는 콜하스의 정크스페이스 묘사를 비판적으로 해부하면서 모종의 대안적 가능성을 사유하는데, 그가 차례로 열거하는 키워드들은 총 28개로 이어진다. 대개 전문적인 용어들이지만, 가능한 한 쉽게 번역해보면 다음과 같다.

> 자율성(Autonomy) / 거대성(Bigness) / 보나벤처(Bonaventure) / 조건적(Conditional) / 소비주의(Consumerist) / 디자인(Design) / 환경(Environment) / 유한성(Finitude) / 종합예술작품(Gesamtkunstwerk) / 지옥(Hell) / 학문적 경계의 흐릿함(In/discipline) / 정크(Junk) / 쿨(Kool) / 가벼움(Lite) / 모방적(Mimetic) / 무계급취향(Nobrow) / 구식(Outmoded) / 포스트포디즘(Post-Fordism) / 검역(Quarantine) / 활동공간(Running Room) / 볼거리(Spectacle) / 유형학(Typology) / 보편적(Universal) / 잠재적(Virtual) / 특징 없는(Without Qualities) / 이름 모를(X) / 예스(Yes) / 구역(Zone)

형식만 범상치 않은 게 아니다. 이 책의 발표시점도 특별하다. 콜하스의 「정크스페이스」는 2001년 『하버드 디자인 스쿨 쇼핑 가이드(Harvard Design School Guide to Shopping)』라는 두툼한 출판물

적 인용문들의 '텍스트'를 생산해냈다. 그리고 책의 마지막에 그 수많은 인용출처를 수록해두었는데, 여기서도 콜하스 자신의 이름은 다른 저자들과 마찬가지로 한낱 타자의 이름처럼 등장한다.

* 물론 뒤에서 살펴보겠지만, 콜하스는 단순한 사실주의자가 아니라 '초현실주의적 실재론'이라는 역설 속에 위치한다. 이 말은 본서의 2장 「유토피아와 빼앗긴 희망의 씨앗」에서 설명한 것처럼, 현실(reality)과 그 이면에 놓인 실재(the real)라는 라캉의 구분에 입각한 것이다.

에 실려 발표되었고, 포스터는 『옥토버(October)』 2002년 봄호에서 「러닝 룸」을 처음 발표했다. 포스터는 상기한 개념어들을 같은 해에 출판된 자신의 대표작 『디자인과 범죄 (그리고 그에 덧붙인 혹평들)』에서도 상당수 개진한 바 있지만, 2013년에 이 책을 출판하면서는 자신의 글이 콜하스의 글에 대한 응답으로도 읽힐 수 있도록 재구성했다고 한다. 2001년에 발표된 콜하스의 「정크스페이스」가 같은 해에 발생한 9/11 이후로 급변해온 세계정세 속에서 12년을 보낸 후에, 이렇게 포스터에게 다시 주목받게 된 것이다. 주지하다시피 9/11 이후로 서구사회는 많은 변화를 겪었다. 불안과 경계심이 고조되기 시작하더니 경제가 주춤거렸고 급기야 2008년에는 금융위기가 터졌다. 그리고 2013년, 여전히 경제는 침체일로인데 역설적으로 신자유주의의 힘은 심화해만가는 이 모호한 시기에 포스터는 콜하스의 2001년 에세이에 다시 주목했다. 그것은 이미 고전이 된 콜하스의 「정크스페이스」가 이 시점에 어떤 의미를 갖는가를 재고해보기 위해서다.

정크스페이스: 모순적 대상

2002년 봄에 발행된 『옥토버』 100호는 '진부화(Obsolescence)'를 특집으로 다루면서 콜하스의 「정크스페이스」를 함께 실었다. 여기서 obsolescence라는 말은 '노후화'와 '구식화'를 뜻하지만, 끊임없는 소비주기를 위해 상품의 수명을 일부러 단축시켜 생산하는 '계획된 진부화(planned obsolescence)' 개념을 뜻할 때도 흔히 사용하는 말이다. 렘 콜하스의 신조어인 '정크스페이스'는 직역하면 '쓰레기 공간'이지만, 마치 정크 푸드와 같은 '인스턴트 공간' 의 의미를 함축하는 만큼 이런 '계획된 진부화' 의 개념과 불가분의 관계를 맺는다. 그런데 콜하스가 발견하는 정크스페이스는 훨씬 총체적이고 근본적인 개념이다. 그것은 마치 운명적으로 구제불능에 빠진 디스토피아처럼 묘사된다.

> 정크스페이스는 인간이 지구상에 남기는 찌꺼기다. (…) 정크스페이스는 근대화(modernization)*가 휩쓸고 간 자리에 남은 것이다. 더 정확히 말하자면 근대화가 진행되는 동안 응집하는 것, 즉 근대화의 부산물이다. 근대화에는 과학의 은총을 보편적으로 나누겠다는 합리적 프로그램이 있었다. 정크스페이스는 그것이 신격화한 것이거나, 녹아내린 것이다. (L. 81-85)**

근대화의 부산물인 정크스페이스는 끊임없이 사물화하며 합리적 체계 이면의 찌꺼기로 응집한다. 그러나 이것은 단순한 찌꺼기가 아니다. "정크스페이스는 탈선적인 것으로 보이지만, 그것이 바로 본질이고 핵심이다." (L. 89) 정크스페이스가 이리도 중요한 것이라면, 그 특성을 더 알아보는 게 좋겠다. "연속성이 정크스페이스의 본질이다. 그것은 확장을 가능케 하는 발명품이면 무엇이든 활용하며, 솔기 없이 연결되는 하부구조를 전개한다. 에스컬레이터, 에어컨공조, 스프링클러, 방화셔터, 열풍커튼 등등… (…) 정크스페이스는 구조에 고정되는 게 아니라 거품과 같은 외피에 고정되고 밀봉된다." (L. 92) "에어컨공조는 끝없이 이어지는 건물을 출현시켰다. 건축이 건물을 분리한다면, 에어컨공조는 건물을 통합한다." (L. 96) "에어컨으로 공조되는(conditioned) 공간은 돈이

* modernization은 말 그대로 하면 '현대화' 이지만, 여기서는 정크스페이스가 대두되는 현대와 구분하기 위해 '근대화' 로 번역한다.
** 본문 내 인용출처는 전자책 버전의 Location 번호(L.)로 표시했다.

들기 때문에, 즉 더 이상 공짜가 아니기 때문에, 불가피하게 조건적인(conditional) 공간이 된다. 조건적인 공간은 머지않아 모두 정크스페이스로 변한다. (…) 건축가들은 절대로 공간을 설명할 수 없을 것이다. 정크스페이스는 건축가들의 신비화에 내려진 처벌이다."(L. 100) "정크스페이스는 개념들의 버뮤다삼각지대다. (…) 그것은 위계를 축적으로, 구성을 첨가로 대체한다."(L. 104) 그것은 "단지 하부체계들일 뿐이다. 상부구조는 없다. 프레임워크나 패턴을 찾는 부모 잃은 조각들."(L. 150)

정크스페이스는 실로 여러 중요한 의미들을 동시에 함축하고 있다. 전통적 마르크스주의의 '토대와 상부구조'의 이분법으로 보면, 상부구조가 없는 하부체계란 어떤 상상적 유토피아와 결부된 이념적 상징구조가 무너진 자리에 현실적 욕망의 토대만이 남았다는 뜻이다. 그것은 인간의 개념화와 신격화, 신비화와 같은 '상징체계에 절대적으로 저항하는 실재의 찌꺼기요 잉여'라는 점에서, 라캉의 '대상-a' 개념에 적절히 부합하고, 이렇게 상징체계가 소멸된 무질서와 혼돈의 물적 공간은 들뢰즈적인 뿌리줄기(rhizome)처럼 물불을 가리지 않고 무한 증식하는 자본-기계의 경로이기도 하다. 그 경로는 마치 들뢰즈의 '매끈한 공간(smooth space)'처럼 에스컬레이터와 에어컨공조를 통해 '솔기 없이 연결'되는 '연속성'을 본질로 한다.* 한편 정크스페이스의 '정크

* "통합된(혹은 오히려 통합하는) 세계 자본주의의 보충적이고 지배적인 수준에서는, 자본이 그것의 '절대' 속도에 다다르는 매끈한 공간이 새롭게 생산된다. 이것은 노동이라는 인간적 요소가 아닌 기계적 요소들에 기초한다." Gilles Deleuze and Félix Guattari, *A Thousand Plateaus: Capitalism and Schizophrenia*, trans. Brian Massumi (University of Minnesota Press, 1987) p. 492.

(junk)' 라는 말을 '쓰레기' 로 번역한다면, '정크스페이스' 는 '쓰레기가 쌓이는 공간' 이고 사실상 '쓰레기통' 의 전 우주적 확산이라고 봐도 무방하다. 피분석자를 상대하는 정신분석가는 그의 무의식적 욕망이 수렴하는 기표를 발견하는데, 실제 임상에서 그것은 곧잘 '쓰레기통' 에 비유된다고들 한다. 말하자면 정크스페이스는 인간이 의식화할 수 없는 무의식적 욕망의 근본성에 기초하고 있다. 그런데 무의식 속의 욕망이 모순적이라면, 정크스페이스 또한 지극히 모순적일 수밖에 없다. 정크스페이스의 욕망은 이상화된 꿈이 아니라 그런 상징화된 체계에 저항하는 악몽에 가깝다. 포스터의 말을 빌리자면, "정크스페이스가 시도하는 것은 (…) 꿈에 대한 반격과 악몽의 재현 모두다."(L. 567)

특징을 없애는 정크스페이스 기계

이처럼 「정크스페이스」는 전반적으로 디스토피아적인 묵시록에 가깝게 묘사되지만, 동시에 뒤틀린 유토피아적 충동을 보존하고도 있다. 뒤틀렸다는 것은 근대적 이상주의가 꿈꿨던 상부구조의 유토피아, 즉 역사적이고 통시적인 유토피아가 아니란 얘기다. 오히려 그것은 그러한 상부구조적 유토피아에 반격하는 디스토피아의 형식을 취하면서, 하부구조에 잠재하는 탈역사적이고 공시적인 유토피아인 정크스페이스로 응집한다. 정크스페이스는 도처에서 목격된다. "우주공간부터 지하철까지. 모든 고속도로 체계가 정크스페이스다. 운전자들로 꽉 막힌 드넓은 잠재적 유토피아, 그들이 휴가차 사라지고 나서 알게 되는."(L. 199) 이로써 디스토피아와 유토피아의 구분 자체도 무색해져버린다. 정크스페이스는 "구분(distinction)을 취소하고, 확고함을 훼손하며, 개념을 실재화로 어지럽혀놓는다."(L. 104) "경계를 흐리는 모호함의 제국인 그것은 고상함과 저급함을, 공과 사를, 직설과 에두름을, 비만과 굶주림을 혼합하여 영원히 탈구된 것들로 솔기 없는 패치워크를 만들어낸다."(L. 106-110) "정크스페이스는 꾸며지고 모의된 질서의 영역이요, 형태변형의 왕국이다."(L. 118) 결국 정크스페이스는 모든 개념화를 실패시키면서도 포착되지 않는 실재의 난공불락이다. "파악될 수 없기 때문에, 정크스페이스는 기억될 수 없다."(L. 118) "변화는 개선이라는 관념과 분리되었다. 환각제에 취한 게처럼, 문화는 끝없이 옆으로만 비틀거린다."(L. 161) "정크스페이스는 미래완료의 씨앗들을 수용한다."(L. 168) "정크스페이스는 거미 없는 거미줄이다. (…) 그것의 무정부주의는 우리가 자유를 경험하는 최후의 실체적인 방법 중 하나다."(L. 184) "정크스페이스는 망각증이 횡포를 부리는 게 특징이다. 때로는 순응하지 않는 한 사람의 구성원 때문에 정크스페이스 전체가 곤경에 빠진다."(L. 188) "방사능폐기물처럼, 정크스페이스는 잠복적인 반감기를 갖는다. 정크스페이스에서 노후화(aging)는 존재하지 않으며, 혹여 존재한다면 재앙이 된다."(L. 199) "역사는 부패한다. 절대적인 역사는 절대적으로 부패한다."(L. 243)

특징의 경계를 무너뜨리는 이러한 콜하스의 모호한 탈역사적 진단은, 자칫 현실을 무분별하게 수용하는 무조건적 '¥€$' (YES)의 수사로 해석될 위험이 상존한다. 비판과 수용의 경계가 무너지면서, 정크스페이스가 점점 더 팝(Pop)적으로 되어간다는 콜하스의 진단이 팝 자체로 통합되는 효과 말이다. 콜하스와 그의 전략그룹

AMO가 편집하여 2004년에 출판된 『콘텐트(Content)』에서 이런 '¥€$' 용법이 사용되더니* 콜하스의 사무소에서 일한 덴마크 건축가 비야케 잉헬스는 급기야 『예스 이즈 모어(Yes is More)』(2009)라고 선언하기에 이르렀다. 일찍이 근대의 모더니스트 미스 반 데어 로에는 '적은 것이 많은 것이다(Less is more)' 라고 했고, 이에 대한 로버트 벤투리의 대중 문화적 반격은 '적은 것은 지루하다(Less is a bore)' 였다. 그리고 콜하스는 "정크스페이스" 에서 "가면 갈수록, 많은 게 많은 것이 되어가고 있다(More and more, more is more)" (L. 104)라고 말한다. 그런데 잉헬스와는 다른 맥락에서, 오히려 콜하스는 1995년에 다음과 같은 존 케이지의 말을 인용한 바 있다.

> 미스 반 데어 로에는 '가장 적은 것이 가장 많은 것이다' 라고 말했다. 나는 그의 말에 완전히 동의한다. 아울러 현재 나의 관심을 끄는 것은 양(quantity)이다.**

물론 콜하스는 단지 케이지의 말을 인용했을 뿐이지만, 콜하스의 인용방식은 사실상 원 저자의 입을 빌려 자기 말을 하는 것에 다름 아니다. 콜하스가 미스의 인용문 뒤에 숨어있는 이상 적어도

* Theo Deutinger, Maja Borchers, Matthew Murphy, Nanne de Ru, Max Schwitalla, and Sebastian Thomas, "¥€$ Regime: 1989-2003," in *Content*, eds. Rem Koolhaas (Koln: Taschen, 2004), pp. 240-251. 물론 여기서 '¥€$ 체제' 라는 표현은 엔화와 유로화와 달러화가 지배하는 통화체제의 "도취적인 파티에 건축이 일련의 놀라운 걸작들을 헌납해왔음(Architecture contributed a surprising sequence of masterpieces to this drunken party)" 을 냉소적으로 묘사하기 위한 제스처로 활용되었다. 그럼에도 불구하고, 이 책은 온통 상업광고를 모방하는 형식으로 일관함으로써 사실상 통화체제의 도취적인 파티에 적극적으로 참여하고 있다.

** John Cage, *A Year from Monday* (Middletown: Wesleyan University Press, 1963); "Quantity" in Rem Koolhaas, OMA, and Bruce Mau, *S, M, L, XL* (New York: Monacelli Press, 1996) p. 1088에서 재인용.

이 말만으로 그가 미스의 말에 얼마나 동의하고 있는지를 확언하긴 어렵지만, 바로 그 '양'에 대한 관심이 곧 『스몰, 미디엄, 라지, 엑스라지』의 주제임은 두말할 필요가 없다. 그렇다면 추정컨대 콜하스가 암묵적 동의를 표하는 미스의 '적은 것이 많은 것이다'는 이런 의미일 것이다. 자신이 저자로서 갖는 특징을 가능한 한 영도(zero-degree)화함으로써 비로소 역설적으로 '양'에 대한 관심이 늘어난다는 것. 이쯤하면 굳이 포스터의 해석을 참고하지 않더라도 콜하스가 스스로 '특징 없는 인간'을 추구함으로써 '질'이 아닌 '양'을 추구한다는 걸 분명히 알 수 있는데, 물론 그가 모든 양적 팽창에 대해 '예스'만 외치는 단순한 사람은 아니다. 예컨대 1990년대 중반 뉴욕 타임스퀘어 지역 42번가가 디즈니의 상업시설로 변화하자, 그는 이것이 부자연스럽다고 비판하며 해당 지역의 '진정성(authenticity)'을 옹호하기도 했다.*

그럼에도 여전히, 자본-팝-기계와 다름없는 정크스페이스에 대한 그의 냉담한 사실주의적 묘사는 '예스'나 '노'를 구분할 비판적 판단의 경계마저 흐려버린다. 그건 아마도 순전히 '중립적'이고 '특징 없는 인간(man without qualities)'**이 되려하는 그가 니체마

* 콜하스는 『스몰, 미디엄, 라지, 엑스라지』에 실린 "특징 없는 도시(Generic City)"에서 지역적 '정체성(identity)'의 무용성을 묘사했다. 그러나 42번가에 대해서는 그 지역의 '진정성'을 옹호했는데, 그 지역이 어떤 하향식 계획이 아닌 상향식의 자연스러운 '발명과 개척정신'으로 만들어졌다는 이유에서다. 즉 그는 1996년에 말하기를, "42번가는 전적으로 진정성이 있는 곳이었다. (…) 병적이지만 활력적이던 진정성에서 디즈니의 가공된 환호성으로 바로 도약한 데에는 참을 수 없는 괴팍함이 있다"고 했다. Rem Koolhaas (1996) "Regrets?", *Grand Street* no. 57: Dirt, Summer, pp. 137-8; 탈 카미너, 『현대성의 위기와 건축의 파노라마』(조순익 옮김, 시공문화사, 2014) 267쪽에서 재인용.

** 로베르트 무질의 소설 『특징 없는 인간』(1930–42)이 이러한 인간형을 묘사한 바 있다. 이 책은 국내에서 『특성 없는 남자』(북인더갭, 2013)라는 제목으로 번역되어 나왔다.

냥 '선과 악을 넘어서', '예스/노'의 특징을 거부한 채 순전히 객관적인, 또한 바르트마냥 '저자 없는' 글쓰기를 하려해서일 것이다. 그런데 그는 『스몰, 미디엄, 라지, 엑스라지』에서 다음과 같은 이중적 인용을 통해 '중립'의 허구성을 이미 드러내고 있었다.

> 중립적: 중립적 표면, 중립적 담론, 중립적 주제, 중립적 형식이란 없다.*
> 중립성: 텍스트의 어떤 부분도 어떤 특별한 감정과 함께 전달되어선 안 된다. 어떤 제스처든 마찬가지다. 감정은 그저 말의 베일이 벗겨질 때 일어나는 것이다.**

이런 이중적 배치가 드러내는 효과는, '중립성'은 감정을 배제한 객관성을 추구하지만 사실 '중립적'인 것은 없다는 역설이다. 결국 '중립'은 허구임이 드러난다. 그렇다면 '특징 없음'을 추구하는 콜하스의 글쓰기도 결코 '특징이 없을' 수는 없다. 그런데 기만과 착각과 환상은 언제나 그 의도와 현실 사이의 간극에서 일어나기 마련이다. 게다가 그는 "정크스페이스는 종류(kind)보다는 수량(quantity)에 관한, 누적적이고 대략적인 정체성의 뒤집힌 유형학을 재현한다"(L. 176)고 묘사한다. 이렇게 보면 정크스페이스를 중립적인 듯 '쿨'하게 묘사하는 그의 글쓰기도 역시, '질'을 없애고 '양'을 부풀리는 한 그러한 현실을 거울처럼 반영하는 뒤집힌 유형학으로서의 정크스페이스일 수밖에 없다. 냉소적 묘사가

* "The Aesthetics of Silence", *A Susan Sontag Reader* (New York: Vintage, 1983); "Neutral" in *S, M, L, XL* p. 962에서 재인용.

** Marguerite Duras, *Blue Eyes Black Hair*, trans. Barbara Bray (New York: Pantheon Books, 1987); "Neutrality" in *S, M, L, XL*, p. 962에서 재인용.

의도라 할지언정, 그것이 분명한 비판을 취하지 않는 이상 현실은 오히려 정크스페이스를 반영하려는 새로운 환상이 될 뿐이다.

그리고 이렇게 철저하게 '중립성'을 추구하는, 즉 아무런 '특징 없는 인간'을 추구하는 인간은 단순한 '인간'도 아니고 '인간 아닌 기계'는 될 수 없기에, 결국 '기계'를 욕망하는 '비-인간'이라는 모순적 상태에 놓인다.* 그런데 이렇게 중립적 기계가 되려는 인간의 욕망이야말로 현대화의 중요한 욕망이 아니었던가? 그리고 그것이 정크스페이스 기계의 엔트로피를 가속화해오지 않았던가? 포스터는 이렇게 분석한다. "정크스페이스는 에너지가 더 이상 시간을 향해 전진하지 않고 무질서도가 증가하는 방식으로 공간을 향해 퇴행하는 현대화의 한 단계를 묘사한다." (L. 699) 사실 '현대화'는 바로 그런 객관적 중립성이라는 과학주의적 환상에 근거하고 있었다. 정크스페이스의 에너지는 현재의 '공간'을 향해 탈역사적으로 무질서하게 퇴행하면서, 인간의 특징적 기억을 없애나간다. 그 자리에 남는 건 자연적인 취락을 무한히 파고드는 '도심고급화(gentrification)'와 그렇게 정체성을 잃어가는 '특징 없는 도시(generic city)'다. 그러한 기계적인 양적팽창 과정에서 인간은 사회적 영향력을 행사하는 주체로서 더욱 힘을 잃어간다.

* 이에 대해서는 1971년에 '어반 로봇(Urban Robot)'이라는 이름으로 설계사무소를 차린 바 있는 건축가 이토 도요가 한때 렘 콜하스에게 남겼다는 다음 메모가 흥미롭게 읽힌다. "순수하게 디자인의 관점에서 볼 때, 저는 당신이 기계적인 타격연습용 투구기와 비슷하다고 생각합니다. (…) 실제 투수라면 느낄 감정적이거나 정신적인 동요가 없이 야구공을 완벽하게 통제하는 머신 말이죠." Rem Koolhaas (1993), "Learning Japanese" in *S, M, L, XL*, p. 100.

인간 주체의 준-자율적 공간

특징이 사라지고 수량만 남는 기계적인 공간이 정크스페이스라면, 포스터가 강조하는 '러닝 룸' 은 카를 크라우스가 1912년에 말한 '활동 공간' (Spielraum 혹은 play room)의 의미로서 정크스페이스와 구분된다. 크라우스가 말하는 '활동 공간' 은 '구분을 취소하는' (L. 104) 양적인 정크스페이스와 반대로 특징의 '구분(distinction)' 을 전제하며, 포스터가 인용하는 크라우스의 말에 따르면 "무엇보다도 이러한 구분이 문화에 활동 공간을 제공한다." (L. 646) '활동 공간' 은 콜하스의 디스토피아적 전망 속에서도 인간의 주체적 실천이 가능한 활동 공간을 찾아내려는 실재적 충동의 유토피아라 할 수 있겠는데, 그것은 혼동하기 쉬운 개념들을 구분하는 분석적 실천과 결부되어 있다. 반면에 콜하스가 냉소를 퍼붓는 정크스페이스는 사실 모든 구분을 말소해버리는 자본-기계의 유토피아와 다름이 없다. 정크스페이스라는 자본-기계는 모든 특징과 구분을 없애면서 역사적 특징과 시대적 구분까지 말소해버린다. 이렇게 통시적인 역사가 소멸한 자리에는 공시적인 현재의 유토피아만 남는다. 반대로 통시적 분석은 은폐된 역사를 복원하는 방법이다. 마침 역사적 통찰력이 뛰어난 포스터는 콜하스가 "거대성(Bigness)" 이란 에세이를 쓴 1993년과 "정크스페이스" 를 발표한 2001년 사이의 중요한 변화에 주목했다. 1993년의 "거대성" 이 1989년의 베를린장벽 붕괴 이후 '새로운 유럽' 과 '새로운 세계 질서' 를 향한 모더니즘적 비전을 담고 있었다면, 2001년의 "정크스페이스" 는 90년대의 모더니즘적 비전이 장벽에 부딪혔음을 애도하는 표현이라는 것이다.

> 8년 후 "정크스페이스"는 거대성의 거부(repudiation)로 읽힌다. 여기서 콜하스는 건축적 예술과 모더니즘적 정직성의 소멸을 애도한다. 정크스페이스도 역시 '선과 악을 넘어서' 있다면, 통상적인 비판적 판단의 관점을 넘어선다면, 이러한 넘어섬에 더 이상의 전망은 없다. 그리고 거대성에서 한때 '엿 같은 콘텍스트(fuck context)'의 전율이 느껴졌다면, 정크스페이스에서는 그런 허세가 없다. (…) '정크스페이스'는 '거대성'이 이루고 싶어 한 현대화(modernization)의 부산물이다. 그것은 엄청난 폭음 후에 이어지는 지독한 숙취다. (L. 452/456)

90년대의 모더니즘적 비전이란 주지하다시피 20세기 초의 모더니즘과 반대로 신자유주의적 비전에 다름 아니다. 그리고 콜하스는 그간의 신자유주의적 비전을 누구보다 잘 파도타기해온 건축가였다. 그런데 포스터의 말처럼 콜하스의 "정크스페이스"가 거대성을 '거부'하는 것이라면, 그는 왜 거대성이 지향했던 '모더니즘'의 소멸을 애도하는가? 콜하스가 거대하지 않은 '모더니즘적 정직성의 소멸'이라도 애도한단 말인가? 여기에는 물론 모더니즘의 모순이 자리하고 있다. 사실 그가 줄곧 드러내온 사회적 유토피아에 대한 경멸*을 고려해본다면, 그의 애도가 욕망하는 건 20세기 초의 사회적 이상을 제거한 형식적 모더니즘일 가능성이 높다. 그렇다면 그건 사실상 거대성의 거부보다 애도에 가깝지 않을까? 콜하스는 정크스페이스의 디스토피아적 묘사 속에서도 여전히 유토피아적 충동을 드러내며, 거대성에 대한 그의 관심은 기본적으로 '크게 생각(think big)'하고 싶어 하는 그의 욕망과도 관계

* 이에 대해서는 뒤에서도 확인해보겠지만, 무엇보다도 그가 런던 건축협회학교에서 건축을 공부하기 시작한 데에는 입학하기 전에 저널리스트로 일하면서 네덜란드 건축가 콘스탄트와 인터뷰를 진행했던 게 큰 영향을 준 걸로 전해진다. 그러나 그는 콘스탄트의 사회적 이상주의에 반대하는 입장에서 자신의 건축관을 발전시켜나갔다. 다큐멘터리 영화 *Rem Koolhaas: A Kind of Architect* (2008) (directed by Markus Heidingsfelder and Min Tesch) 참조.

가 있다.* 게다가 주지하다시피 "정크스페이스"가 발표된 이듬해인 2002년에 설계하여 2008년 올림픽에 맞춰 완공된 베이징 CCTV 사옥은 그가 실현한 건물 가운데 가장 거대한 프로젝트다. 물론 CCTV 사옥은 2001년 9/11 때 무너진 쌍둥이빌딩의 형태를 꺾어 만든 새로운 마천루의 진술로서, 뉴욕 맨해튼주의의 실패를 애도하는 최후 진술이자 동방으로 새롭게 진출하는 선언이기도 했다.** 그러나 그런 전략 변경은 콜하스의 "거대성"이 "정크스페이스"를 통해 거부되었다기보다 오히려 새롭게 거듭났다는 증거다. 따라서 콜하스가 거부하는 것은 뉴욕의 디즈니화와 9/11이 상징하는 '실패한' 거대성일 거라고 '구분'하는 게 타당할 것이다. 그는 이제 이데올로기를 가로질러 뉴욕이 아닌 베이징에서 '시장-레닌주의(Market-Leninism)'***의 거대성을 실현했다. '특징 없는 인간'이 되려하는 콜하스는 '통상적인 이데올로기 구분을 넘어' 시대의 조류를 타고 넘었고, 그것은 물론 자본의 조류였다. 그의 제스처는 각종의 모순을 혼합한 채 계속해서 변성 진화한다. 그런데 이렇게 모든 비판적 구분이 혼종적인 변화 속으로 포섭되어 무색해질 뿐이라면, 그런 정크스페이스의 반영 속에 포스터가 말하는 활동 공간이 들어설 여지가 있을까?

* 콜하스는 1995년에 부동산 거물 도널드 트럼프의 말을 이렇게 인용했다. "큼직한(BIG): 나는 크게 생각하는 걸 좋아한다. 나는 언제나 그래왔다. 나한텐 아주 간단한 거다. 어떻게든 생각하려 한다면, 크게 생각하는 게 낫다." Donald Trump with Tony Schwartz, *Trump: The Art of the Deal* (New York: Warner Brooks, 1987); "Big" in *S, M, L, XL*, p. 48에서 재인용.

** 2004년에 출판된 『콘텐트』가 이런 변화를 상징적으로 보여준 바 있다. 또한 *Rem Koolhaas: A Kind of Architect* (2008) (directed by Markus Heidingsfelder and Min Tesch)도 참조.

*** 포스터는 『뉴욕타임스』가 잘 사용한다는 이 말을 원용하여 사용한다. Hal Foster, 앞의 책 참조.

그렇다면 다시 떠오르는 단어는 그런 연속적 조류의 균열에 틈입하는 활동 공간의 '자율성(autonomy)'이다. 자율성을 생각할 때는 그것이 '무엇을 위한' 자율성인가가 중요하다. 소위 '예술을 위한 예술(art for art's sake)'로서의 미학적 자율성이나 자기참조적인 형식적 자율성은 여기서 말하는 간극적인 활동 공간과 거리가 있다. 우리는 어떤 폐쇄된 완전성을 가장하는 비현실적 허구를 경계해야 한다. 반면에 정크스페이스는 언뜻 구조적으로 자율성이 아예 불가능해진 시대의 묘사로 보인다. 그러나 포스터에 따르면, "자율성은 언제나 역사적이고 정치적인 상황 속에서 잠정적으로 존재하고, 예술은 언제나 다른 무엇과의 관계 속에서 불완전하게 정의된다는 걸 우리는 잊곤 한다. 요컨대 우리는 자율성이 언제나 준(準, semi)-자율성임을 잊는 경향이 있다. 물론 건축은 목적과 프로그램의 제약에 묶여있으니, 그야말로 '준'-자율적이다."(L. 425)

> 자율성은 나쁜 단어일 수 있지만, 언제나 나쁜 전략은 아니다. 특히 혼종적인 것과 학제적인 것이 거의 일상이 되어버린 시대라면 말이다. '정크스페이스'에서 렘 콜하스는 이 용어를 한번밖에 사용하지 않는데, 그 와중에도 이 말을 '유사자율성(quasiautonomy)'이라는 말로 제한한다. 그렇다 하더라도, 적어도 암묵적으로 그는 이런 가치를 다시 주장하고 싶어 한다. (L. 429)

콜하스의 유토피아: 실재인가 환상인가

포스터는 콜하스가 자율적 가치를 다시 주장하고 싶어 한다고 말하지만, 그게 무엇을 위한 자율적 가치인지는 아직도 뭔가 모호해

보인다. 콜하스의 이러한 유토피아적 충동이 어떤 뿌리에 연유한 것인지를 이해하기 위해, 잠시 그의 초기 이력으로 시계를 되돌려 보자.

본명 레멘트 루카스 콜하스(Remment Lucas Koolhaas), 줄여서 렘 콜하스는 1944년 네덜란드 로테르담에서 태어났다. 아버지는 소설가이자 비평가요 시나리오작가였고, 외할아버지는 베를라헤 수하에서 일한 모더니즘 건축가였다. 네 살 위인 친사촌 형도 건축가가 되었고, 렘은 10대 후반부터 영화 각본도 쓰고 네덜란드 중도우파 주간지인 『헤이그 포스트(Haagse Post)』의 저널리스트로도 일하다가 24살이던 1968년 가을에 런던의 건축협회학교(Architectural Association)에 들어간다. 한편 입학하기 전인 1968년 봄에 그는 파리에 있었다. 68년 당시 5월의 파리는 전 세계 정치지형에서 구좌파가 몰락하고 신좌파가 득세하기 시작하는 반문화(counterculture)적 전환을 상징하는 곳이다.* 그는 스스로를 그 '68세대'에 자리매김하면서도 그러한 자기 세대를 신랄하게 비판해왔다. 이러한 그의 시각은 그가 지금껏 써온 수많은 텍스트의 이곳저곳에서 어렵지 않게 찾아볼 수 있다.

* 세계적으로 기성 권력에 대한 저항이 폭발했던 '68년'은 복잡한 문화적 여파를 남겼다. 이 현상에 대한 분석은 다양하지만, 특별히 주목할 만한 아이러니는 구좌파를 향한 신좌파의 공격에 우파가 가세하면서 구좌파가 효과적으로 무너졌다는 것이다. 그러면서 우파는 오히려 근대적 좌파의 혁명적 수사를 탈근대적으로 전유하여 신우파로 거듭났다. 전후 서구사회의 중심적 합의를 이루고 있던 구좌파의 케인스주의와 복지국가 체제가 구시대의 유물로 취급되어 몰락하면서, 새로운 좌파와 우파는 프리드먼과 하이에크로 대표되는 신자유주의 경제체제에 새롭게 합의했다. 2001년 9/11을 거쳐 2008년 금융위기를 지나기 전까지 기세등등하던 신자유주의의 최근 역사는 이러한 정치 지형의 변화 속에서 가능했던 것이다. 이러한 현대사의 변화에 대해서는 탈 카미너의 『현대성의 위기와 건축의 파노라마』(조순익 옮김, 스페이스타임, 2014)를 참조.

머릿수의 거품이라는 집단적 나르시시즘에 사로잡힌, 이제껏 가장 큰 규모를 자랑하는 68년 5월 세대가 결국 득세하고 있다.*

네덜란드의 건축비평가 바르트 로츠마에 따르면, 콜하스는 19살 때부터 『헤이그 포스트』에 글을 기고할 때부터 자기 주변의 반문화적 분위기에 대한 경멸을 표현했다. 특히 (콜하스 스스로는 잘 말하지 않는 사실이지만) 『헤이그 포스트』의 문화적 풍토가 렘에게 큰 영향을 주었는데, 그것은 기본적으로 "필자가 자신을 경멸하는 것만큼이나 대중(mass)을 경멸" 할 뿐만 아니라, "독자는 필자의 글 속에서 자신을 혐오하며 필자는 자기가 내세운 주인공 속에서 필자 자신을 혐오" 하는 풍토였다고 한다.** 그런데 이러한 자기경멸 혹은 자기혐오의 태도는 그들만의 특수한 풍토였을까? 로츠마의 말을 좀 더 빌리자면, 당시 이 주간지의 몇몇 직원들은 반문화적 유토피아주의에 맞선 '실재' 를 옹호하는 '제로운동' ***에 가담하고 있었는데 이 운동의 개념을 다음과 같이 표현했다고 한다.

현실을 도덕화하거나 해석(인위적으로 '예술' 화)하지 않고, 그것을 강화하기. 시작점: 단호한 현실수용 (…) 작업방법: 떼어놓기, 붙이기. 이로써 진정성이 나온다. 제작자의 것이 아닌, 정보의 진정성이. 예술가는 더 이상 예술가가 아니라, 차갑고 합리적인 눈에 불과하다.****

* Rem Koolhaas (1994), "What Ever Happened to Urbanism" in Rem Koolhaas, OMA, and Bruce Mau, *S, M, L, XL* (New York: Monacelli Press, 1996) p. 965.

** Bart Lootsma (1999), "Now switch off the sound and reverse the film: Koolhaas, Constant, and Dutch culture in the 1960s" in Hunch, No. 1, pp. 152-73 참조; http://web.redaktionsbuero.at/output/?e=58&page=rb_ARTIKEL&a=8eb34a1e&c=Arts&Culture,Architecture&f=e;

*** 네덜란드어로는 '뉠베베힝(Nulbeweging)' 이라고 하는데, 이는 당시 독일의 제로운동과 프랑스의 신사실주의와 맥을 함께 하는 운동이었다. 여기서 말하는 '제로' 는 물론 롤랑 바르트가 말하는 '영도(zero-degree)' 의 글쓰기, 말하자면 '저자의 죽음' 을 연상케 하는 말이다.

**** 같은 책, p. 157; 탈 카미너, 『현대성의 위기와 건축의 파노라마』 241쪽에서 재인용.

여기서 우리는 바르트의 '저자의 죽음' 처럼 '예술가의 죽음' 이 선포되는 것을 목격한다. 예술가라는 주체를 대신하는 것은 '차갑고 합리적인 눈' 이다. 그리고 콜하스는 바로 이런 눈으로 도시를 바라본다. 그가 지금껏 펴낸 여러 권의 두툼한 책들은 모두 현란한 도표와 그래프를 비롯한 방대한 조사결과와 냉소적인 텍스트를 포함하고 있으며, 권당 5백 쪽 정도는 기본이고 많게는 1천 쪽도 넘길 만큼 언제나 '거대한' 분량으로 독자의 의식을 압도한다. 책이 다루는 내용은 무척 흥미로워 보이지만, 그 압도적인 분량은 현란한 도표와 그래프 등을 대거 제시하는 유사-실증적(quasi-positive) 전략과 현란한 활자 디자인으로 오히려 텍스트에 대한 비판적 접근을 어렵게 할 때가 많다. 그의 '차갑고 합리적인 눈' 은 1972년 〈대이주, 건축의 자발적 수감자들(Exodus, of the Voluntary Prisoners of Architecture)〉 프로젝트에서 잘 나타난 바 있는데, 이 프로젝트는 당시의 유토피아주의자들을 차갑게 조롱하고 희화하는 프로젝트였다.

> 네 개의 선형동굴들 끝에서, 신기루 기계들이 욕망할 만한 이상의 이미지들을 투사한다. 사막 속의 사람들은 튜브 속으로 들어가 이렇게 미화된 이미지들을 향해 달려간다. 하지만 실제로는 절대 거기까지 다다를 리가 없다. 그들은 신기루와의 거리가 줄어드는 만큼 반대방향으로 더 빠르게 움직이는 벨트 위를 달리니까 말이다.*

그런데 그가 취하는 '차갑고 합리적인' 눈이 정말 현실을 그렇게 합리적으로 읽어냈을까? 로츠마의 말을 빌리자면 그는 "미래를

* Rem Koolhaas, OMA, and Bruce Mau, *S, M, L, XL* (New York: Monacelli Press, 1996) p. 12.

예측하거나 제어하는 게 무의미하고 불가능함을 깨닫는다. (…) 현실은 소급적으로만 설명할 수 있다. 『정신착란증의 뉴욕』은 소급적 선언이고 그 결론은 허구적인 문학적 제안이다. 『스몰, 미디엄, 라지, 엑스라지』는 한 편의 영화 시나리오와, 한 번도 지어진 적 없는 프로젝트 형태의 후기로 끝나는 소설이다."* 너무 거친 비판일까? 콜하스의 런던 건축협회학교 재학시절 스승이자 OMA 공동창립자요 파트너인 엘리아 젱겔리스(1937년생)는 좀 더 섬세하게 비판했다.

> 과학적인 '방법' 을 표방하고 있지만, 그것은 근거 없이 선택된 ('리서치' 라 불리는) 맥락정보를 무작위로 표본화하는 과정으로서 '실재론(realism)' 이란 이름으로 수렴된다. 그것은 건축과의 힘겨운 대면을 피하면서 대안적인 것으로서, 즉 프로젝트를 획득하는 기성품으로서 기획된다. 그것의 '객관성' 은 자기탐닉이라는 시대착오적인 건축의 악덕으로부터 그것을 '보호한다.' 이건 자신들만의 특권으로부터 도망치는 건축가들의 실망스런 시각, 즉 은폐공작이 아닌가? 과학의 세계에서 매핑은 영감어린 추측에 기초하여 목표들을 정의해왔다. 건축가들에게서 매핑은 어둠속을 더듬는 부차적인 구현작업이자 희망에 의지하는 의식이 되었고, 아울러 '리서치' 는 영감을 불러내는 주문이 되었다.**

* http://web.redaktionsbuero.at/output/?e=58&page=rb_ARTIKEL&a=8eb34a1e&c=Arts& Culture, Architecture&f=e;

** Elia Zenghelis, "Text and architecture: architecture as text" in *Exit Utopia: Architectural Provocations 1956-1976*, eds M. van Schaik and O. Macel, (Munich; Berlin; London; New York: Prestel & IHAAU TU Delft, 2005) pp. 255-62. 물론 이것은 새로운 '실재론(혹은 사실주의나 리얼리즘)' 이라 불리는 경향 전반을 비판함으로써, 콜하스를 에둘러 비판하는 말이다.

콜하스 효과의 가면

렘 콜하스라는 건축계의 스타가 등장한 이래로 그에게서 배웠거나, 그의 밑에서 일했거나, 그와 협업하며 직·간접적으로 그의 영향을 받은 수많은 이들이 생겨났다. 리서치 기반의 건축연구가 활성화된 것은 물론이고, MVRDV는 정량적인 실증주의에 기초한 '데이터 건축'을 표방했다. 상기한 비야케 잉헬스는 물론이고, 비판적 건축의 대항마로 실재의 건축을 표방한 '탈비판성(post-criticality)'의 옹호자들*도 콜하스를 정신적 지주처럼 생각했다.

이런 현상은 가히 '콜하스 효과'라 불러도 좋을 듯하다. 그런데 콜하스가 정말 과학적이고 객관적인 실재론에만 충실했다면, 이런 효과가 일어날 수 있었을까? 사실 그의 방법론은 『정신착란증의 뉴욕』(1978)에서 공공연히 표방되었듯이 살바도르 달리의 초현실주의적 방법론인 편집증적 비판방법(Paranoid-Critical Method: PCM)을 차용했다는 점에서, 뭔가 다른 실재론이다. 달리는 이 방법을 이렇게 설명한다.

> PCM: (편집증적 비판방법) "정신착란적인 연상과 해석을 비판적이고 체계적으로 대상화하는 데에 기초하는 임의적이고 비합리적인 인식 방법."**

* 대표적으로 소몰과 화이팅은 비판적 건축을 '핫(hot)'한 건축으로, 탈비판적 건축을 '쿨(cool)'한 건축으로 구분한 바 있다. 본서 제1장 「탈비판성은 무엇의 증상인가」 참조.

** Salvador Dalì, "The Concept of the Irrational", appendix to *Conversations with Dalì* (New York: Dutton, 1969); "Neutral" in *S, M, L, XL* pp. 1012/1022에서 재인용.

'초현실주의(surrealism)' 란 말에서 '초(sur-)' 라는 접두사는 무언가의 '너머' 를 가리키는 말이지만, 사실상 의식의 '너머(sur-)' 라기보다는 의식의 '하부(sub-)' 를 지향한다. 포스터는 일찍이 『실재의 귀환』에서 조르주 바타이유를 따라 이러한 초현실주의 개념을 설명한 바 있다.* 즉 바타이유와 포스터는 관념론적 '너머' 가 아닌 유물론적 '하부' 에 위치하는 라캉적인 '실재(the real)' 의 관점에서 초현실주의를 해석한다. 따라서 콜하스가 바타이유에게서 받은 영향을 굳이 따지지 않더라도, 콜하스의 초현실주의적 실재론이 이런 유물론적 하부구조에 주목하는 것은 당연한 귀결이다. 그러나 포스터는 이와 구분하여 또 하나의 개념을 도입하는데, 그것은 '슈퍼리얼리즘(superrealism)' **이란 개념이다. 포스터가 말하는 슈퍼리얼리즘은 그러한 라캉적인 '실재' 의 자리에 위치하면서도, 실재를 드러내는 초현실주의와 달리 바로 그러한 실재를 '은폐' 하는 기능을 한다. 여기서 말하는 '실재' 는 총체적인 사회인식이 없으면 다가갈 수 없는 어떤 근본적 모순으로서 사회적 상징체계에 절대적으로 저항하는 무엇으로 이해해야 한다. 바로 이런 의미에서 콜하스 효과를, 혹은 콜하스 자신이 파도 타기하는 현대건축의 환상적 현실을 생각해보면 흥미롭다. 포스터는 다음과 같이 말한다.

> 이상하게도, 제임슨이 포스트모던 문화에 대한 비판으로서 제시했던 것을 프랭크 게리와 자하 하디드와 같은 건축가들은 모델로 삼았다. 그들은 주체를 압도하는 경향이 있는 호화로운 공간들을, 당대 권력

* Hal Foster, *The Return of the Real: the Avant-Garde at the End of the Century* (Cambridge: October Books/MIT, 1996) p. 144 참조.
** 같은 책

> 의 영광에 헌신하는 네오바로크 건축을 만들어낸다. (L. 460)
> 콜하스는 동료 건축가들에게 도전적으로 글을 쓴다. '당신들은 정크스페이스를 무시할 수 있을 거라 생각했다. (…) 하지만 지금 바로 당신들의 건축이 감염되어 있다. 똑같이 매끄럽게(smooth) 되었고, 포괄적이며(all-inclusive), 휘어진데다(warped), 요란하고(busy), 아트리움으로 득실거린다(atrium-ridden).' (L. 469)
> 네트워크로 연결된 세계의 명백한 비물질성에 대한 한 가지 건축적 응답은, 가장 고상한 재료와 기법, 형태, 공간, 구조에 해당하는 '경량구조' 의 활용을 옹호하는 것이다. (…) 이러한 경량성은 인간이 육체를 이탈하는 환상뿐만 아니라 사회적 규제완화라는 현실까지 촉진시킨다. (L. 560-563)

말하자면, 이런 효과들은 유물론적 하부에 위치하는 '실재' 의 자리를 어떤 관념론적 환상으로 채워 은폐하려는 효과다. 자본주의 사회에서 이러한 실재는 물론 필연적으로 실재하는 계급적 모순과 관련될 수밖에 없는데, 이러한 참을 수 없는 모순을 직시하려는 실재적 충동은 기존의 사회적 상징체계에 대한 실존적 위반을 수반한다. 그리고 정크스페이스는 바로 그러한 충동을 무력화하는 슈퍼리얼리즘의 공간으로 기능한다. 콜하스의 초현실주의를 '자기 내부에 실재하는 모순과의 싸움' 으로 본다면 적어도 그것은 모순을 직시하는 실재적 충동이라고 볼 수 있지만, '예스' 의 수사만 부풀리는 콜하스 효과는 초현실주의적 전략을 관념론적 환상으로 번역해내고 방법론적 전략으로 유사-실증주의만을 채택하면서 그런 모순의 인식을 소거해버린다. 근본적인 실재적 충동이 소멸한 채 곧잘 '주체를 압도' 하고 '호화' 로우며, '당대 권력의 영광에 헌신' 하는, 혹은 '매끄럽고' , '휘어진데다' , '요란하고' , '아트리움으로 득실' 거리는 네오바로크 건축이 유행하는 것이다.* 여기에 '경량성' 을 추구하는 환상적 슈퍼리얼리즘이 가세하면 더없이 적절한 정크스페이스의 조합이 된다. 그렇다면 이런 슈퍼리얼리즘의 가면에 가려진 정크스페이스의 이면은 무엇일까? 포스터는 콜하스가 묘사하는 정크스페이스에서 '통제 공간(control space)' 의 위험성에 주목한다.

통제 공간과 활동 공간

> 9/11 이후로 이런 맨해튼주의의 담론 틀은 극적으로 변화했다. 마천루는 테러리스트의 목표물이 될 거라는 새로운 공포가 생겼고, '눈길 끌기' 와 [시각적] '수용성' 의 가치는 의심스러워졌다. 혼잡과 '정신착란의 공간' 에 대한 가치도 역시 '감시' 와 '방어 가능한 공간' 에 대한 요청으로 대체되며 무색해졌다. (…) 이렇게 볼 때, '현대화가 낳은 건축적 산물' 은 정크스페이스만이 아니다. 또 하나의 산물은 바로 그것의 필연적 결과인 '통제 공간' 이다. (포스터, L. 635-639)

통제 공간의 위험성은 콜하스의 정크스페이스 묘사에서 이미 잘 암시되고 있다. "정크스페이스는 저자가 없지만(authorless), 놀랍게도 권위적(authoritarian)이다." (L. 307) "정크스페이스는 정치적이다. 그것은 안락함과 즐거움이라는 명목으로 비판능력(critical faculty)을 중심에서 제거하는 데에 근거한다. (…) 안락함은 새로운 정의(Justice)다. 모든 국가의 축소판들(miniature states)은 이제 정크스페이스를 정치적 프로그램으로 채택하고, 공학적으로 설계된 방향감각상실의 체제를 구축하며, 체계적인 혼란의 정치를 선

* 한편 매끈한 네오바로크 건축을 설파하는 근래의 디지털 건축가들이 원용하곤 하는 들뢰즈는 이미 이렇게 경고한 바 있다. "물론, 매끈한 공간은 그 자체로 해방적인 게 아니다. (…) 매끈한 공간이 우리를 구원하기에 충분할 거라곤 결코 믿지 말라." G. Deleuze and F. Guattari, 앞의 책, p. 500.

동한다."(L. 263) "공공 공간의 저주: 안내표지와 편리한 의자와 공감 속에 안전하게 질식하는 잠재적 파시즘."(L. 254) "독재자를 뺀 파시즘."(L. 234) 물론 콜하스의 묘사는 여기서도 '중립적' 인 듯 건조하지만, 그 안에는 이러한 총체적 통제 공간에 대한 경계심이 담겨있다. 만들어낸 자의 존재를 확인할 수도 없는 정크스페이스는 지극히 정치적이고 권위적이지만, 안락함과 즐거움을 제공하면서 인간 주체의 비판능력을 제거하는, '독재자 없는 파시즘' 의 체제다.

이런 상황에 정크스페이스를 불가피한 것으로 받아들이고 그저 '예스' 를 외치며 따르게 되면 어떻게 될까? 잠재적 파시즘이 혼재하는 바로 그 정크스페이스의 엔트로피가 커질수록 '독재자 없는 파시즘' 이 현실화할 수밖에 없는 것은 자명한 일이 아닐까? 아마도 이런 위험성에 공감했었을 포스터는 바로 이 정크스페이스 속

그림 14. 로스앤젤레스 공항(LAX), 2004년

에서 인간적 주체의 실천적 가능성을 모색하려 한다. 이것이 콜하스라는 '비-인간적' 분석가와 포스터라는 '인간적' 분석가가 보이는 태도의 근본적 차이다. 포스터는 이렇게 말한다.

> 통계적인 것이 지배하는 체제 너머에는 아마도, 우리가 어디에 갈지를 예측할 뿐만 아니라 거기서 우리가 뭘 할지도 결정해주는, 알고리듬적인 질서가 있을 것이다. 저자가 없는데도 권위적인, 정크스페이스는 '안내표지와 편리한 의자와 공감 속에서 안전하게 질식하는 잠재적 파시즘'을 만들어낸다. (…) 그러나 이 구역은 콜하스가 편집증적 영감으로 펼쳐내는 것만큼 총체적이지 않다. 또 다시 정크스페이스의 바깥이 없다 할지라도, 여전히 그 균열 속에서 활동 공간은 만들어질 것이다. (L. 738-742)
> 정크스페이스의 이면이 없고 실제로 그 바깥이 전혀 없다 하더라도, (…) 이 세계 속에서 균열을 찾아낼 수 있고, 이러한 균열에 압력을 가해 조그마한 활동 공간을 열어낼 수 있다. (L. 619)

즉 포스터의 '준-자율적' 전략이란, 파시즘적 체제의 연속적 현실을 냉엄하게 인식하면서도 그 속에 균열을 내어 조그마한 활동 공간을 열어젖히려는 것임을 다시 확인할 수 있다. 그가 제시하는 28개의 키워드들로 정리해보면 대략 다음과 같은 얘기가 된다. 프레드릭 제임슨이 애틀랜타의 '보나벤처(Bonaventure)' 호텔 등을 통해 후기자본주의의 문화논리로서 포스트모더니즘을 확인했던 것처럼, '디자인(Design)' 된 '환경(Environment)'은 점차 '쿨(Kool)' 하고 '가볍게(Lite)' 읽히는 '소비주의(Consumerist)' 적 '볼거리(Spectacle)' 로서, '보편적(Universal)' 이고 '잠재적(Virtual)' 이며 '특징 없는(Without Qualities)' '무계급취향(Nobrow)' 의 '유형학(Typology)' 으로서 '정크(Junk)' 스페이스를 생산한다. '거대성(Bigness)' 의 부산물인 정크스페이스는 '학문적 경계 구분을 넘어선(In/discipline)' '종합예술작품(Gesamtkunstwerk)' 처럼 '유한성(Finitude)' 을 망각하고 완결성에 집착하는 쇼핑몰이 되어가는 동시에, '포스트포디즘(Post-Fordism)' 에 '예스(Yes)' 를 외치게 만드는 '조건적(Condtional)' 이고 '검역적(Quarantine)' 인 공간이다. 정크스페이스를 콜하스는 '모방적(Mimetic)' 인 글쓰기로 묘사하지만, 포스터는 그 '지옥(Hell)' 같은 '구역(Zone)' 에서도 '자율성(Autonomy)' 의 '활동공간(Running Room)' 을 탐색한다. 그것은 콜하스 효과가 생산하는 '예스(¥€$)' 의 확산이 아니라 '노' 를 외칠 수 있는 비판능력을 강조하는 것이다.

> 광고문구의 전쟁 속에서는 언제나 '그냥 하면 돼(Just do it)' 가 '그냥 아니라고 말해(Just say no)' 를 이긴다. 우리에게 필요한 건 새로운 종류의 '부정할 수 있는 능력' 이다. (L. 730-734)

한때 유행하던 '포스트(post-)' 와 '네오(neo-)' 담론의 시대는 지났다. 포스터가 보기에 이 시대는 '패러다임 없는 패러다임' 의 시대고, 정크스페이스는 그러한 '이름 모를(X)' 것을 패러다임으로 하는 공간이다. 이런 상황이라면, 다음과 같은 그의 경고어린 요청도 함께 새겨야하지 않을까.

> 우리 모두(건축가, 예술가, 비평가, 큐레이터, 아마추어)에게는 우리의 실천에 초점을 맞출 어떤 서사가 필요하다. 거대서사가 아니라, 상황에 따른 이야기들 말이다. 그런 지침이 없으면 포스트/모더니즘과 네오/아방가르드의 이중적 발자취를 따라가는 늪에서 헤어나지 못한다. 방법론이 지배하는 정크스페이스의 구역 속에 남는 것이다. (…) 환각제에 취한 게처럼 옆으로만 비틀거리게 된다는 말이다. (L. 722-726)

기계냐 인간이냐, 중립은 없다

결론적으로 말해서, 건축가인 콜하스와 비평가인 포스터는 모두 뛰어난 분석가들이지만 적어도 "정크스페이스"와 "러닝 룸"에서 파악되는 두 사람의 입장 차이는 대략 다음과 같다. 첫째, 주체에 대한 인식과 관련하여, 콜하스는 건축가이자 소설가로서 저자의 특징을 없애고 주체를 말소함으로써 (들뢰즈적 의미에서) 기계적인 양적 생산을 하는 방향으로 나아가지만, 포스터는 비평가로서 인간적 주체의 역할을 살리기 위한 실천을 예술의 본령으로 하며 건축도 그런 틀 속에서 이해하려하기에 양적 인간을 비판하는 입장을 취한다. 따라서 콜하스는 윤리적 문제를 비판적으로 제기하지 않고 초현실적 사실묘사에 치중하지만, 포스터는 윤리적인 문제를 비판적으로 분명하게 제시한다. 둘째, 방법론적 효과와 관련하여, 콜하스의 문학적 글쓰기는 체계적인 과대평가라는 초현실주의적 방법론을 활용하며 비판 대상을 모사하는 기계적 형식을 취함으로써 과잉 실재적인 환상을 생산하는 측면이 있고, 이것이 슈퍼리얼리즘적인 수용을 일으킬 소지가 다분하다. 반면에 포스터는 역시 유물론적 실재론에 관심을 두면서 초현실주의의 가능성도 높이 사지만 비평가로서 통시적 분석에 기초하며, 결정적으로 변증법주의자의 역사적 관점을 보여준다.

이런 방법론과 관점의 차이에도 불구하고, 포스터는 정크스페이스의 현실에 대한 콜하스의 묘사에 크게 공감을 표하고 있으며 그런 '현실 속에서' 활동 공간을 찾아야 할 것을 강조한다. 그러나 앞으로 늘어날 환경이 통제 공간이냐 활동 공간이냐는, 아마도 인간이 '쿨' 하게 세상의 기계화에 복종하느냐 주체적으로 기계를 복종시키느냐에 따라 갈릴 것이다. 기계가 인간을 통제하느냐, 인간이 기계를 통제하느냐에 따라서 말이다. '중립은 없다' 는 말을 인정한다면, 기계와 인간 사이에도 중립이 있을 거라 믿는 건 위험하다.

11 인간의 기계화와 그 불만*

- 서평도서: 임석재의 『기계가 된 몸과 현대 건축의 탄생』(인물과 사상사, 2012)

> 인간은, 이를테면 일종의 보철술의 신이 되었다.
> — 프로이트**

2013년 여름에 시내 한복판을 거닐 때면 곧잘 귀에 들려오던 음악이 있었다. 프랑스의 전자음악 듀오인 다프트펑크가 갓 출시한 새 앨범 〈랜덤 액세스 메모리즈〉에 실린 곡들이었는데, 감각적인 테크노비트 속에 육성을 섞은 기계음이 교묘하게 심금을 울리고 있었다. 세계적인 아티스트인 다프트펑크는 영화 〈로보캅〉에서 보던 종류의 헬멧을 쓰고 공연하는 것으로 유명하다. 그래서 그들의 음악과 퍼포먼스를 감상하다 보면 어느새 로봇이 사람처럼 느껴지거나 사람이 로봇처럼 느껴지기도 한다. 예컨대 그들이 2001년부터 써온 노래 제목만 살펴보더라도 이런 느낌은 바로 전해져온다. 'Digital Love (디지털 사랑)', 'Harder, Better, Faster, Stronger

* 이 서평은 『건축평단』 2015년 겨울호에 매개서평의 세 번째 꼭지로 실렸으며, 여기서는 일부 표현만 수정해 실었다.

** "Man has, as it were, become a kind of prosthetic God." — Sigmund Freud, *Civilization and Its Discontents*, trans. & ed. James Strachey (New York: W. W. Norton & Company, 1961), pp. 38-9.

(더 세게, 더 좋게, 더 빠르게, 더 강하게)', 'Human After All (결국엔 인간)', 'Robot Rock (로봇 록)', 'Technologic (테크노로직)' 등등. 게다가 그들이 각본을 쓰고 감독하여 2006년 칸 영화제에서 상영한 영화 〈일렉트로마(Electroma)〉는 로봇 인간의 애환을 더 심도 있게 다루었다.* 이 영화의 두 주인공 로봇은 번호판 대신 '인간(HUMAN)' 이라는 명판을 단 차를 타고 로봇 마을에 입주하는데, 마을에서 결혼식을 올린 후 인간의 마스크를 성형하여 쓰고 거리로 나온다. 그들을 이상하게 바라보는 다른 로봇들의 뜨거운 시선을 느낄 새도 없이 작열하는 태양 아래 마스크가 녹아내리고, 두 주인공 로봇은 결국 일그러진 인간의 탈을 벗어버린 후 다시 로봇의 모습으로 돌아와 마을을 떠난다. 그렇게 한참을 둘이서 외로이 걷다가 한 로봇이 자가 장착된 폭파장치를 이용해 먼저 생을 마감하고, 남은 로봇은 죽은 로봇의 파편을 이용하여 자기 몸에 불을 지르고는 화면 밖을 향해 성큼성큼 걸어가며 끝나는 내용이다. 과연 다프트펑크는 우리에게 무슨 이야기를 하고 싶은 것일까?

기계론의 분화

이 영화의 장면들은 여러 의미를 연상시키지만, 그것이 어떤 예술성을 표방한다면 로봇은 분명 현실의 인간에 대한 비유일 것이다. 그렇다면 이 영화는 쉽게 말해 '인간이 인간되기 어려움' 을 묘사한 게 아닌가? 이런 표현이 가능한 이유는 물론 현대의 인간이 기

* 〈일렉트로마〉라는 제목은 '일렉트릭' 과 '드라마' 의 합성어로 보이지만, 어감상 '트라우마' 를 연상시키는 것도 우연은 아닐 것이다.

계화의 시대에 살고 있어서일 것이다. 즉 '인간이 인간되기 어렵다' 는 명제에서 첫 번째 '인간' 이 인간의 '몸 자체' 라면, 두 번째 '인간' 은 '기계화에서 해방된 인간' 을 뜻해야 할 것이다. 인간의 '몸 자체' 가 기계와 얼마나 같고 다른지에 대해서는 해석이 분분할 수 있다. 그렇다면 '기계화' 는 대체 무엇을 의미하고, 인간은 왜 기계화를 겪으며 인간 그 자체가 되기 힘든지를, 인간과 기계의 관계는 과연 어떤 것인지를 생각해봐야 할 듯하다. 사실 인간의 몸에는 인간의 의식으로 통제할 수 없는 무의식의 성(性)적 에너지(리비도)가 기계적으로 작동하고 있음을, 이미 한 세기도 더 전에 프로이트가 파악한 바 있다. 20세기에 가장 큰 영향력을 미친 인물 중 한 명으로 꼽히곤 하는 프로이트의 기획은 억압되어온 '성의 해방이 곧 인간의 해방을 가져오리라' 는 기획이기도 했다. 여기서 성적 에너지는 인간적 욕망이면서도 마치 기계적 충동처럼 작동한다. 프로이트가 이런 기획으로 20세기 지성사에 한 획을 그었다면, 앞서 그에게 영향을 준 니체는 '신은 죽었다' 는 유명한 명제와 더불어 신이라는 중세의 주인과 근본적으로 단절하면서 근대 이후의 서구 문명에 지대한 영향을 미쳤다. 그 위에서 프로이트가 '무의식' 을 발견한 것은, 니체의 '힘에의 의지' 를 능가하는 사상사의 혁명이었다. 하지만 일찍이 이들과는 판이한 방식으로, 신이 차지하던 주인의 자리를 인간으로 대신하며 근대적 주체를 정립한 대표적 사상가는 '나는 생각한다, 고로 존재한다(Cogito, ergo sum).' 는 명제를 정식화한 데카르트였다. 말하자면 데카르트가 활동하던 계몽주의 시대에는 신을 대리하는 인간의 이성에 대한 믿음, 즉 인간이 주어진 한계를 넘어 무한한 가능성으로 확장할 수 있다는 믿음이 있었다. 데카르트에게서 등장하는 두 가지 실체(substance) 개념, 즉 '사유 실체(res cogitans)' 와 '연장 실체(res extensa)' 는 관념적인 사유 실체를 중심으로 무한히 연장하는 객관적 실체의 세계가 있다고 본 것이다. 그러나 이러한 관념적 실체를 무한한 객관적 실체보다 우위에 놓은 '코기토(나는 생각한다)' , 즉 주체 중심주의는 세계를 기계적으로 객관화하려던 의식적 사유의 산물이었다.

이것을 기계론적 세계관이라 한다면, 그것은 철학사의 많은 인물들을 거쳐 프로이트를 만나 무의식 중심주의로 뒤집어진다. 의식적인 코기토가 아닌 무의식적 리비도라는 또 다른 기계적 충동을 프로이트가 발견하면서, 기계는 더 이상 인간의 외부에만 있는 게 아님을 깨달은 것이다. 들뢰즈의 표현을 빌려보자면, 의식적 코기토가 주도하는 데카르트적 기계론은 메카닉(mécanique)의 기계론에, 무의식적 리비도가 주도하는 프로이트적 기계론은 머신적(machinique) 기계론에 가깝다고 볼 수 있다. 편의상 전자의 기계론을 제1기계론으로, 후자의 기계론을 제2기계론으로 부르기로 하자.* 제2기계론자인 들뢰즈가 말하길 제1 "기계론의 오류는, 그것이 생명체를 설명하기에 너무 인공적이라는 것이 아니라, 오히려 충분히 그렇지 않다는 데에, 충분히 기계적이지 않다는 데에 있다. 사실 우리가 만든 기계장치들은 그 자체로는 기계가 아닌 부분들로 이루어져 있는 반면, 유기체는 무한하게 기계로 되어 있

* 필자의 이런 구분은 물론 레이너 밴험이 구분한 제1기계 시대와 제2기계 시대라든가[『제1기계시대의 이론과 디자인(1960)』 참조], 벤야민이 구분한 제1의 기술과 제2의 기술[「기술복제시대의 예술작품」 제2판(1936) 참조]을 연상케 한다. 하지만 밴험과 벤야민의 구분이 기술의 진화에 근거한 것이었다면, 여기서의 구분은 의식과 무의식의 정신분석적 차원에 입각한 것이다.

다."* 이 말은 인공(人工)적인 제1기계론이 인간적 의식 속에 머무르는 만큼 충분히 기계적이지 않다는 말이다. 따라서 들뢰즈와 같은 제2기계론자는 인간의 의식이 아닌 무의식의 층위에서 작동하는 기계적 욕망을 중시하며, 모든 유기체가 결국 '욕망하는 기계'**라고 선포한다. 제1기계론과 제2기계론을 구분하는 요점은 그것이 의식에서 작동하느냐 무의식에서 작동하느냐가 첫 번째이고, 계몽적인 인공적 주체 개념이 잔존하느냐 폐기되느냐가 두 번째다. 제1기계론은 인간적인 것을 이성적인 의식 속에 두었기 때문에 무의식과 자연을 억압하는 인공적 기계론이 되었지만, 제2기계론은 무의식을 해방시키기 위해 인간이라는 의식적인 주체 개념을 폐기하기에 이르렀다. 그렇게 인간이든 자연이든 모두 기계로 통합하여 생각하는 탈인본적 기계주의의 거대한 물결이 밀려왔으나, 그것은 또 다른 문제를 야기했다. 인간 주체의 의미가 사라지고 모든 게 유물론적 일원론으로 기울면서, 해방된 것이 과연 인간인지 자본인지를 의심해야할 지경에 이르렀기 때문이다. 물론 이런 인본주의 대 탈인본주의의 구도는 서구에서 발달한 현상이지만, 그것이 모두 근대적 기계화를 거치며 생겨났고 우리도 자본주의의 기계화를 경험하고 있다는 점에서 결코 비켜갈 수 없는 문제다.

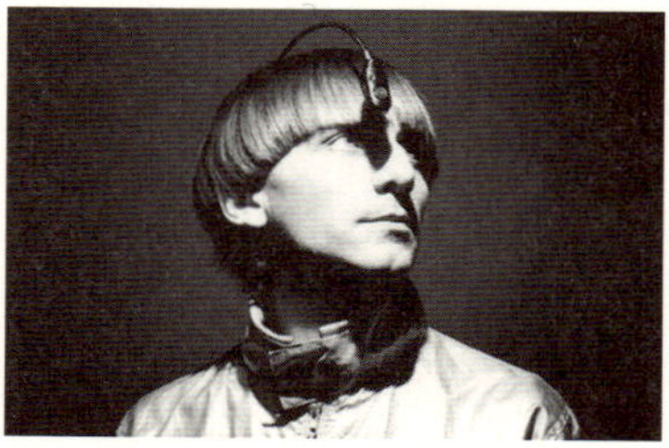

그림 15. 사이보그 아티스트 닐 하비슨

* 질 들뢰즈, 『주름, 라이프니츠와 바로크』 (이찬웅 옮김, 문학과 지성사, 2004), 19쪽.

** 이미 보편화된 이 말은 들뢰즈와 가타리의 공동 저작인 『안티-오이디푸스』 (1972)에서 처음 사용되었다.

어쨌든 이런 관점에서, 우리가 사는 현 시대는 제1기계론을 거쳐 제2기계론이 통용되는 지점에 이른 걸로 보인다. 인간 주체가 잔존하던 제1기계론의 시대를 넘어서면서, 현 시대는 바야흐로 인간 주체가 기계한테 힘을 내어주는 현상이 일반화된 제2기계론의 시대로 진입한 듯하다. 제2차 세계대전 이후로 본격적으로 텔레비전이 보급되고 반세기가 지나 인터넷과 컴퓨터, 스마트폰이 대중화되면서, 사상사에서도 8~90년대에 유행하기 시작한 들뢰즈식 기계주의가 디지털 기술의 낙관론과 결합하며 지금에 이르고 있다. 이런 흐름 속에 최근 서구에서는 보철술을 이용한 인체성형기술이 발달하고 있으며, 바야흐로 인간의 사이보그화에 대한 꿈을 키우는 '보철 문화(prosthetic culture)'란 말도 생겨났다. 인체의 보철술은 주로 장애인의 팔다리 기능을 보충해주는 용도로 이뤄진다는 점에서 서울의 성형특구에서 일상화된 미용 기술인 '플라스틱 수술(plastic surgery)'과는 아직 쓰임이 다르다 할 수 있지만, 그런 기술에 거는 낙관론적 기대의 성격은 거의 대동소이하다. 왜냐면 이러한 성형의 궁극적 목적은 많은 경우 잃어버린 자신감을 회복해주는 '자아' 성형에 있기 때문이다. 이렇게 철과 플라스틱이 인체의 일부가 되어가기 전부터, 20세기 초에 새로운 기술의 정치적 가능성을 전망했던 발터 벤야민 또한 7~80년대 이후 국내에서는 기술낙관론의 맥락에서 수용되곤 했다.* 그러나 벤야민이 인간 해방의 가능성을 기대한 기술복제시대의 아우라 해체는 권위주의의 해체뿐만 아니라 인간 주체의 해체도 불러왔으며, 니체나 들뢰즈도 그랬듯이 인간의 개념을 새롭게 정립할 것을 요청한다.* 이것을

* 최성만, 『발터 벤야민 기억의 정치학』(도서출판 길, 2014), 402~3쪽 참조.

어떻게 봐야할까? 이 거대한 기계화와 탈인본주의의 흐름을? 그 와중에 인간은 새로운 인간으로 태어나는 데 성공했는가? 아니면 그저 기계가 되어가는 것일까? 인간이 욕망하는 기계가 되면서 오히려 물질의 노예로 전락해가고 있다면 어찌할까? 다프트펑크가 묘사했듯이, 인간이 인간되기란 어쨌든 쉬운 일이 아닌 듯하다. 그것이 전통적인 인간이든, 새로운 인간이든 말이다.

전일론과 이원론적 발전

지금까지 이렇게 기계 이야기를 늘어놓은 것은 임석재의 『기계가 된 몸과 현대 건축의 탄생』(이하 『탄생』이라 칭함)과 접맥하기 위한 바탕을 마련하기 위해서다. 이 책에 주목하는 이유는, 국내에 출판된 건축도서 중 '몸'과 '기계'의 관점에서 고대와 근대를 중심으로 한 문명사와 건축사를 훑어 내리는 흔치않은 책이기 때문이다. 실로 구체적인 건축 이야기들이 일일이 거론하기 힘들 만큼 풍부하게 얽혀있어, 각론적으로 파고들면 흥미로운 얘기가 적지 않게 나올 것이다. 하지만 여기서는 건축의 세세한 어휘보다 총론에 집중하면서, 저자의 주된 관점에 보충적 시각을 덧붙여보고자 한다.

이 책이 설정하는 구도는 대체로 이런 것이다. 애초에 인간의 몸 개념은 '전일적(holistic)'이었으나, 그리스 시대의 사변철학자인

* 새로운 인간의 개념으로서 니체가 '초인'을 요청했다면, 들뢰즈는 '욕망하는 기계'를, 벤야민은 '새로운 야만인'을 요청했다. 물론 벤야민이 요청하는 개념은 니체나 들뢰즈의 영웅적 인간상과는 반대되는 것이다.

플라톤의 유심론적 이원론과 함께 정신과 육신의 분화가 일어났고, 그에 대한 반대급부로 현세적 몸이 부각된 로마에서는 유물론적 이원론으로 치우쳤으며, 기독교가 지배한 중세에는 다시 유심론이 부상하나 몸의 일원론이 아슬아슬하게 유지되었다. 중세 이후 르네상스 시대에는 인본주의를 내걸었지만 중세에서 벗어나려던 실용주의가 짙었던 나머지, 다빈치의 기계론적 탐구가 출현하고 기계론적 해부학을 바탕으로 한 의학이 발달하는 등 유물론적 이원론으로 다시 치우쳤다. 바로크를 거쳐 계몽주의에 이르면 유물론적 이원론이 더욱 고착화되고 데카르트가 그러한 기계론을 이어받아 철학적으로 주객이원론을 정식화한다. 데카르트의 주체론은 자기를 중심으로 절대적 거리를 설정하여 세계를 객관화하는 시각 중심주의를 키웠고, 일직선적으로 척도화한 시간을 중심으로 생활을 계획하는 시간 우선주의에 중심을 두었으며, 주객이원론은 인간 주체를 중시한 의도와 반대로 유물론적 이원론으로서 기계론을 더욱 심화시켰다. 이후 발달한 근대건축은 기술의 발달과 함께 철과 유리, 콘크리트 같은 재료를 활용하며 기계적인 몸으로 발달해왔는데, 모두 다빈치와 데카르트 등이 남긴 기계론과 부위론의 영향 속에서 르네상스-바로크-계몽주의 시대의 유산을 물려받아 절대 공간과 텅 빈 순수 공간, 추상 아방가르드, 퓨리즘, 균질 공간과 투명 유리 어항, 구조미학 등의 건축어휘를 개발해왔다는 것이다.

말하자면 본래 전일적이었던 몸이 이원론으로 분화한 뒤 변증법적 부침을 겪으며 기계화했고, 그 과정에서 현대 건축이 탄생하여 지금에 이르렀다는 게 이 책의 골자다. 그 와중에 건축과 철학과 예술을 비롯한 다양한 분야를 문명사적 관점에서 엮어내며 사례를 곁들이고 흥미로운 통섭의 지도를 그려낸 것은 이 책의 강점이요 묘미다. 그렇게 방대한 이야기를 켜켜이 엮어가면서 저자는 기계론이 남긴 문명의 폐해를 거듭 비판적으로 묘사하는데, 예컨대 다음과 같은 부분들이 그렇다.

> 다빈치는 현대 문명의 위기를 부른 장본인이라는 부정적 비판도 가능하다. (…) 그가 새로운 것은 인간의 몸을 '부위별' 로 뜯어서 눈에 보이는 대로 정확하게 기록함으로써 인간 몸의 작동을 '기계적' 으로 파악하는 기초를 닦았다는 점이다. 우리는 이것을 '과학' 이라고 부르며 다빈치는 현대 문명의 최대 주주인 과학적 방법론을 제일 처음 정착시킨 인물로 평가받는다. (117쪽)
> 절대 공간은 인간의 다양한 감각을 시각 하나로 편집시키고 시간마저 숫자 하나로 편집시킴으로써 절대 거리를 철저히 지켜낸다. 그럼으로써 기계로서의 몸을 맘대로 부릴 수 있게 해주는 공간이다. (…) 그 대가로 여름에 냉방이 되고 겨울에 난방이 되는 폐쇄공간을 주고 이를 문명의 발전이라고 세뇌한다. (200쪽)
> 자신의 몸을 이상적 방향으로 작동하게 하는 가상 세계를 머릿속에서 만들어낼 수 있게 되면서 몸을 통제하는 각종 근대적 제도, 윤리가치, 도덕률 등이 속속 생겨났다. (…) 몸에 가해지는 각종 과도한 요구도 마찬가지다. (…) 우리는 이런 모든 것을 문명의 발전이라고 부른다. (204쪽)스케치가 곧 예술이던 전통 건축은 순진하다 못해 철없는 놀음이 되었다. 이제는 도면이 돈이 되는 시대가 되었다. 우리는 이것을 문명의 발전이고 기술의 발전이라 부른다. (351~2쪽)
> 19세기 대형 공간의 무주 구조는 데카르트가 제시한 절대 공간을 100퍼센트 순종하며 좇아 완전히 비워버린 것이었다. 이렇게 비운 속을 공산품과 소비재로 가득 채웠다. 우리는 이것을 문명의 발전이라고 부른다. (355쪽)

임석재의 표현대로, 우리는 이런 것들을 '과학' 이라고, '문명의 발전' 이라고, '기술의 발전' 이라고 부르는 일상을 살고 있다. 그가 주목하는 기계론은 물론 어디까지나 근대를 중심으로 한 제1 기계론이지만, 우리가 그런 현상을 문명과 기술의 발전이라 일컫고 있는 것은 이미 그 단계를 뛰어넘은 현상일지 모른다. 기계적 욕망이 의식의 하부로 파고들어 무의식 속에 자리하는 것이 제2 기계론이라면 말이다. 사실 이 책에서는 근대적 현상까지를 중점적으로 다루느라 최근의 더욱 근본적인 기계주의라 할 수 있는 디지털 건축에 대해서는 거의 다루지 않고 있다. 하지만 기계론이 한층 진화했다고 해서 예전의 기계론이 사라지는 것도 아니거니와, 여전히 근대적 기계론이 현실의 대부분에 영향력을 미치고 있음은 두말할 필요도 없는 사실이다. 근대 건축의 양대 거장으로 불리는 미스 반 데어 로에와 르코르뷔지에의 기계론적 건축을 닮은 건물들이 여전히 대세를 이루고 있으니 말이다. 어쨌든 이 책의 관심은 현대 건축의 골격을 형성한 중요한 역사적 줄기를 엮는 데 있으며, 이러한 현대 건축을 통해 우리가 문명이라 부르는 기계론적 현상을 비판적으로 검토해보는 저자에게 바람직한 모델, 혹은 저자가 욕망하는 '잃어버린 대상' 은 육신과 정신이 합일을 이루는 원초적 전일론이다.

부위론과 기계론, 그리고 근대적 주체

한편 『탄생』의 전반에 걸쳐 계속 등장하는 '기계론' 이란 말에는 '부위론' 이란 말이 쌍으로 따라붙곤 한다. 두 개념은 물론 함께 가는 것이지만, 기계론이 어떤 기계적 시스템을 염두에 둔 말인데 반해 부위론은 다빈치가 천착했던 해부학적 관점과 연계하여 주로 거론되는 편이다. 그럼에도 이 책에서 부위론에 관한 이야기는 전반적으로 기계론에 묻히는 듯해서 썩 크게 차별화되는 느낌이 아니다. 그러나 부위론의 파편화 이미지를 극적으로 드러내는 부분이 있는데, 그것은 다름 아닌 프랑스대혁명 때 과거의 몸을 타파하고 새로운 몸으로 무장하려했던 계몽주의적 사회 변화에 대한 묘사다.

> 몸을 둘러싼 반란 공방은 프랑스대혁명에서 사회적으로 완성된다. 단두대에서 왕과 왕비, 성직자, 왕족, 귀족 등을 처형한 사건으로, 전통적 몸을 대표하던 '귀한 몸'을 '절단' 낸 것이다. 건축적으로 '귀한 몸'이던 '성베드로 모델'에 반대하며 시작된 (…) '벽체에서 살 떼어내기 반란'이 파리 팡테옹의 완공과 함께 일단락된 지 9년 만에 정치적으로 '귀한 몸'인 지배계급의 진짜 몸을 단두대로 토막 내는 사회혁명이 일어난 것이다. 이렇게 해서 '귀한 몸'은 부위별로 토막 났다. 혹은 혁명 기간에 클뤼니 대수도원 등 과거 전통 권력을 대변하던 수많은 건물이 실제로 파괴되었다. (…) 한마디로 사회 전체적으로 전통적 몸을 청소하고 '새 몸'으로 갈아타고 싶은 욕망이 작동한 것이다. 이때 '새 몸'에는 루소 등이 이끈 원시 낭만주의에서 제시한 것 같은 '문명의 때가 묻기 이전의 숭고한 원래의 몸'과 데카르트와 초기 현대 의학자들이 제시한 '기계적 몸'이 섞여 있었다. 둘의 공통점은 르네상스와 바로크를 거치며 기독교와 절대왕정에 의해 얽매이고 억압된 몸을 타도 대상의 전통적 몸으로 봤다는 점이다. (432~3쪽)

부위론이 몸을 파편화하는 사고방식이라면, 기계론은 혐오스런 것의 파괴와 더불어 새로운 몸으로 무장하는 관념이 아닌가? 그렇다면 부위론과 기계론을 좀 더 색다른 견지에서 생각해볼 수 있게 된다. 이것은 기계론과 부위론이 어떤 관계를 맺느냐에 따라 정치적 함의가 달라질 수도 있는 문제다. 임석재는 계몽주의가 발흥하던 프랑스대혁명 당시의 사례를 제시했지만, 할 포스터는 일찍이 90년대에 이런 몸의 파편화와 기계화를 20세기 초의 파시즘과 연계한 바 있다. 그것은 라캉의 거울단계 이론(1936/49)에서 말하는 유아기의 파편적 환상과 파시즘적 주체를 결부시킨 것이었다. 라캉의 거울단계 이론이란 생후 6개월에서 18개월 사이의 유아가 거울에 비친 자기 모습을 보고는, 거울 속에서 어떤 이상적 통일성을 이룬 타자의 모습과 자신을 동일시하며 자아를 형성한다는 이론이다. 따라서 이러한 동일시는 상상적(imaginary) 동일시이며, 이렇게 형성된 자아는 타자의 거울 이미지로서 형성되는 통일된 자아다. 그런데 이렇게 자아의 이미지가 상상적으로 통일되는 만큼 유아에게는 그 이전의 원초적 단계로서 파편화된 몸의 환상도 함께 일어나기에, 자아는 그러한 파편화의 위협에 맞서는 '갑옷(armor)' 처럼 형성된다. 그러나 본디 환상은 두려우면서도 매혹적인 역설로서 존재한다. 포스터는 이러한 자아에 역사적 성격을 부여하며 이렇게 말한다.

> 라캉은 그의 주체 이론을 역사적으로 특정하지 않고, 확실히 그것은 어느 한 시기에만 국한하지 않는다. 하지만 이렇게 갑옷으로 무장한 공격적 주체는 그저 모든 역사와 문화에 걸쳐있는 존재가 아니다. 그것은 편집적이고 심지어는 파시즘적인 근대적 주체다. 이 이론에는 파시즘이 가장 극단적인 징후로 나타나는 당대의 역사가 유령처럼 서려있다. 세계 대전과 참전 군인들의 수족불구, 산업의 규율체계와 기계적 파편화, 용병 살인과 정치적 테러의 역사 말이다. 근대적 주체가 ─ 내부의 타자성(섹슈얼리티, 무의식)과 외부의 타자성(파시스트에게는 유태인, 공산주의자, 게이, 여성을 의미할 수 있음)에 맞서 ─ 갑옷으로 무장하게 되는 그런 사건들과 관련하여, 조각난 몸과 파편적이고 유동적인 몸을 두려워하는 모든 형상들이 다시 되돌아온다.*

* Hal Foster, "Whatever Happened to Postmodernism?" in *The Return of the Real: the Avant-Garde at the End of the Century* (Cambridge: October Books/MIT, 1996), p. 210;

타자성에 의한 파편화를 두려워하며 자아를 상상적인 갑옷으로 무장하는 주체, 즉 라캉이 상상계의 '자아(ego)'라 부르는 그 주체를 포스터는 근대적 파시즘의 주체로 특징지은 것이다. 프랑스대혁명 당시의 계몽주의적 주체가 파편적 부위론과 더불어 새로운 기계적 몸을 만들려했다면, 근대적 파시즘의 주체는 위협적인 파편적 타자의 환상을 간직한 편집증적 자아성형의 일환으로 기계론을 추구한다고 볼 수 있겠다. 이러한 근대적 파시즘의 주체를 잘 보여주는 것은 20세기 초 미래주의의 미학이기도 했다. 20세기의 대표적 아방가르드 중 하나였던 미래주의는 호전적으로 기계화하는 근대적 주체의 성격을 극단적으로 드러내는데, 필리포 마리네티의 그 유명한 「미래주의 선언」(1909) 중 네 번째와 아홉 번째 항목을 보면 이러하다.

> 4. 우리는 새로운 아름다움, 속도의 아름다움이 세계의 찬란함을 풍요롭게 해줬다고 선언한다. 거친 숨을 내뱉는 뱀 같이 거대한 배기관들로 차체 앞이 장식된 경주용 차 …… 기관총처럼 굉음을 내뱉으며 달리는 자동차는 사모트라케의 니케보다 더 아름답다.
> 9. 우리는 전쟁(이 세상을 청결하게 만들어주는 유일한 위생학), 군국주의, 애국심, 아나키스트들의 파괴행위, 목숨을 바칠 가치가 있는 아름다운 이념, 여성에 대한 경멸을 찬미하고자 한다.*

여기서 우리는 기계의 빠른 속도와 공격성, 전쟁과 파괴적 폭력, 갑옷처럼 무장한 이념에 대한 매혹과 더불어 남성적 자아를 위협하는 타자에 대한 경멸을 읽을 수 있다. 더 나아가 이러한 파시즘적 환상을 구성하는 한 가지 중요한 요인이 감지되는데, 그것은

* Filippo Tommaso Marinetti, "Le manifeste du futurisme" in *Le Figaro* (20 février, 1909); 프랑코 베라르디 '비포', 『미래 이후』(강서진 옮김, 난장, 2013), 39쪽에서 재인용.

다름 아닌 '빠른 속도' 다. 미래주의로 가장 극화되어 나타난 이러한 '속도중심주의' 는 단연코 근대적 기계론을 대표하는 특징이다.

단선적 시간관과 시공간 압축

기계적인 빠른 속도가 중심이 될 때, 시공간에는 무슨 일이 일어나는가? 데이비드 하비에 따르면, '시공간 압축(time-space compression)' 이 일어난다. 그도 그럴 것이 속도가 빨라진다는 것은, 단위시간당 이동거리가 늘어나 단시간에 다다를 수 있는 공간적 범위가 커진다는 얘기다. 요컨대 시간은 짧게 압축되고, 공간은 폭넓게 통합된다. "자본주의 역사는 생활의 속도를 빨라지게 하는 특징을 가지는 한편, 공간적 장벽을 극복하는 능력이 커짐에 따라 세계가 때때로 우리들 내부로 내려앉는 듯하므로, [하비는] 이를 가리켜 '압축' 이라는 단어를 사용한다."*

한편 임석재는 『탄생』에서 시간우선주의를 기계론적 세계관과 연계하여 강조한다. 데카르트의 주체 중심주의에서 읽어낸 '절대거리' 개념이 시각 중심주의와 합쳐지면서 시간 우선주의가 파생된다고 하는데, 여기서 그가 말하는 '시간' 이란 사실 '정량화된 시간' 에 한정되고 있다. "시간이란 태양과 지구 사이의 객관적 작

* 데이비드 하비, 『포스트모더니티의 조건』 (구동호, 박영민 옮김, 한울, 1994) 282쪽. 유하니 팔라스마는 '시공간 압축'을 시간과 공간이 서로 역전되는 현상으로, 즉 시간이 공간화하고 공간이 시간화하는 현상으로 설명한다. Juhani Pallasmaa, *The Eyes of the Skin: Architecture and the Senses* (John Wiley & Sons, 2007), p. 21; 유하니 팔라스마, 『건축과 감각』 (김훈 옮김, 스페이스타임, 2013), p. 34 참조.

용을 인간의 편의에 따라 분절한 인위적 단위 체계" (197쪽)라고 정의하는 그는 이러한 시간 중심주의가 태양과 지구 사이의 절대 거리를 기준으로 파생된 것인 만큼, "인간의 다양한 감각을 시각 하나로 편집시키고 시간마저 숫자 하나로 편집" (200쪽)시키는 '절대 공간' 으로 이어진다고 말한다. 게다가 이러한 시간 중심주의는 르코르뷔지에에게서 대표적으로 볼 수 있는 '일직선 기능주의' 혹은 "시각적 볼거리의 연작" (506쪽) 개념으로 이어지며, 이와 대비하여 미스 반 데어 로에는 "공간과 시간마저 하나로 합해버리려" (507쪽) 한 인물로 거론된다. 미스에게서 "모든 거리는 같으며 시간은 한 순간으로 고정되었고 결국 이 둘은 하나로 합해졌다" (같은 쪽)는 것이다. 르코르뷔지에든 미스든 모두 데카르트의 절대 공간을 실현하려 했지만, 시간 우선주의의 측면에서 차이가 있었다는 것이다.

그런데 왜 미스는 르코르뷔지에와 달리 시간과 공간을 합하려 했을까? 사실 이러한 태도는 이미 하비가 말하는 '시공간 압축' 그 자체를 반영하고 있는 현상이 아닌가? 그렇다면 르코르뷔지에는 왜 미스와 달리 '일직선 기능주의' 를, 혹은 임석재의 표현으로 '시간 우선주의' 를 반영했을까? 이것은 계몽주의적 시간관의 연장선에서 이해할 수 있을 것이다. 계몽주의의 시간관에 대해 하비는 이렇게 기술했다.

> 시계장치로 시간을 기록하는 것은 사상과 행동에 대한 의미에 있어서 대단히 총체적이었다. 시간의 화살은 점차 추의 진동에 의하여 고정된 기계적 구분으로 기록되면서 전후방으로 단선적인 것으로 여겨지게 된다. (…) 계몽사상[은] 우주에 대한 보다 기계적인 '뉴턴적' 관점

의 범위 속에서 작용했다(…) 그 속에서는 등질적 시간과 공간이라는 절대불변이라고 추정되는 것이 사상과 행위를 제한하는 그릇이 되었다. 시 · 공간 압축의 압박 아래에서 이와 같은 절대적 개념들이 붕괴되면서 19세기와 20세기 초반의 모더니즘 형태들이 출현하였다.*

그러니까 시간적인 관점에서 보면, 건축 모더니즘을 대표하는 두 부류가 있는 셈이다. 르코르뷔지에처럼 계몽주의적 시간관과 연속선상에 놓인 부류가 있는가 하면, 미스처럼 계몽주의적 시간관과도 철저하게 단절한 근본적 모더니스트가 있다고 말할 수 있다. 비록 둘 다 데카르트의 절대 공간을 실현하고자 했더라도, 미스야말로 단선적 시간주의를 떨쳐버렸으니 말이다. 이런 차이를 임석재는 이렇게 설명한다.

두 사람의 이런 차이는 시간을 지배하려는 기본 태도에서 갈린다. 현대 문명에서 시간을 지배하려는 시도는 크게 두 방향으로 나타났다. 하나는 시간 순서마저 내 마음대로 짜는 등 완전히 소유하려는 시도로, 르코르뷔지에가 여기에 해당한다. 다른 하나는 시간을 통째로 문명이나 조직 같은 거대 구도에 맡겨버려서 더 큰 차원에서 관리하게 만드는 태도로, 미스의 경우에 해당한다.** (509쪽)

그러나 두 건축가의 차이를 '시간우선주의'라는 말로 구분하게 되면, 자칫 시간과 공간의 단순한 이원론적 대립 구도에 빠지기가 쉽다. 게다가 임석재의 시간 개념은 어디까지나 계몽주의의 정량화된 단선적 시간이기 때문에 시간관을 협소한 범위로 한정할 우려가 있다. 하비에 따르면, 물론 근대에는 계몽주의자들처럼 시간

* 데이비드 하비, 같은 책, 295쪽.
** 이것을 다시 제1기계론과 제2기계론의 관점에서 보면, 르코르뷔지에가 전자에 머물러있었던 데 반해 미스는 후자에 더 가까워지고 있었던 것인지 모른다.

에 의한 공간의 절멸을 찬양하는 시간 우선주의자들이 있었는가 하면 이에 맞서 시간을 공간화하는 부류도 있었다고 한다.* 하지만 하비는 단선적 시간관을 근본적으로 뛰어넘는 사유의 틀을 구르비치에게서 끌어오는데, 구르비치는 사회적 시간 유형을 8개—지속적, 현혹의, 불안정한, 순환적, 지연된, 교호적, 전진의, 폭발의 시간들—로 구분하여 제시했기 때문이다.** 이러한 구르비치의 사유 틀은 "'만물을 위한 시간이 존재한다'는 가정을 뒤집고, 그 대신에 모든 사회적 관계들이 '자기 고유의' 시간 감각을 지니고 있다고 가정한다."*** 오히려 시공간 압축이 가속화하여 시간의 공간화와 공간의 시간화가 일상화한 시대에는 이러한 다양한 시간 감각을 키우는 일이 소중해 보인다.

시간 감각과 경험의 문제

* 같은 책, 304~30쪽(16장 "시 · 공간 압축과 문화적 세력으로서 모더니즘의 등장" 부분) 참조.

** 같은 책, 262, 264쪽 참조; Georges Gurvitch (1964), *The spectrum of social time*, Dordrecht; Henri Lefebvre (1974), *La production de l'espace*, Paris.

*** 이어서 나오는 문장은 다음과 같다. "이를테면 1968년을, 포디즘-케인즈주의라는 '현혹의 시간'으로부터 출현하여 1970년대 말에 이르러 투기꾼들이나 기업가들 그리고 대부금융자본가들이 주도하는 '전진의 시간'에 자리를 내주게 되는 '폭발의 시간(매우 상이한 형태들이 급작스럽게 수용될 수 있는 것으로 여겨졌던)'으로 생각할 수 있다. 또한 '지연된 시간'에 지속적으로 처하는 혹은 그럴 것 같은 학자와 여타 전문가, '폭발의 시간'과 '불안정한 시간'을 막아 우리에게 어떤 '지속적 시간' 감각을 주는 전도사업(생태학자와 신학자들이 주도하는 세계)과 더불어 현재 작용하고 있는 상이한 시간감각을 살펴보기 위해 이러한 유형학을 사용할 수 있다(하비, 같은 책, 264쪽)." 한편 이러한 '자기 고유의' 시간 감각에 대해서는, 르페브르가 말한 세 가지 시간을 참고할 만하다. 즉 르페브르는 시간을 '선형적 시간'과 '순환적 시간', 그리고 '전유된 시간'으로 구분하는데, 이 '전유된 시간'은 구르비치가 가정하는 '자기 고유의' 시간 감각과 유사하다. —앙리 르페브르, 『리듬분석』(정기헌 옮김, 에코리브르, 2013), 206~9쪽 참조.—이것은 모두 양적 시간에 맞서 질적 시간을 확보하려는 작업들이다.

시간 감각은 일상적 경험의 문제와 직결된다. 경험은 공간뿐만 아니라 시간 속에서 이뤄지기 때문에, 어떤 시간 감각 속에서 살아가느냐가 경험의 질을 좌우한다. 계몽주의적 시간관이 단선적으로 정량화된 문제가 있었다 하더라도, 시공간 압축이 본격화하기 전까지는 어느 정도 지속성을 확보하고 있었을 것이다. 그러나 속도 중심의 기계화와 기술의 발달로 인해 시공간 압축이 본격화하게 되면, 더 이상 전통적 지속성을 담보하기 힘든 파편화된 충격의 순간들로 경험이 분산된다. 이미 이러한 지속적 경험이 불가능해진 19세기의 시인 보들레르를 연구한 20세기 초 비평가 벤야민에 따르면, "경험(Erfahrung)이라는 것은 집단생활이나 개인생활에서 모두 일종의 전통 문제이다. 경험은 기억 속에 엄격히 고정되어 있는 개별적 사실들에 의해 형성되는 산물이 아니라 종종 의식조차 되지 않는 자료들이 축적되어 하나로 합쳐지는 종합적 기억의 산물이다."* 말하자면 파편적인 충격 체험과 달리, 경험은 파편화의 잔상 속에서 무의식적 기억이 종합하는 자리다. 이런 경험은 외부의 충격에 맞서 의식적으로 기입되는 자기방어적인 체험(Erlebnis)과 다르다.** 무의식의 잔상 속에서 합쳐지는 종합적 기억으로서의 경험은 시공간 압축이 미처 통합하지 못한 잔여이자 잉여의 합으로 이뤄질 것이다. 자기방어적인 체험이 파시즘적인 근대적 주체와 결부되는 제1기계론의 산물이라 한다면, 무의지적

* 발터 벤야민, 「보들레르의 몇 가지 모티프에 관하여」, 『보들레르의 작품에 나타난 제2제정기의 파리/보들레르의 몇 가지 모티프에 관하여 외』(김영옥 · 황현산 옮김, 도서출판 길, 2010), 182쪽.

** 참고로 정신분석적 관점에서 본 경험(Erfahrung)과 체험(Erlebnis)의 차이에 대해서는 홍준기, 「발터 벤야민과 도시 경험: 벤야민의 도시인문학」, 『발터 벤야민 모더니티와 도시』(홍준기 엮음, 노명우 외 9인 지음, 라움, 2010), 57-67쪽에서 상술하고 있다.

기억으로서의 경험은 파시즘을 벗어난 자리에서 종합되는 원초적이거나 전통적인 기억의 장소라 할 수 있다. 만약 임석재가 바람직하게 여기는 원초적 전일론을 이 시대에 꿈꾸려면, 바로 그 무의지적 기억의 잔상들로 이루어질 경험으로서 꿔야하는지도 모른다. 하지만 그 경험이 무의식의 장소라면, 그 경험이 반대로 제2기계론의 침투 속에 끊임없는 파편화의 환상을 간직하는 체험이 되지 말란 보장도 없다. 결국 전일론이냐 제2기계론이냐도 무의식의 장소에서 일어나는, 무의지적 기억이냐 의지적 환상이냐의 문제일 것이다. 그렇다면 역설적이게도, 건축이 잃어버린 전일적 몸에 대한 원초적 기억은 파편화한 몸을 두려워하는 기계의 갑옷을 벗을 때에야 종합되는 게 아닐까. '인간이 인간되기 어렵다' 는 표현이 가능하다면, '건축이 인간적인 건축되기' 도 그리 쉽지는 않아 보인다.

12 다양하게 보기와 삐딱하게 보기*

- 서평도서: 마리우스 리멜레/베른트 슈티글러의 『보는 눈의 여덟 가지 얼굴』(문화학연구회 옮김, 글항아리, 2015)

> 열린 창문을 통해 밖에서 바라보는 사람은 결코 닫힌 창을 바라보는 사람만큼 많은 것을 보지 못한다. 한 자루 촛불로 밝혀진 창보다 더 그윽하고, 더 신비롭고, 더 풍요롭고, 더 컴컴하고, 더 눈부신 것은 없다. 태양 아래서 볼 수 있는 것은 언제나 한 장의 유리창 뒤에서 일어나는 것만큼 흥미롭지 않다. 이 어둡거나 밝은 구멍 속에서, 생명이 살고, 생명이 꿈꾸고, 생명이 고뇌한다.
>
> - 보들레르, 『파리의 우울』(1869) 중 「창문들」에서**

눈은 마음의 창이라고 한다. 눈빛을 보면 사람의 심리를 으레 느끼게 되고, 경우에 따라 알기 힘들 때도 있다. 따라서 눈을 창에 비유하는 것은 무척 자연스럽다. 투명한 창, 반투명한 창, 불투명한 창, 반쯤 열어둔 창, 활짝 열어둔 창, 혹은 철창 같은 눈빛도 있을지 모르겠다. 이렇듯 우리는 눈빛을 주고받으며 심리적 교환을 하

* 이 서평은 『건축평단』 2016년 봄호에 매개서평의 네 번째 꼭지로 실렸으며, 여기서는 당시 잘못 기재한 일부 오류를 바로잡아 싣는다.

** 샤를 피에르 보들레르, 『파리의 우울』 (황현산 옮김, 문학동네, 2015), 102쪽.

는데, 말하자면 시선 교환을 통해 사회적 관계를 맺는 것이다. 이러한 사회적 관계는 주체와 주체가 만나는 상호주관적 관계인 한편, 어느 한쪽을 기준으로 보면 주체와 타자가 조우하는 관계다. 우리의 사회적 관계는 또 무엇으로 이루어질까. 일찍이 마르크스(1867)는 자본을 사물 자체가 아닌 "사람들 간의 사회적 관계"로 설명한 바 있고, 그로부터 100년이 지나 기 드보르는 스펙터클을 이미지 자체가 아닌 "이미지들에 의해 매개된 사람들 간의 사회적 관계"로 설명했다.* 드보르에 따르면 스펙터클은 "고도로 축적되어 이미지가 된 자본"**으로서, 이미지와 자본을 이어주는 매개체나 다름이 없다. '스펙터클(spectacle)'이란 말은 어원상 '보다'를 의미하는 라틴어 specere에서 유래한다. 이 라틴어에서 '관객'을 뜻하는 영단어 spectator도 생겨났고, '사색하다'를 뜻하는 speculate도 생겨났다. 한편 라틴어에서 '관조'를 뜻하는 contemplatio는 '이론'을 뜻하는 그리스어 θεωρία(theoria)에 대응하는 말로서, 이 '테오리아'라는 말 또한 '관객'을 뜻하는 θεωρός(theoros)에서 유래하고, 이 '테오로스'는 '신'을 뜻하는 θεός (theós)와 '보다'를 뜻하는 όράω(horáō)의 합성어에서 유래하는 만큼, 본래 '신을 바라보는 자'에서 유래한 말이다. 서구 문화를 이끌어온 '사변(speculation)'과 '이론(theory)'과 '관조(contemplation)'와 '스펙터클(spectacle)'의 연원은 모두 이러한 신을 '바라보는' 행위에서 파생된 셈이다.

이런 어원들의 흔적은 서구 문화를 이끌어온 '시각 중심주의'가

* 기 드보르, 『스펙타클의 사회』(유재홍 옮김, 울력, 2014), 15~6쪽.
** 같은 책, 34쪽.

어떻게 변질되어왔는지를 보여주는 듯하다. 임석재는 서구의 기계물질문명을 낳은 주요 원인 중 하나로 이러한 시각 중심주의를 꼽으면서, 이러한 '보는' 행위가 필연적으로 만드는 '거리'의 개념을 현대 문명의 특징과 결부시켰다. 또한 이러한 '시각적 거리'가 주도하던 근대 기계론의 사례를 제시했는데, 시각적 권위를 중심화한 다빈치의 중앙집중형 계획과 벤담의 원형감옥(판옵티콘) 계획, 그리고 그 사이의 가교 역할을 했다는 데카르트의 주체 중심주의가 대표적이다.* 주체와 객체를 분리하여 가까운 거리와 먼 거리를 만들어내는 데카르트적 주체 중심주의는, 르네상스 시대에 알베르티가 완성한 원근법과도 곧잘 결부되면서 이미 수많은 연구자들에게서 시각 중심주의를 재현하는 패러다임으로 여겨져 왔다. 일찍이 미술사가 에르빈 파노프스키(1927)는 데카르트의 사상이 르네상스 시대의 원근법적 관점을 나중에 합리화한 것이라 보았고,** 건축가 유하니 팔라스마는 『건축과 감각』(1996)에서 원근법을 데카르트와 연계하면서 한 섹션을 수많은 '시각 중심주의의 비판자들'을 거론하는 데에 할애했을 정도다.*** 그리고 시

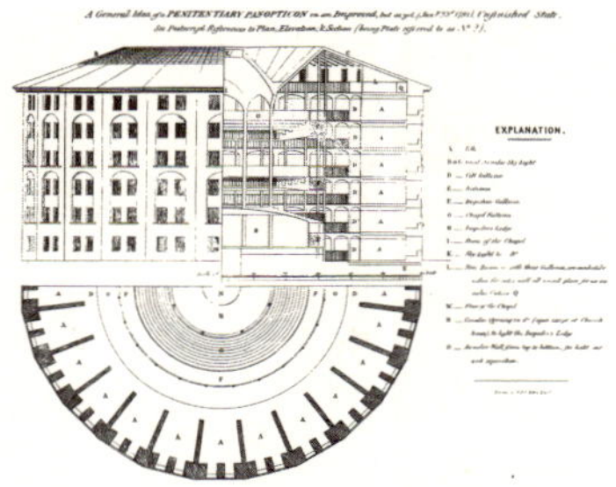

그림 16. 제레미 벤담의 원형감옥 계획, 입 · 단 · 평면도, 1791

* 임석재, 『기계가 된 몸과 현대 건축의 탄생』(인물과사상사, 2012), 151~67쪽, 195~7쪽; 앞선 「인간의 기계화와 불만」 편 참조.

** "이러한 [르네상스 시대의] 공간적 관점은 여전히 신비로운 색채를 지니긴 하지만 추후 데카르트주의가 합리화하고 칸트주의가 정식화하게 될 관점과 같다." Erwin Panofsky, *Perspective as Symbolic Form*, trans. Christopher S. Wood (New York: Zone Books, 1991), p. 66.

***유하니 팔라스마, 『건축과 감각』(김훈 옮김, 스페이스타임, 2013), 31~5쪽; Juhani Pallasmaa, *The Eyes of the Skin: Architecture and the Senses* (John Wiley

각에 대한 이러한 비판적 관점은 자연스럽게 시각이 아닌 다른 감각, 대표적으로는 촉각에 기초한 메를로-퐁티의 '지각의 현상학' 등에 대한 관심으로 이어지곤 한다.

그런데 원근법이 완성된 르네상스 시대와 데카르트가 주체 중심주의를 정립한 계몽주의 시대를 그렇게 연결하는 데에 문제는 없을까? 팔라스마에 따르면, 데카르트의 사상이 물론 "시각에 특별한 권위를 두는" 데에 기초하면서도 "시각과 촉각을 동일시"했으며, 촉각을 "시각에 비해 보다 확실하고 상대적으로 덜 취약한" 감각이라 했다고 한다.* 그렇다면 데카르트주의 자체를 시각 중심주의로만 규정하는 데에 의심이 들 법하다. 한편 라캉은 르네상스 시대에 이미 사실적 재현을 벗어난 왜상(anamorphosis)적 원근법의 연구가 활발히 진행되었음을 지적한 바 있다.** 이렇게 볼수록, 르네상스 시대의 원근법과 계몽주의 시대의 데카르트주의를 연결하여 그것을 서구 문명 전체의 시각 중심주의로 묶어버리는 관점은 더욱 미심쩍어진다. 그리고 원근법이란 것도 본래 어떤 '관점(觀點)'을 설정하고 시작하는 방법이며, 원근법을 비판하는 관점

& Sons, 2005), pp. 19-22. 니체부터 시작해서 막스 셸러, 마틴 제이, 사르트르, 메를로-퐁티, 하이데거, 푸코, 데리다, 이탈로 칼비노, 데이비드 하비의 비판을 소개하고 있으며, 여기에 마틴 제이가 분석하는 다른 수많은 프랑스 저자들-베르그송, 바타유, 라캉, 알튀세르, 이리가레, 레비나스, 리오타르-까지 더하면 실로 방대한 수의 비판자들을 확인하게 된다.

* 같은 책, 31쪽.

** "원근법을 뒤집어 사용하게 되면 저 끝에 있는 세계가 또 다른 평면 위에 복원되는 것이 아니라, 재미있게도 처음에 얻었던 이미지의 왜곡된 형상을 얻게 됩니다. (…) 뒤러의 시대가 이러한 놀이에 매혹되었다는 것을 믿어주시기 바랍니다. 발트루사이티스의 책을 보면 이런 식의 활용이 격렬한 논쟁들을 부추겼고 그 결과 많은 양의 작품들이 양산되었다는 사실을 알 수 있습니다." 자크 라캉, 『세미나 11권: 정신분석의 네 가지 근본개념』 (자크-알랭 밀레 엮음, 맹정현 · 이수련 옮김, 새물결, 2008), 137쪽.

이라 한들 그러한 '보는 지점' 을 설정하는 이론, 즉 '테오리아' 의 범주를 벗어날 수는 없다. 이쯤하면 이러한 '시각성' 의 문제가 꽤 복잡함을 알 수 있으니, 가능한 한 그에 관한 여러 가지 '관점들' 을 검토해볼 필요가 있어 보인다. 그런데 마침 그 출발점이 될 만한 책이 있으니, 마리우스 리멜레와 베른트 슈티글러가 지은 『보는 눈의 여덟 가지 얼굴』이란 책이 그것이다.

그림 17. 라캉이 '왜상' 을 설명할 때 예로 든 한스 홀바인의 〈대사들〉(1533)

시각 문화의 관점주의

이 책은 독일 콘스탄츠 대학 교수인 두 저자가 시각문화에 관한 입문서 형태로 쓴 책이다. 따라서 광범위한 주제를 포괄적으로 다루면서, 독일어권과 영미권에서 각각 활발히 이뤄지고 있는 시각 관련 연구가 서로 어떻게 다른지도 보여주고 있다. 원제는 'Visuelle Kulturen/Visual Culture zur Einführung (시각 문화 입문)' 이라는 특이한 형태로 되어있는데, 여기서 'zur Einführung' (영어로 'for introduction' 이란 뜻)이라는 독일어 표현은 이 책이 '입문서' 임을 명시하고, '시각 문화' 를 뜻하는 Visuelle Kulturen 이라는 독일어와 Visual Culture라는 영어의 병기는 이미 말한 것처럼 독일어권과 영미권에서 행해지는 시각 문화 연구의 차이를 암시한다. 즉 culture라는 영어와 달리 복수형 어미 '-en' 으로 끝나는 독일어 Kulturen은 '문화들' 을 뜻하는데, 이는 영미권에서 "시각문화를 연구하는 학과가 독립적으로 설치되어 있는 반면, 독일어권은 시각성과 문화연구 과목들이 여러 학과에 분산"(8쪽)되어 있음을 암시하는 것이다. 게다가 이러한 복수 표현은 이 책의 주제를 여덟 가지로 다양화하면서, 현존하는 시각 문화 연구가 다원적 관점에서 이뤄지고 있음을 내포한다. 번역서의 제목인 '보는 눈의 여덟 가지 얼굴' 이란 역사적 관점과 탈식민주의적 관점, 매체 이론적 관점, 생리학적 관점, 정신분석적 관점, 권력 이론적 관점, 이데올로기 비판적 관점, 인지과학적 관점이라는 여덟 개의 '관점들' 로 요약되며, 각각의 관점은 서론과 결론을 제외한 본론의 여덟 장(2장부터 9장까지)들을 하나씩 떠맡는다. 그러나 자세히 들여다보면, 그러한 여러 관점들은 사실상 각 장에서 밀접한 관련을 맺으며 상호교차하고 있다. 그러나 그 이론적 스펙트럼이 무척 넓은 관계로 여기서 모든 관점들을 일일이 따져보기는 무리이니, 중요한 줄기를 이루는 이론적 쟁점들을 위주로 그 의미와 한계가 무엇인지 따져보기로 한다. 저자들이 책에서 소개하는 관

그림 18. 히에로니무스 보스, 〈일곱 가지 대죄와 네 가지 종말〉, 1502-10, 마드리드 프라도 미술관 소장

점을 기본으로, 할 포스터와 조나단 크래리, 자크 라캉, 라일 매시의 관점을 보충적으로 매개해볼 것이다.

바라봄의 역사성과 이데올로기

저자들은 '역사적인 눈: 시각성은 시대의 징표인가?' 라는 제하의 2장을 히에로니무스 보스가 15세기 말에 그린 〈일곱 가지 대죄와 네 가지 종말〉이라는 그림과 함께 시작하는데, 이 그림은 동심원 네 개로 구성된 안구 형태를 중앙에 묘사한다. 안구의 바깥 부분에는 인간의 일곱 가지 대죄를 묘사한 장면들이 그려져 있고, 중앙의 동공 부분에는 신이 위치하며 그 밑에는 "주의하라, 주의하라, 주님이 보고 있다"(38쪽)라는 제명이 적혀있다. 이 그림을 통해 저자들이 이끌어내는 것은 '신과의 시선 교환' 이라는 바라봄의 역사성이다. 말하자면 '신을 바라봄' 에 앞선 '신의 바라봄' 인데, 이러한 기독교적 의미의 시선 개념은 기독교를 이데올로기의 대표적 사례로 해석한 루이 알튀세르와도 연결된다.

> 모든 이데올로기는 중심을 지향한다. 절대적 주체(S)는 유일한 중심의 자리를 차지한 채 그 주위에 있는 수많은 개인을 주체(s)로 호명한다. 그런데 그 둘의 관계는 이중거울과 같다. 즉 한편으로는 주체들(s)을 주체(S)에게 종속시키지만, 다른 한편으로는 각 주체가 자신의 (현재와 미래) 모습을 보는 주체(S) 안에서 그것이 정말 주체(s)와 주체(S)의 관계라는 것, 그래서 결국엔 (…) '하느님이 자신의 백성을 다시 알아보리라는 것' , 다시 말해 하느님을 인정하고 그를 다시 알아본 자들은 구원받는다는 것을 보장한다. (47쪽)

이 인용문은 저자들이 인용하는 알튀세르의 문장으로서, 알튀세르의 유명한 '호명(interpellation)' 개념, 즉 "이데올로기는 개인을 주체로서 호명한다"*는 개념을 보여주고 있다. 알튀세르에게서 이데올로기는 절대적 주체, 즉 대문자 주체(Subject)의 자리를 차지하며, 이러한 절대적 주체는 개인을 소문자 주체(subject)로서 호명한다. 신의 바라봄이 주체의 이데올로기로 해석되는 것이다. 아울러 알튀세르는 「이데올로기와 이데올로기적 국가장치」(1970)라는 논문에서 이데올로기를 다음의 두 명제로 정의한 바 있다.

> 1. 이데올로기는 개인들이 실질적인 실존 조건과 맺고 있는 상상적 관계의 표상이다.
> 2. 이데올로기는 물적 실존을 취한다.**

* Louis Althusser (1970), "Ideology and Ideological State Apparatuses" in *Lenin and Philosophy and Other Essays*, trans. Ben Brewster (New York: Monthly Review Press, 1971).

** 같은 책.

첫 번째 명제는 라캉의 영향을 보여주는데, '실질적(real)' 인 것과 '상상적(imaginary)' 인 것을 연관시키는 방식이 그렇다. 물론 현실(reality)과 실재(the Real)를 구분하는 라캉보다야 'real' 의 개념은 단순화되었다고 할 수 있지만, '상상적' 이라는 개념은 기본적으로 어떤 환상 속의 '오인(誤認)' 을 함축한다는 점에서 라캉의 상상적 거울단계와 유사하다. 두 번째 명제는 마르크스의 '토대-상부구조' 라는 마르크스주의의 전형적인 사회구성체 도식에서는 좀체 생각하기 힘든 결론이다. 사회의 하부구조를 이루는 물적 토대는 '경제' 에 뿌리를 두는 데 반해, 상부구조에는 '문화' 와 '이데올로기' 와 '헤게모니' 따위가 위치한다는 게 전형적인 마르크스주의의 관점이었으니 말이다. 그런데 이렇게 단순화된 도식을 기계적으로 강조하다보면, 경제적 토대의 중요성만을 강조한 채 상부구조의 역할을 부르주아적 '허위의식(false consciousness)' 정도로 쉽게 배격하는 속류 유물론에 빠질 수 있다. 그렇다고 반대로 상부구조에만 집중하다가는 정신승리의 관념론에 빠지게 될 것이다. 하지만 알튀세르나 그람시와 같은 마르크스주의자는 '상대적 자율성' 이나 '헤게모니' 와 같은 개념을 내세우며 상대적으로 상부구조의 중요성을 인정했다. 알튀세르에게서 이데올로기는 속류 유물론이 손쉽게 폐기처분하려 드는 부르주아적 허위의식이 아니라, 불가피한 환상이 만드는 '오류인식(false consciousness)' 일 뿐이다. "알튀세르에 의하면 이데올로기는 도리어 피할 수 없는 것이며 어느 누가 의도적으로 조종하지도 않는다. 모든 인간과 모든 문화는 이데올로기에 매달린다."(45~6쪽) 따라서 이데올로기는 상부구조에만 있는 관념에 불과한 게 아니라, 물적으로도 실존한다고 할 수 있다. "이데올로기는 개인이 철저히 의식적으로 실천하는 관습과 의례 속에 구현된다.”(46쪽) 물론 어디까지나 물적 토대의 최종심급은 경제적인 것이지만 말이다.

지각의 역사성과 매체이론

그렇다면 물적 조건은 과연 무엇으로 구성되는가. 이 글의 맨 앞에서 마르크스의 ‘자본’이나 드보르의 ‘스펙터클’이 사물이나 이미지가 매개하는 ‘사람들 간의 사회적 관계’로 정의되는 걸 보았듯이, 물적 토대를 이루는 요소는 단순히 개별적인 사물이나 이미지에 그치지 않는다. 그 핵심에는 언제나 ‘매개 관계’가 존재하기 마련이고, 자본과 스펙터클의 핵심도 그러한 매개 관계에 있다. 그렇기 때문에 일찍이 역사철학에 몸담았던 발터 벤야민도 기술 ‘매체’의 변화를 중시할 수밖에 없었다. 저자들은 ‘매체적인 눈: 시각성에 관한 매체이론’이란 제하의 4장에서 벤야민을 인용하는데, 그는 이렇게 얘기했다. “인간의 지각이 조직되는 종류와 방식—즉 인간의 지각이 조직화되는 매체—은 자연적으로뿐만 아니라 역사적으로 조건 지어져 있다.”* 그러니까 벤야민이 부각하는 건 신체적 지각의 유물론적 ‘역사성’이다. 한편 저자들은 “매체는 감각의 확장이며, 결국 감각의 정복에 관한 문제”(83쪽)라고 말한 마셜 매클루언도 인용하는데, 이러한 매클루언의 관점은 탈신체적인 ‘기술’로 더욱 급진화한 것이다.

* 발터 벤야민, 「기술복제시대의 예술작품」 제2판(1936), 『기술복제시대의 예술작품/사진의 작은 역사 외』(최성만 옮김, 도서출판 길, 2007), 48쪽. 리멜레와 슈티글러는 이 부분을 서론과 4장에서 각각 인용하고 있으나(『보는 눈의 여덟 가지 얼굴』, 15쪽, 82쪽), 문화학연구회 측의 공역이 서로 일관되지 않을 뿐만 아니라 82쪽의 번역은 문제도 있어서 최성만의 번역을 대신 인용했다.

할 포스터는 『실재의 귀환』(1996)에서 벤야민과 드보르, 매클루언 사이의 삼각관계를 프로이트의 '사후성(Nachträglichkeit/deferred action)'* 개념으로 읽어낸 바 있다. 그에 따르면 "기 드보르가 1960년대의 스펙터클에서 보는 것은 발터 벤야민이 1930년대에 예상한 기술적 변화들이고, 1990년대의 사이버펑크 작가들이 추론에 활용하는 것은 마셜 매클루언이 1960년대에 예측한 사이버네틱스적인 확장이다."** 드보르와 매클루언은 모두 60년대의 동시대 작가이지만, 드보르는 사후적으로 벤야민을 발전시키는 데에 반해 매클루언은 벤야민을 염두에 두지 않는다. 그럼에도 포스터에 따르면 "드보르가 이미지의 관점에서 벤야민을 발전시킨 반면, 매클루언은 몸의 관점에서 벤야민을 발전시킨다."*** 그렇다면 '이미지'는 무엇이고, '몸'은 무엇인가. '이미지'는 주체의 시선 속에 나타나는 타자의 영상이지만, '몸'은 주체를 이루는 신체적 현실이다. 드보르는 '고도로 축적되어 이미지가 된 자본'인 스펙터클 속에서 벤야민처럼 역사철학적 단상들을 독특한 방식으로 사유하지만, 매클루언은 벤야민을 염두에 두지 않은 채 '감각의 확장'이라는 기술적 자유를 역설한다. 그런데 과연 감각의 확장이기만 할까? 오히려 90년대 이후 본격화한 사이버네틱스와 보철기술의 확장에 따른 인간 감각의 축소가 진행되고 있다는 의심도 합당하지 않을까? 리멜레와 슈티글러는 영화 〈블레이드 러

* 포스터가 설명하는 프로이트의 사후성 개념에 따르면, "주체성은 결코 단번에 영원히 정해지는 게 아니며, 사건들을 예측하고 재구성하는 과정을 연이어가는 가운데 구조화된다. 이러한 연이은 과정을 통해 사건들은 트라우마로 자리 잡을 수 있다." Hal Foster, "Whatever Happened to Postmodernism?" in *The Return of the Real: the Avant-Garde at the End of the Century* (Cambridge; London: October Books/MIT, 1996), p. 207.

** 같은 책, p. 218.

*** 같은 책, p. 220.

너〉(1982)를 언급하며 이렇게 말한다. 이 영화에서 "현실과 상상, 이미지와 모사된 것, 사진과 현상 세계 사이의 분리는 이미 더 이상 유효하지 않다. 사진은 현실과 똑같이 구성되어 있으며, 눈은 이 현실세계에서 분리되어 있다."(93쪽) 이로써 저자들은 벤야민처럼 기술매체의 발달에 따라 변화해온 인간 지각의 역사성을 강조한다.

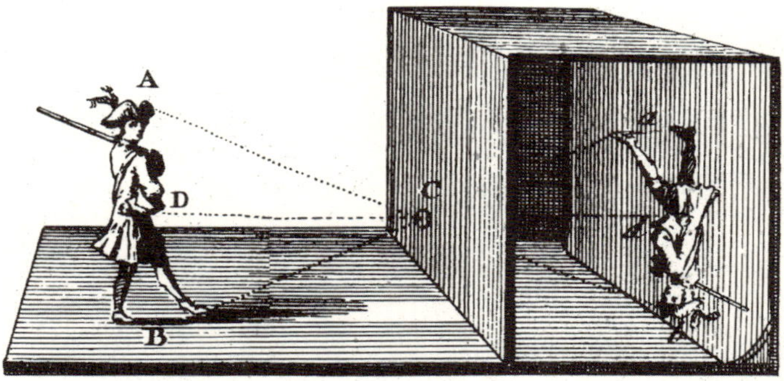

그림 19. 카메라 옵스큐라의 원리 도해, 18세기경

생리학적 자연과 사회 구성적 문화

따라서 5장에서는 지각이 '단안에서 양안으로' 변화해온 생리학적 관점의 역사성이 고찰된다. 여기서 '단안' 이란 기하광학 모델을 대표하는 카메라 옵스큐라*를, '양안' 은 물론 인간의 두 눈을 말하는데, 이 둘을 비교한 사람은 19세기 생리학자 헤르만 폰 헬름홀츠였다. 따라서 이 장은 '이중의 눈: 단안의 시각에서 생리학적 시각으로' 라는 제목을 달고 있다. 이러한 논의는 주로 조나단

* 카메라 옵스큐라(camera obscura)는 잘 알려져 있다시피 '암실(dark room)' 을 뜻하는 라틴어로서, 르네상스 시대의 원근법 원리에서 발전된 광학적인 재현 모델이다.

크래리의 『관찰자의 기술: 19세기의 시각과 근대성에 관하여』(1992)에 근거한 것인데, 크래리에 따르면 "17세기와 18세기에 카메라 옵스큐라는 의심할 여지없이 인간의 시각을 설명하는 용도로, 또한 지각하는 사람과 인식 주체의 위치가 외부 세계와 맺는 관계를 재현하는 용도로도 가장 널리 쓰인 모델이었다."* 그런데 17~8세기의 주체성을 지배했던 이러한 카메라 옵스큐라 모델이 19세기 들어 흔들리기 시작하고, 동시대 사상가인 "마르크스와 베르그송, 프로이트 등의 텍스트에서는 한 세기 전만 해도 진리의 장소였던 장치가 이제는 진리를 은폐하고, 뒤집고, 신비화하는 절차와 힘을 위한 모델이 된다."** 그리고 그런 모델을 대표하는 사상가로서, "카메라 옵스큐라를 인식과 의식의 모델로 해석하는"(103쪽) 17세기의 데카르트를 든다. 데카르트는 『굴절광학』(1637)에서 이렇게 말했다.

> 폐쇄된 방이 하나 있고 그 한쪽 끝에 하나의 구멍이 있다고 생각해보자. 그리고 이 구멍 앞에는 유리 렌즈가 하나 있고, 뒤쪽에는 일정 거리를 두고 흰색의 시트가 펼쳐져있다. 따라서 외부의 객체들로부터 오는 빛이 시트 위에 이미지를 형성한다. 이제 이 방은 눈을 표상하고, 그 구멍은 동공을, 렌즈는 투명한 마음을 표상한다고 한다. (…)***

여기서 흥미로운 부분은 렌즈를 투명한 '마음'에 비유하고 있다는 건데, 크래리에 따르면 그러한 카메라 옵스큐라의 "실내는 데

* Jonathan Crary, "The Camera Obscura and Its Subject" in *Techniques of the Observer: On Vision and Modernity in the Nineteenth Century* (Cambridge; London: October Books/MIT, 1992), p. 27.

** 같은 책, p. 29.

*** René Descartes, *The Philosophical Writings of Descartes*, vol. I, p. 166; *Oeuvres philosophiques*, vol. 1, pp. 686-681; Crary, 같은 책, p. 47에서 재인용.

카르트에게서 절대적으로 분리되어있던 사유실체(res cogitans)와 연장실체(res extensa)가, 관찰자와 세계가 접촉하는 영역이다."* 말하자면 데카르트의 사유실체는 카메라 옵스큐라의 렌즈이고, 연장실체는 빛의 연장을 통해 연결되는 외부의 객체들인 셈이다. 르네상스 시대 화가 보스의 그림에서도 중심을 차지하던 신의 전지전능한 눈은 계몽주의 사상가 데카르트에 이르러 인간적인 눈으로 대치된다. 중심의 신을 바라보던 인간은 이제 자신의 마음을 중심에 두고 주변의 자연을 바라본다. 그러다가 19세기에 데카르트적 기하광학 모델에서 벗어나 헬름홀츠의 생리학적 모델을 수용하는 장치들이 생겨나는데, 예컨대 원판 회전식 착시장치(phenakistiscope)와 입체경(stereoscope) 등이 이때 개발된다. 그런데 생리학적 모델이 동력이 되었다고 해도, 결국 변한 것은 인간이 아닌 기계다. 물론 데카르트의 '인간' 중심주의 모델이 된 카메라 옵스큐라도 어디까지나 '기계'였을 뿐이다. 저자들이 인용하는 린다 헨젤에 따르면, "카메라 옵스큐라에서 입체경을 거쳐 동시대 컴퓨터게임의 일인칭 슈터에 이르는 발전은 그것 전체가 공간을 섹스화하고 이미지를 만들어냄으로써 굴복시키려고 하는 '공간침투기계'이기 때문에 유사성을 지닌다."(112쪽) 데카르트적 모델에서 벗어난다고 한들 공간을 침투하는 시각기계의 속성은 여전하다. 아니, 오히려 입체경과 같은 기계들은 데카르트적 기계론의 생리학적 부정이기보다 오히려 진화한 기계론의 산물이 아닌가?

* Crary, 같은 책, p. 46. 이 부분은 리멜레/슈티글러의 책에도 인용(103쪽)된 부분이지만, 번역이 어색해보여 크래리의 원문을 번역하여 인용한다.

물론 생리학적 모델은 인간의 두 눈이 결코 완벽하지 않음을 증명해주었다. 헬름홀츠는 "눈이란 우리가 감탄할 정도로 신뢰하고 정확한 인상을 얻어내는 감각기관의 기술적 완성이 아니라는"(106쪽) 결론을 이끌어냈고, 우리는 생리학의 도움으로 인간의 눈에 근본적인 '맹점'이 있음을 알게 되었다. 그런데 헬름홀츠는 "일단 어떤 것을 인식하기 위해 분명히 체험을 필요로 하는 주체 속에 인식의 근원이 있다"(107쪽)고도 한다. 생물학자이자 과학 이론가인 루드비크 플렉에 따르면, "우리는 언제나 우리가 보고자 하는 것만을 보고 우리가 볼 수 있는 것만을 본다. 개개인으로서의 우리가 어떤 것을 인지하게 되면, 우리는 이를 어쩔 수 없이 어떤 집합체의 패턴, 여과 그리고 해석 유형과 관련시킨다. 다른 말로 하면 필연적으로 인지는 문화적으로 코드화되어 있다."(177쪽) 생리학과 인지과학 등은 '자연'의 영역을 다루지만, 우리의 시각은 필연적으로 '문화'적 영향 속에 있다.

> [문화를 뜻하는 독일어 Kultur와 영어 culture는] 라틴어의 'colere'에서 비롯되었는데, 이것은 지금의 '돌보다, 가꾸다'라는 의미를 갖고 있었다. 처음에는 토지라는 농업 경작지와의 연관 속에서 사용되었으나, 고전시대에 이미 인간 스스로나 신들에게 상응하는 제식(cultus)과 같은 영역으로 전이되어 쓰였다. (…) 그러므로 가장 근본적인 반대 개념으로서 '자연'과의 구분은 처음부터 분명한 것이었다. (18쪽)

저자들이 인용하는 "클리퍼드 기어츠에 따르면 문화는 인간이 '같이 엮여 있는' '스스로 조직되는 의미구성체'로 이해할 수 있다. 다른 말로 하자면, 문화들은 그 관찰 가능한 표면이 고도의 시각성을 지닌 상징체계"(22쪽)이다. 상징체계 속에서 작동하는 시각성은 이미 알튀세르의 기독교 이데올로기 논의에서 살펴본 바 있다. 그런데 알튀세르가 정의한 이데올로기는 '현실적인 실존 조건과 맺고 있는 상상적 관계의 표상' 이었고, 그러한 이데올로기는 인간의 심리 속에서 '오인' 의 기제로 작동한다. 이와 관련하여 저자들은 자연스럽게 6장에서, 알튀세르에게 영향을 준 정신분석학자 라캉의 거울단계 이론을 살펴본다.

주체와 타자, 그리고 실재

'내면의 눈: 자아 이미지와 동일시' 라는 제하의 6장은 신디 셔먼의 1977년 작품 〈무제 영화 스틸 #2〉와 함께 시작한다. 영화 장면을 흉내 내는 시리즈 중 하나인 이 사진에서, 셔먼은 욕실 거울 앞에 서서 자기 얼굴을 바라보고 있다. "그녀가 우리에게 상기시키는 것은 주체란 언제나 집단적으로 미리 각인되어 있고 내면화된 본보기들의 '거울' 속에서 형성된다는 사실이다. 그녀가 시각적으로 통제하고 있는 고립된 거울의 이미지(머리 스타일, 화장, 표정 흉내, 손의 포즈, 머리의 자세)와 아직 마무리가 덜 된 '몸의 나머지 부분' 사이에 존재하는 간극을 볼 수 있다."(118~9쪽) 거울을 마주하며 나타나는 이러한 '간극' 은 주체의 소외를 암시하며, 따라서 이 사진은 라캉의 거울단계 이론으로 설명하기에 너무도 적합한 소재다. 라캉 이론의 독창적 요소는 무엇보다도 그 '주체' 개념에 있다. 라캉에 이르러 비로소 데카르트의 의식적 주체 개념이 프로이트의 무의식적 주체를 통해 사후적으로 해석되면서, 하나의 변증법적 역사로 설명되기 때문이다. 그건 마치 라캉이 사드를 통해 칸트를 사후적으로 해석하는 것과도 같다. 그러나 라캉의 초창기 거울단계 이론(1936/49)은 영미권의 자아심리학파를 비판하며 발전시킨 것으로, 근본적으로 소외된 주체 개념을 정신분석학으로 정립한 이론이었다.

1930년대에 시작된 자아심리학파는 프로이트의 '이드-자아-초자아'라는 삼분법적 도식에서 '이드(Id)'와 '초자아(superego)'의 과잉을 조절하는 게 '자아(ego/moi)'의 역할이라고 생각했다. 충동적으로 발산하는 원초적 무의식인 '이드'와 규율적으로 억압된 사회적 무의식인 '초자아' 사이에서, '자아'는 무의식의 과잉을 방어하는 기제라고 본 것이다. 하지만 라캉은 바로 그러한 자아 개념을 '상상적(imaginary)'인 허상에 불과하다며 비판했다. 따라서 라캉에게 '자아'는 거울에 비친 '타자의 이미지'에 불과하기에, 타자를 지칭하는 불어 autre의 약자 a로 표시된다. 그 소문자 a라는 거울 이미지를 만들어내는 진정한 대문자 A의 타자, 즉 '대타자'는 따로 있지만, 자신의 상상적 이상에 갇힌 자아는 대타자의 존재와 대면하지 못한다. 대타자는 자아 내부에 갇힌 착각적 상상계가 아닌 사회적 상징계의 절대적 위상으로 존재하기 때문이다. 상상계는 완전한 이상적 자아가 가능하다는 착각과 오인의 유아론적 세계이지만, 상징계는 절대적 위상으로 존재하는 대타자를 만나 이상적 자아의 허울을 깨닫는 불완전한 주체의 질서다. 상상계의 자아는 타자를 거울처럼 반영하는 고립된 이미지로 파편화하지만, 상징계의 주체는 언어적 기표들이 무한히 연쇄하는 사회적 관계 속에서 제 역할을 인식한다. 상상계의 자아는 타자의 파편적 이미지들로 구성되면서도 스스로를 확실한 이상적 주체로 착각하기에 근본적으로 소외된 주체다. 물론 상상계의 허상을 벗고 상징계에 진입한다고 해서 소외가 해결되는 것도 아닌데, 그것은 상징계에 절대적으로 저항하는 균열이 실재하기 때문이다. "따라서 상징질서는 (…) 주체의 소외에 관한 한 [상상질서의] 연장선상에 있다."* 그리고 바로 그 상징계의 대타자 속에 실재하는 균열을 발견할 때 비로소 소외에서 근본적으로 벗어나게 된다. 주체와 타자 내에 존재하는 결여를 모두 발견하면서 이렇게 소외로부터 벗어나는 걸 라캉은 '분리'라고 부른다.

라캉이 거울단계 이론을 만든 초창기는 분명 자아심리학파의 자아 개념과 데카르트적 주체를 비롯한 종래의 모든 근대적 주체를 비판한 것이었지만, 말년에는 오히려 데카르트적 주체와 프로이트적 주체의 관련성을 탐구한다. 데카르트가 확실성의 주체로서 인간 중심의 광학 모델을 내세우긴 했으나 결국 신의 필요성을 인정했던 만큼, 데카르트적 주체 안에도 어떤 근본적 결여가 실재했었음을 사후적으로 해석하는 것이다. 그리고 그 결여 혹은 실재적 간극은 바로 '나는 생각한다(Cogito)'에서 '고로 존재한다(ergo sum)'로의 도약 속에 있었다고 말한다.

> 데카르트의 경우 최초의 '코기토'(…) 속에서 "나는 생각한다"는 그것이 "나는 존재한다"로 전환되는 한에서 어떤 실재를 겨냥하고 있습니다. 하지만 참된 것이 계속해서 저 너머에 남겨져 있기에 데카르트는 보증을 확보해야 했지요. 그는 무엇으로부터 보증을 확보하게 될

* Fredric Jameson, "Imaginary and Symbolic in Lacan" in *The Ideologies of Theory* (London; New York: Verso, 2008), p. 91; 박찬부는 라캉의 상상계-상징계에 관한 프레드릭 제임슨의 해석을 이렇게 요약한다. "밖에 있는 타자의 이미지와의 동일시를 통해 그것을 자아의 상으로 차용하는 과정에서 1차적 소외 현상이 일어나고 이것의 연장선에서 언어에 의한 2차적 소외가 일어난다." 박찬부, 『라캉: 재현과 그 불만』(문학과지성사, 2006), 81~2쪽.

> 까요? 바로 기만하지 않을 뿐 아니라 심지어는 존재하는 것만으로도 진리의 토대를 보증해줄 수 있는 어떤 타자로부터입니다. (…) 이제 진리는 바로 타자의 소관이 되는데, 왜냐하면 타자가 무엇을 말하려 했건 그것은 언제나 진리가 될 것이기 때문입니다.*

마지막에 나오는 '타자'는 물론 데카르트적 확실성이 의존해야했던 '신'을 말한다. 데카르트는 생각하는 나와 존재하는 나 사이의 간극을 해결하기 위해 '신'이라는 확실성의 타자에 의존해야만 했다. 데카르트의 의심하던 주체는 타자의 확신 속에서 비로소 확신하는 주체로 재탄생한 셈이다. 따라서 데카르트의 '나는 생각한다, 고로 존재한다'라는 코기토 명제는 라캉에게서 '나는 존재하지 않는 곳에서 생각한다. 고로 나는 생각하지 않는 곳에서 존재한다'**로 변하게 된다. 이 말은 사유와 존재 사이의 실재적 간극을 표명하며, 그 간극은 알 수 없는 타자 존재의 절대성을 반영하고 있다. 라캉적 주체는 바로 이런 타자성의 실재를 깨달을 때에야 역설적으로 성립하는 것이다. 이러한 실재적 요인은 라캉의 '응시' 개념에 핵심적이다. 이러한 사유와 존재 사이의 간극을 감안하고 사유를 '관조'이자 '이론화'의 행위로 보면, 그렇게 타자를 '보는' 행위도 타자 존재와의 절대적 간극을 내재할 수밖에 없게 된다. 인간의 눈으로 타자를 바라볼 때는 생리학적 차원에서만이 아니라 이러한 존재론적 차원에서도 엄연히 '맹점'이 실재한다는 것이다. 따라서 '나는 존재하지 않는 곳에서 생각하고, 생각하지 않는 곳에서 존재한다'는 말을 받아, '나는 존재하지 않는

* 자크 라캉, 같은 책, 62쪽.
** Jacques Lacan, *Écrits: The First Complete Edition in English*, trans. Bruce Fink (New York; London: W.W. Norton, 2005), p. 430.

곳에서 보고, 보지 않는 곳에서 존재한다' 라고도 표현할 수 있다. 이것은 데카르트적 주체를 근본부터 흔드는 관점인 동시에, 역설적으로 그 주체의 실재를 구제하는 일이기도 하다. 이것은 확실성의 주체가 외부로 밀어내려던 실재적 모순을 주체 내부에서 사후적으로 발견하게 되는 변증법의 역설이며, 타자성은 이러한 욕망의 변증법을 통해 외부에서 내부로 틈입한다.

타자의 시선은 어떻게 다양화하나

이러한 타자성의 맥락과 관련하여, 리멜레와 슈티글러는 3장에서 탈식민주의적 관점을 논한다. '포스트식민주의적 눈: 타자의 시각적 구성' 이라는 제목으로, 에드워드 사이드의 오리엔탈리즘 논의에 기초하여 유럽중심주의에 비판적인 타자적 시각의 구성이 이뤄지는 방식을 소개하며 이렇게 말한다. "사이공간들, 문턱공간들, 즉 호미 바바가 '제3의 공간' 이라고 칭한 어떤 것을 사유하고 탐색하거나, 혹은 탈장소화, 겹치기, 혼성화의 방법을 개발하는 것이다." (73쪽) "양가성을 드러내고 생산적으로 만드는 비장소들(Nicht-Orte)이 요구된다." (74쪽) 독일어 Nicht-Orte는 영어로 no places로 번역할 수 있는데, no place란 어원상 '비-장소' 를 뜻하는 '유토피아(u-topia)' 의 의미와 같다. 그런데 그 유토피아의 장소, 즉 place가 복수 형태를 띠고 있으니, 그것은 푸코의 관점에서 이질성을 갖는 '헤테로토피아(heterotopia)' 에 근접한다. 그러나 아무리 이질적으로 보였던 다원적 장소라도 도심고급화 속에서 곧잘 진부한 유행으로 동질화되곤 하는 세상이다. "이질적으로 특징지어지는 것이 동질적인 목소리가 되어버리는 이 불가피한 본질화 속에서 하위적인 것은 다름(Alterität)의 형상이고, 또 그렇게 머물러야 한다."(73쪽) 다시금 라캉의 핵심적 교훈으로 번안해 보자면, 이질성 자체를 상징화하지 않은 채 상징계의 대타자마저도 균열을 내는 절대적 '다름', 즉 타자성의 형상이 필요하단 뜻일 게다.

시각성에서 끊임없는 본질화를 일으키는 요인은 무엇일까. 푸코의 관점에서는 끊임없이 통제하려드는 권력의 '장치(dispositif)'* 때문일 텐데, '관찰하는 눈: 판옵티콘에서 CCTV까지' 라는 제하의 7장이 이러한 푸코의 관점을 다룬다. 그런데 히에로니무스 보스가 그렸던 중심의 전지전능한 신은 판옵티콘의 중앙 감시자인 빅브라더와 유사하지만, CCTV는 이제 그러한 감시 장치가 더 이상 중앙에 집중되지 않고 주변에 분산된 감시 장치다. 이제 권력은 CCTV라는 기술의 매개로 곳곳을 감시한다. 드보르가 스펙터클을 '이미지들에 의해 매개된 사람들 간의 사회적 관계' 로 정의했다면, 현대 CCTV 사회는 점점 더 '감시 장치들에 의해 매개된 권력들 간의 사회적 관계' 가 되어가는 게 아닐까. 물론 푸코는 드보르와 반대로 "우리 사회는 스펙터클 사회가 아니라 감시 사회다. (…) 우리는 원형극장에 있지도, 무대 위에 있지도 않으며, 판옵티콘 기계 속에 있다"**고 말한 바 있다. 그러나 조나단 크래리는 이렇게 말한다.

* 리멜레/슈티글러의 책을 읽다보면 곧잘 등장하는 '디스포지티브' 란 용어는 바로 이러한 푸코적 의미의 '장치' 를 뜻한다. 들뢰즈는 이를 이어받아 '배치(assemblage)' 라고 불렀다.

** Michel Foucault, *Discipline and Punish*, trans. Alan Sheridan (New York: Vintage Books, 1977), p. 217; Crary, 같은 책, p. 17에서 재인용.

> 푸코는 감시와 스펙터클을 대립시키면서, 이 두 권력체제의 효과가 일치할 수 있음을 간과하는 듯하다. (…) 그는 시각 자체가 일종의 규율이나 업무 방식이 되어버린 새로운 형식들을 경시한다. 내가 논하는 19세기의 광학장치들은 판옵티콘 못지않게 공간 속에 신체를 정렬하고, 활동을 규제하며, 개인적인 신체들을 전략적으로 배치함으로써, 견고하게 정의된 시각적 소비체계 속에서 관찰자를 코드화하고 규범화했다. (…) 대중문화의 조직화는 뭔가 본질적이지 않거나 상부구조에 있는 다른 사회적 실천 영역에서 진행된 게 아니라, 푸코가 개괄하는 그러한 변화 속에 온전히 뿌리박았다.*

이런 의미에서 '소비하는 눈: 상품스펙터클과 이데올로기 비판'이라는 제하의 8장을 읽어보면 흥미롭다.

> '스펙터클은 분명 이데올로기다. 스펙터클은 빈곤화, 억압, 현실적 삶의 부정과 같은 모든 이데올로기적 체계의 본질을 하나도 남김없이 나타내고 뚜렷이 드러내기 때문이다.' (157쪽)
> 신화는 '직접 볼 수 있는 것 이상을 보려는 모든 시도를' 억압한다. 여기서 우리는 다시 스펙터클의 논리와 맞닥뜨리게 된다. '신화는 모순 없는 세계, (…) 자명함 속에 펼쳐진 세계를 조직한다.' (160쪽)
> 그람시가 이미 강조했듯이 명백한 것으로 간주되는 어떤 이데올로기에서 출발할 경우, (…) 그것은 현실에 맞지도 않을 것이다. 그람시는 '문화'를 한 사회 내부의 특별한 영역으로 이해한다. 그는 지배계급의 권력 행사에서 차지하는 '문화'의 중요한 역할을 고려하면서 항상 상이한 사회적 위치가 해석의 주권을 두고 다툰다는 점을 이론상으로 강하게 의식했다. (163쪽)

스펙터클은 이데올로기이면서도 이데올로기가 아닌 척하는 신화적인 권력 장치로서, 타자적인 공간을 보존하기보다 남김없이 찾

* Crary, 같은 책, p. 18.

아내 '전시' 한다. 스펙터클은 상품들로 매개된 사회적 관계인만큼 감시 체제를 동반한다. 낯선 예술적 공간이 마케터와 투기꾼의 표적이 되는 도심고급화가 역시 좋은 예일 것이다. 자본의 감시 체제는 타자의 시선 속에도 침투한다. 이런 이데올로기적 시각 문화에 대항하려면 결국 문화적 헤게모니를 두고 해석 주권을 위해 싸워야 한다. 드보르가 위에서 말한 '현실적 삶' 의 해석을 두고도, 스펙터클은 그 의미를 사색하고 이론화하는 삶이 아닌 구경하고 방관하는 삶으로 끊임없이 동질화한다. "이제 현실성을 가장 먼저 만들어내는 눈은 이미지들에 의해 프로그램화된다. 이중의 눈은 본격적인 투쟁의 장이다." (113쪽)

다름은 여럿을 비껴서있다.

'이중의 눈' 은 무얼 의미하는가. 저자들은 이를 생리학적 '양안' 을 다루는 5장에서 거론했지만, 6장에서는 심리적 수준에서 자아가 타자를 거울처럼 반영하는 이중의 눈을 얘기했다. 달리 말해 "관찰하는 눈과 관찰되는 눈" (112쪽)으로 이중화한 눈이다. 그런데 생리학적 '양안' 과 이러한 '이중의 눈' 을 연결하는 데에 논리적 비약은 없는가? 다시 원근법과 데카르트적 단안 시각의 문제가 떠오른다. 문두에서 르네상스 시대의 '원근법' 과 계몽주의 시대의 데카르트적 '시각 중심주의' 를 쉽게 연결해도 될지를 의심한 바 있다. 물론 파노프스키를 비롯한 수많은 연구자들이 밀접하게 연관시켜온 데카르트의 시각 중심주의와 원근법 사이에는 그럴듯한 유사성이 존재한다. 상기했듯이 원근법의 1점 투시와 데카르트의 사유실체, 그리고 그 한 점으로부터 무한한 연장선이 그려지는 원근법과 데카르트의 카메라 옵스큐라적 비유에서 묘사하는 빛이 그렇다. 그런데 라일 매시(Lyle Massey)는 이를 다르게 해석한다. "데카르트적 코기토는 일견 [원근법의] 선형 격자가 약속하는 듯한 공간 속의 합리적 주체를 철학적으로 완성했다기보다, 원근법이 주체의 자기 확신을 위협하는 데에 맞서 방어"*했다는 것이다.

원근법이 왜 주체의 자기 확신을 위협했을까? 그것은 원근법 자체가 이미 있는 그대로의 사실적 재현을 할 수 없었고 오히려 왜상적 기법을 발전시켰다는 사실에 기인한다. 그녀는 카스텐 해리스를 따라 이렇게 말한다. "예컨대 카스텐 해리스는 [데카르트적] 코기토가 단지 주객이원론을 가정하는 것만이 아니라 제3의 관점, 즉 [해리스]가 '천사의 눈(angelic eye)' 이라 부르는 것에 대한 이해를 조건으로 한다고 주장했다. (…) 사실 데카르트의 탐구는 단안 시점의 제한적이고 왜곡적인 힘에 대항하며 이루어진다."** 그렇다면 데카르트적 주체는 통념처럼 단안의 주체가 아니라, 이미 신이라는 타자와 인간으로 '이중화' 한 눈의 주체였다는 얘기가 된다. '단안 시점의 왜곡적인 힘' 을 대표하는 건 오히려 라캉이 말한 뒤러 시대의 왜상적 원근법이다. 그런데 왜상적 원근법은 단안 시점의 원근법 내부에서 나타난 이질적 발전이라 할 수 있다. 그뿐만이 아니다. 해리스가 데카르트의 제3의 눈이라 부르는 '천사의 눈' 이란, 확실성의 주체 내부에서 일어난 '균열' 의 증거가 아

* Lyle Massey, "Anamorphosis through Descartes or Perspective Gone Awry" in *Renaissance Quarterly* 50 (1997): 1150.

** 같은 책, p. 1159; Karsten Harris, "Descartes, Perspective, and the Angelic Eye" in *Yale French Studies* 49 (1973): 28-42도 참조.

닌가. 그것은 19세기에 '양안'의 한계를 살핀 헬름홀츠가 '주체 속에 인식의 근원이 있다'고 말한 것과도 일맥상통하지 않는가? 따라서 '이중의 눈'은 생리학적인 양안의 의미에 그칠 수 없다. 데카르트적 주체가 그 개념에 타자성을 내포할 수밖에 없었듯이, 타자적인 간극을 내포하는 눈이라 봐야한다.

라캉이나 매시의 해석처럼 통념과 '다른' 해석은 모순 없이 매끈한 발전을 말하는 통념 속에서도 이질적인 균열의 지점을 발견한다. 그런데 '다른'을 뜻하는 영어 different만 보더라도, 이 말은 '다양한'의 의미로도 곧잘 번역된다. 그러나 '다양(多樣)'은 어디까지나 '여러 모양'이지 '질적 다름'이 아니다. 리멜레와 슈티글러의 『보는 눈의 여덟 가지 얼굴』은 독일어권과 영미권의 시각 문화 연구가 어떻게 '다른지'는 잘 설명하지만, 서로 다른 이론들을 포괄하는 여덟 개의 '다양한' 범주를 충분히 다르게 제시하지는 않는 듯하다. 다름은 여럿을 만들지만, 여럿이 다름을 보장하진 않는다. 오히려 이 책의 초점은 "문화와 시각성이 보유하고 있는 원칙적인 연결관계와 조건"(15쪽)에 있는데, 이건 입문서의 특성이라고 이해해두자. 아울러 이 책이 시각성을 다루는 만큼 각 장을 서로 다른 하나의 이미지와 함께 시작하는 건 흥미롭지만, 어떤 사상가의 같은 문장을 인용하면서도 번역이 서로 다른, 공역 과정에서 미처 점검되지 않은 실수가 보이는 건 아쉽다. 이쯤은 여러 번역자들이 참여해서 일어난 공역의 한계라 해두자. 이런 몇몇 한계에도 불구하고, 이 책은 시각과 문화의 의미를 생각해보기에 좋은 입문서다. 다만 그 다양한 관점들의 차이를 제대로 이해하려면, 독자 스스로 이질적인 틈들을 삐딱하게 보는 노력을 경주

해야 할 것이다. 이 번역서에 달린 부제 '당신은 누구의 눈으로 세상을 보고 있는가' 는 우리의 시각이 근본적으로 타자의 시각으로 이데올로기화되어 있음을 암시한다. 이데올로기화된 '당신은 타자의 눈으로 세상을 본다.' 그러나 그 '타자는 대타자의 눈으로 세상을 보며', 그 '대타자는 실재의 맹점에서 세상을 본다.' 말하자면 우리는 어디까지나 맹점에서 세상을 보고 있는 셈이니, 세상을 제대로 보려면 삐딱하게 볼 필요가 있는 것이다.

13 형태적 주체와 정치적 가능성*

- 서평도서: 마이클 헤이스의 『건축의 욕망(Architecture's Desire)』 (MIT, 2009) / 피에르 비토리오 아우렐리의 『절대적 건축의 가능성(The Possibility of an Absolute Architecture)』 (MIT, 2011)

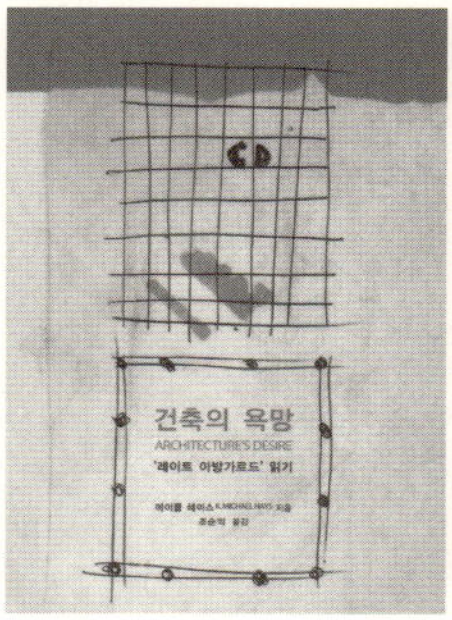

벽(壁) 너머의 '타자'로서 적(敵)

작가 에인 랜드는 일찍이 건축을 소재로 한 철학적인 소설 『파운틴헤드(The Fountainhead)』(1943)를 썼고, 이 소설은 미국에서 꾸준히 사랑받는 고전적 베스트셀러의 반열에 올랐다. 소설 속에서 사회적 집산주의를 '적'으로 삼아 맹렬하게 공격한 그녀는 소위 미국적 객관주의의 창시자이자 미국 신자유주의의 정신적 지주로 자리 잡았다.** 한편 60년대 말부터 70년대 초까지 런던건축협회학교에서 공부한 렘 콜하스는 스승이었던 엘리아 젱겔리스의 마음을 사로잡아 그와 함께 건축사무소 OMA를 공동 창립했고, 건축계에서 승승장구하며 명실상부한 세계적인 스타건축가로 자리 잡았다. 콜하스의 졸업 작품이었던 〈대이주, 건축의 자발적 수감

* 이 글은 2016년 여름 오픈아키텍처스쿨에서 필자가 강의한 '라캉과 현대 건축의 욕망'의 내용에 기초한 것으로, 『건축평단』 2016년 가을호에 매개 서평 다섯 번째 꼭지로 실렸다.

** 9장 「파운틴헤드와 건축가의 주체적 위치」 참조.

자들(Exodus, or the Voluntary Prisoners of Architecture)〉(1972)은 기존 68세대 건축가들의 유토피아주의에 대항하며, 세계 속에 존재하는 '벽'을 건축적 프로그램으로 표현했다.*

랜드의 '적'과 콜하스의 '벽'은 사실 불가분의 관계에 있다. 랜드가 무언가를 '적'으로 삼았다는 건 피아식별을 했다는 얘기이고, 피아식별은 '나'와 '타자'를 가르는 인식의 구분을 전제하는 일이다. 콜하스의 '벽'은 단적으로 말해 이러한 인식의 구분을 은유하는 건축적 장치다. '벽'이라는 인식의 구분선을 그을 때, 그 너머에는 '적'이 아른거린다. 정확히는 벽 너머에 있으리라 가정되는 적의 '환상적 이미지'가 그 벽 위에 아른거린다. 환상은 내가 그 실체를 모르기에 환상인 것이고, 그걸 모르는 '나'는 불안해진다. 불안을 극복하기 위한 '나'의 반응은 둘 중 하나다. 타자를 알려고 하거나, 알기 어려운 타자의 공포로부터 '자아'를 보호하려고 '벽'을 치거나. 즉, '벽'은 타자의 공포로부터 자아를 보호하기 위한 방어기제로도 작동한다. 타자라는 빈 공간, 그 공백의 공포에 휩싸여 공간을 양분하는 벽은 결국 '피아식별'이라는 적대적 상황을 실체화한다.

그렇다면 우리는 이러한 적대적 상황을 피할 수 있는가, 아니면 언제나 그런 상황 속에 필연적으로 놓이게 되는가? 이것이 바로 콜하스가 〈대이주, 건축의 자발적 수감자들〉 프로젝트를 통해 물었던 존재론적 질문이다. 물론 그는 후자 쪽에 내기를 건다. 〈대이주〉

* 10장 「'쿨' 하스의 정크스페이스를 어떻게 볼 것인가」 참조. 앞서 필자는 렘 콜하스의 〈대이주〉 프로젝트를 거론했지만, 그 '벽'의 의미를 크게 숙고하지 않았다. 여기서는 그 의미를 또 다른 각도에서 조명한다.

프로젝트는 런던 시내에 거대한 벽과 같은 일직선 구조를 건축하고 그 안에 여러 가지 유토피아적 프로그램을 삽입한다는 상상적 시나리오를 보여주고는, 그런 환상이 처하는 역설을 냉소한다. 유토피아적 꿈을 꾸는 자들은 각종의 이상적인 건축 프로그램 속에 살려는 '대이주(exodus)', 말하자면 거대한 탈주를 감행하지만 실은 '건축의 자발적 수감자'가 될 뿐이라는 역설. 콜하스는 그러한 유토피아적 건축을 벽 속에 가두면서, 그것이 베를린 장벽과 같은 이데올로기 속에 갇혀있을 뿐이라고 냉소한다. 그는 〈대이주〉 프로젝트에 앞서 하계연구를 하면서 베를린 장벽을 다뤘었는데, 훗날 이를 회고하며 이렇게 말했다. "장벽의 성능을 정의하고 그 효율성을 드러낸 분할과 에워쌈(즉, 유폐)과 배제야말로 모든 건축의 필수전략들이 아니었던가? (…) 이에 비해 (내가 학생일 때 수년간 골몰했던) 60년대 건축의 해방적 잠재력에 대한 꿈은 미약한 수사적 유희로 보였다."* 이처럼 '벽'은 콜하스에게 처음부터 중요한 주제였는데, 최근에 그는 한 인터뷰에서 이렇게 얘기한 바 있다.

> 저의 모든 이야기는 균열(split)에 관한 것이었다고 말할 수 있습니다. 처음부터 지금까지요. 처음에는 유럽과 미국 사이에서, 그 다음엔 유럽과 중국 사이에서 균열을 얘기했지요. 그리고 균열적 위치에는 다음과 같은 요소가 있어요. 양쪽 모두의 도움을 받거나, 일종의 매개를 하거나, 정신분열증에 빠지는 겁니다. 이런 게 모든 균열에서 언젠가 일어나는 세 가지 모델이지만, 이로써 역동적인 입장을 발전시킬 수도 있습니다.**

* Rem Koolhaas (1993), "Field Trip: (A)A Memoir" in Rem Koolhaas, OMA, and Bruce Mau, B., *S, M, L, XL*, New York: Monacelli Press, 1996, p. 226.

** Sander Pleij, "I hate being an architect" (Interview with Rem Koolhaas) in *Vrij Nederland*. English translated version, Jun 8, 2014; http://medium.com/@pleig/i-hate-being-an-architect-7c42abbcd6d#.21dtnjdg1

그림 20. 동독과 서베를린을 가르는 장벽 모형,
찰리 검문소 박물관, 2006년 촬영

그가 말하는 유럽과 미국 사이의 균열이란 곧 동독 지역에서 서베를린을 에워싸던 베를린 장벽이었으니, 그의 '벽'은 세계 속의 '균열'을 드러내는 사물이었다는 얘기다. 이러한 '세계의 균열'은 분명 정치적 상황을 암시한다. 그런데 그 균열이 일어나는 자리가 '세계'이기 전에 '주체'라면 어떨까? 그러니까, 주체 내에 균열이 일어난 상황도 여전히 '정치적' 상황일까? 이를 생각하려면, 먼저 '주체'란 게 무엇이며 그것이 균열과 어떤 관계에 있는지를 숙고해봐야 한다. 우리는 앞서 벽을 중심으로 '자아'와 '타자'가 나뉘는 상황을 떠올려보았다. 벽을 중심으로 타자를 '적화'하는 게 '자아(自我, ego)'라면, 지금 말하는 '주체(主體, subject)'는 물론 그런 게 아니다. 적어도 라캉의 주체 이론을 따른다면, 주체는 타자를 기피하는 유아론적 방어기제인 일관된 자아로 정립되는 게 아니라 '타자에 대한 근원적 인식' 속에서, 달리 말하면 자아를 벗어난 근본적인 무언가에 나를 위치시키는 '탈-

존(脫存, ex-sistence)' 적 인식 속에서 변증법적으로 구성되는 것이다. 이렇게 타자를 향해 주체의 인식이 확장하는 과정은 '세계' 를 향한 인식에 다가가지만, 유아론적 자아를 벗어나는 주체란 곧 자아의 유한성을 자각하는 주체이고, 이러한 유한성의 자각은 주체 내적 균열의 자각에 다름 아니다. 따라서 이런 균열을 인식하는 주체들의 세계란 어떤 절대적 실체라기보다 균열들의 총체에 가깝다고 할 수 있다.

마침 이러한 주체 개념을 생각해보기에 적절하다고 판단되는 두 건축이론가의 책이 있어 살펴보려한다. 하나는 K. 마이클 헤이스가 2009년에 출판한 『건축의 욕망(Architecture's Desire)』이고, 다른 하나는 피에르 비토리오 아우렐리가 2011년에 출판한 『절대적 건축의 가능성(The Possibility of an Absolute Architecture)』이다. 헤이스의 책은 본 필자가 졸역한 국역본이 이미 출판(스페이스타임, 2011)된 바 있으나, 아우렐리의 책은 아직 번역된 바 없다. 따라서 여기서는 출판된 국역본과 미번역된 원서를 기준으로 할 것이며, 각각의 주체 개념이 어떻게 다른지에 집중하여 양자를 비교 · 검토해보기로 한다. 주체 개념의 변화에 따라 건축 형태의 '정치적' 함의가 어떻게 달라지는지에 주목하면서 말이다.

헤이스의 균열적 주체: 『건축의 욕망』

헤이스의 『건축의 욕망』은 라캉의 상상계-상징계-실재(계)*라는

* 라캉의 the Real은 과거에 '실재계' 로 번역되다가 근래에는 거의 '실재' 로 번역되는 편이다. 필자는 헤이스의 『건축의 욕망』을 번역할 때 '실재계' 라는

정신의 삼원적 질서 이론에 바탕을 두고 전반적 틀을 짠 책이다. 헤이스는 자신이 "프레드릭 제임슨과 슬라보예 지젝과 같은 학자들의 라캉 읽기"*를 따른다고 말한다. 더 정확히는 라캉의 "실재에 대한 [헤이스의] 이해"**가 제임슨과 지젝의 해석을 따른다는 말이다. 제임슨은 「라캉의 상상계와 상징계(1978)」라는 고전적 논문에서 라캉의 '실재' 개념을 '역사(History)'에 위치시킨 바 있다. 즉 제임슨에 따르면 "라캉의 실재는 단순히 말해 '역사' 그 자체"***이며, 여기서 '역사'는 정신분석이 추적하는 '(분석)주체의 역사'에 근거하는 개념이다. 정신분석이 말하는 주체는 무의식적 주체이니 그 역사란 무의식의 역사이고, 라캉에 따르면 이러한 무의식적 '실재'는 '상징적인 것에 절대적으로 저항하는 것', 말하자면 어떠한 상징적 재현으로도 의식할 수 없는 무언가다. 따라서 제임슨은 『정치적 무의식』(1981)에서 이렇게 말한다. "역사는 결코 어떤 물화된 힘으로서 직접 파악되는 게 아니라 오직 그 효과들을 통해서만 이해할 수 있다."**** 여기서 '물화(物化, reification)'는 상품의 생산과정이 사라지고 생산물만 추상화되는 과정이란 점에서, 라캉적 의미의 '상징적 재현' 과정을 뜻한다고 볼 수 있다.

이러한 제임슨의 해석은 헤이스가 인용하는 지젝의 다음과 같은

용어를 채택했으나, 여기서는 근래의 용법을 따라 모두 '실재'라는 용어로 바꿔 적기로 한다.

* 마이클 헤이스, 『건축의 욕망』(조순익 옮김, 스페이스타임, 2011), 26쪽.

** 같은 책.

*** Fredric Jameson (1978), "Imaginary and Symbolic in Lacan" in *The Ideologies of Theory*, Verso, 2008.

**** Fredric Jameson, *The Political Unconscious: Narrative as a Socially Symbolic Act*, London: Routledge, 1981, p. 102; 헤이스, 같은 책, 200쪽에서 재인용.

해석으로 반복된다. "라캉의 실재는 어떤 외적인 본질이 아니며, 엄격히 말해 역사적인 실재다. 단순히 빠른 역사적 변화에 대립되는 실재가 아닌, 역사적 변화를 만들어내는 동시에 이런 변화들에 의해 재생산되는 실재다."* 역사는 어떤 불변하는 외적 본질이 아니라, 변화의 원인이자 효과이기도 한 무엇, 즉 라캉적 의미의 '실재' 다. 한편 이러한 '실재' 의 중핵에는 라캉이 말하는 '물(物, the Thing)' 개념이 있다. 이 개념은 하이데거의 영향을 받은 것인데, 하이데거는 주전자와 같은 '사물' 의 본질을 '비어있음' 에서 찾았다. 가시적 사물(object)이 아니라 '비가시적인 무엇' , 그것이 라캉적 '물' 의 의미이며, 이는 의식이 다가가지 못하는 무엇이란 점에서 칸트가 말하는 인식 불가한 '물자체(物自體, the Thing-in-itself)' 와도 유사하다. 따라서 지젝은 이러한 '물' 개념에 오늘날의 보이지 않는 금융 자본을 위치시킨다. "그 어느 때보다도 오늘날, 자본은 탁월한 물(物)이다. 즉 그것은 하나의 실증적이고 명확히 구분된 실체로서 파악될 수 없음에도 불구하고 우리의 삶을 규제하는 궁극적인 물로서 기능하는 괴물적인 환영이다."** 요컨대 라캉적 실재는 어떤 외적 본질이 아니라 역사적 변화 자체가 만드는 타자적인 무엇이며, 오늘날 실재의 중핵을 이루는 '물' 은 '물화' 를 일으키는 비가시적 원인이자 대상이면서도 결코 '물화된 힘' 으로는 직접 파악되지 않는 '자본' 이다. 우리의 역사적 실재는 그 보이지 않는 자본이 일으키는 상징적 '효과' 로만 이해할 수 있다.

* Slavoj Žižek, "Interview," *Historical Materialism* 7 (2000): 194; 헤이스, 같은 책에서 재인용.

** Slavoj Žižek, *Enjoy Your Symptom: Jacques Lacan in Hollywood and Out*, London: Routledge, 2001, pp. 122-123; 헤이스, 같은 책, 218쪽에서 재인용.

그런데 필자는 주체를 살펴보겠다면서 왜 이렇게 '실재' 만 살펴보고 있는가? 물론 그것은 주체의 변증법적 구성이 실재를 중심으로 일어나기 때문이며, 실재를 어떻게 정의하느냐에 따라 주체를 구성하는 방식이 달라지기 때문이다. 다시 강조하건대, 정신분석적 의미의 '실재' 는 '주체의 역사' 다. 그리고 그 역사의 중핵에는 자본이라는 이상한 물질이 있다는 게 지젝과 헤이스의 마르크스주의적 논점이다. 그렇다면 헤이스의 라캉적 주체는 어떻게 구성되고 있는가. 헤이스는 60년대 말부터 80년대 초까지 담론의 건축 시대를 이끈 네 명의 건축가—로시(Aldo Rossi), 아이젠만(Peter Eisenman), 헤이덕(John Hejduk), 츄미(Bernard Tschumi)—를 '레이트 아방가르드(late avant-garde)' *로 명명하면서 그들이 보여준 작업 과정이 라캉적 패턴을 보인다고 말한다.** 그리고 그들의 건축을 '대상(object)' 에 비유하고는 이렇게 얘기한다.

> 나의 논지는 즉각적인 사용 가치를 빼앗긴지 오랜 기간이 지난 1970년대에 들어 건축 스스로가 보다 상업적으로 윤활한 미디어에 의해 문화적 재현의 한 방식으로서 도전받고 있음을 느꼈다는 점이다. 변화된 역사적 조건들과 발달된 소비 사회의 힘을 느끼면서, 1970년대

* 이 표현은 페터 뷔르거(Peter Burger)의 '네오아방가르드' 라는 용어에서 경멸적 색채를 빼면서 프레드릭 제임슨의 '후기 모던(late modern)' , 아도르노(Theodor Adorno)와 사이드(Edward Said)의 '말년의 양식(late style)' 개념을 적용한 헤이스의 전환적 용법이다, 뷔르거는 삶의 실천을 위해 노력했던 근대의 '역사적 아방가르드' 와 달리 삶과 멀어지며 '예술을 위한 예술' 처럼 되어버린 20세기 후반의 전위예술을 '네오아방가르드' 라는 경멸적 용어로 묘사했었다. 한편 뷔르거의 마르크스주의적 관점에 동의하지 않는 라캉주의 이론가로는 참고로 헤이스 말고도 할 포스터가 있다. Hal Foster, "Who's Afraid of the Neo-Avant-Garde?" in *The Return of the Real: the Avant-Garde at the End of the Century*, Cambridge: October Books/MIT, 1996 참조.

** "건축은 어디에서 오는가, 그리고 무엇이 그것의 실존을 (…) 건축이라고 승인하는가? 이것이 레이트 아방가르드의 질문이다. 그에 대한 응답으로 그들은 마치 아도르노가 말하듯 건축 그 자체가 아니라 그것이 실존한다는 증거를 제시한다. 하지만 그 응답의 패턴은 라캉적이다." 헤이스, 같은 책, 21쪽.

에 최전방에 있던 건축은 건축적 대상과 사회물질적 기반 사이에 있던 동일성의 틀을 철회했다. (…) 즉자적(卽自的) 대상(object-in-itself)은 타자적(他自的) 대상(object-different-from-itself), 즉 모든 건축의 대상들에 권위를 부여하는 학문적 코드와 관습 자체를 향하는 하나의 기표가 되는데, 라캉적인 의미에서 상징적이게 되는 것이다. 그 대상은 어떤 실재적인 것을 향한, 즉 그 대상이 단지 복제하는 차원을 넘어 필연적으로 드러내면서도 감추고, 발현하면서도 억압하는 것을 향한 매개체가 된다.*

여기서 건축은 '대상'으로 얘기되고 있지만, 우리는 이를 '주체'로도 읽을 수 있어야 한다. '주체(subject)'와 '대상(object)'은 표면상 반대되는 말이니, 응당 그 이유를 설명해야 할 테다. 헤이스는 네 건축가의 작품들을 정신분석의 틀로 분석하고 있기 때문에, 그 분석대상은 곧 정신분석이 다루는 '분석주체'의 의미와 같다. 라캉은 피분석자를 환자가 아닌 '분석주체'로 불렀는데, 실제 분석에서 피분석자는 다름 아닌 '말하는 주체'이기 때문이다. 분석가는 어디까지나 분석을 돕는 조력자일 뿐 분석의 주체가 아니며, 실제로 분석의 주체는 피분석자 자신이다. 건축물을 사물의 지위에 놓으면 그걸 '대상'이라 부르게 되지만, 건축물이 어떤 '주체의 역사'를 밟아가면서 우리에게 무언가를 말한다고 본다면 그것은 더 이상 대상이 아닌 '주체'가 된다. 중요한 건 그 주체가 '어떤 주체'인가에 대한 판단일 뿐이다.

따라서 헤이스가 말하는 '즉자적 대상'을 '즉자적 주체'로, '타자적 대상'을 '타자적 주체'로 바꿔 읽을 때, 그가 읽어내는 건축적

* 같은 책, 17쪽, 20쪽.

대상의 역사는 라캉이 말하는 주체의 변증법적 역사로 이해된다. 라캉이 말하는 인간 주체는 상상계의 소외된 자아를 거쳐 상징계의 소외된 주체로 이행하고, 궁극적으로는 소외를 극복하는 분리된 주체를 지향한다. 여기서 상징계에 들어선다는 것은, 진정한 주체가 아니었던 상상적 자아의 일관성에서 벗어나 '주체 내부의 균열'을 자각하게 된다는 뜻이다. 그러한 자기 균열을 자각함으로써 비로소 타자(他者)를 인식하며 진정한 주체로 나아가는 문이 열린다. 헤이스가 말하는 '즉자적(卽自的)'과 '타자적(他自的)'의 의미가 바로 이렇게 구분된다. '즉자적'이란 곧 '자기 자신 그대로'를 뜻하므로, 라캉적 관점에서는 '자기 자신과의 환상적 일관성을 그대로 믿는 자아'의 성격이다. 반대로 '타자적'이란 말은 필자가 채택한 번역어인데, '자기 자신과 다른' 주체를 표현하는 말이다. 말하자면 이것은 주체 내부에 균열이 생긴, 라캉이 말하는 상징계적 주체다. 이런 관점에서 헤이스는 레이트 아방가르드 건축가 네 명을 라캉적인 욕망의 주체로서 역사화한다.

> 우린 다음과 같은 하나의 통시적인 벡터를 추가할 수 있다. 그것은 로시의 사실주의가 보여준 표백된 공허의 미메시스로부터 아이젠만의 모더니즘적인 자기-차이의 고고학을 거쳐 헤이덕과 츄미의 포스트모던적인 과잉과 전위들로, 그리고 궁극적으로 어떤 확실한 건축 프로젝트의 전체적인 종결을 향해 움직이는 벡터다. 이러한 궤적은 로시의 상상계에 나타나는 부분-대상들로부터 아이젠만의 격자화된 상징계로, 그리고 헤이덕과 츄미의 풍경들 속으로 들어가는 (헤이덕에게서는 기본적으로 상상계와 상호작용하며, 츄미에게서는 상징계와의 상호작용이 궁극적으로 특권화되는) 실재의 침투로 향하는 움직임과 나란히 이뤄진다. (…) 그러한 것이 건축적 의미화의 한계들을 가로질러 건축의 욕망이 그려내는 움직임, 즉 건축의 죽음 욕동이다.*

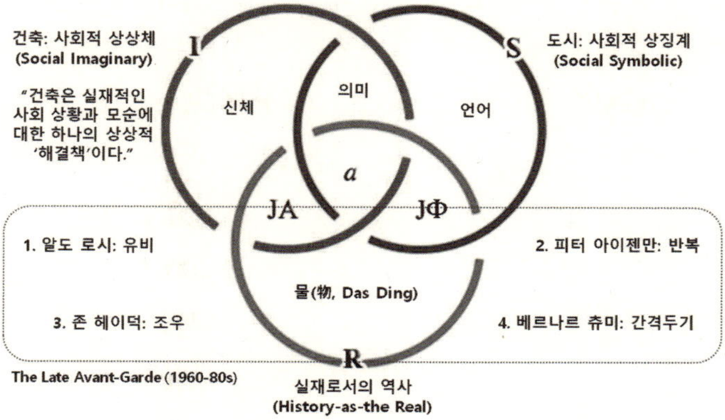

그림 21. 라캉의 보로메오 매듭으로 정리한 헤이스의 『건축의 욕망』

라캉의 관점에서 보면, 주체 내부의 균열 혹은 자기-차이만을 자각하는 상징계의 주체는 여전히 소외된 주체다. 주체가 소외되는 이유는 그의 무의식이 여전히 억압적 타자의 기표에 속박되어있기 때문인데, 그러한 소외를 극복하는 길은 주체 내부의 균열만이 아닌 '타자 내부의 균열' 까지 자각함으로써 그러한 타자적 기표의 억압에서 해방되는 것이다. 여기서 그 '타자 내부의 균열' 이란 결국 무엇을 말하는가. 그 수많은 타자들로 이루어진 '세계 내부의 균열' 일 수밖에 없지 않은가? 그런데 필자는 마침 '세계 내부의 균열' 을 자각한다는 게 '정치적인 것' 임을 문두에서 얘기하고 있었고, 그 의미를 콜하스가 강조한 '벽' 을 통해 생각해보고 있었다. 이런 의미에서, 콜하스를 건축적 상상계에서 상징계로 이행한 레이트 아방가르드가 종국에 맞이하는 '실재' 의 건축을 대표하는 건축가로 자리매기는 헤이스의 논점은 충분히 자연스럽다.

* 같은 책, 192쪽. '죽음 욕동(death drive)' 은 '죽음 충동' 으로도 번역되는 말이다.

요컨대 헤이스의 논의는 로시(상상계)-아이젠만(상징계)-헤이덕(상상적 실재)-츄미(상징적 실재)의 순서로 진행되는데, 츄미 이후의 논의는 콜하스로 마무리하면서 콜하스에게서 감지되는 것, 즉 실재의 "무디고 의미 없는 물(物) 그 자체의 침투"*에 주목하는 데까지 나아간다. 헤이스는 콜하스 자신이 "그의 발견이 갖는 해로운 유산을 충분히 이해한다"**고 말하면서, 다음처럼 실재의 위험을 경고하는 것도 잊지 않는다.

> 콜하스가 본 뉴욕의 타성적이고 기계적인 기술과 경제가 시간이 지나 차이를 없애는 데이터 관리의 경제와 기술들로 말려들어가고 어떤 건축-관리 계급의 기술관료적 실증주의와 결합하게 될 때, 말하자면 그 물의 필연적으로 배제되는 진부함이 건축에서 그대로 구현될 때에는, 건축이 단순한 디자인—특정한 제한된 맥락 속에서의 '순수하게 도구적이고, 엄격하게 조작적인' 일련의 기회주의적 책략들—으로 움츠러들어 초월성도 신비성도 없어져있을 것이다.***

그러나 이 책의 전반적 기조는 헤이스 스스로 말하듯이 어디까지나 '역사적' 해석이다. 그가 명명하는 '레이트 아방가르드'의 작품들은 로시가 과거를 우울하게 회상하는 것만큼이나 '지나간' 일로서 회고될 뿐이어서, 현재진행형인 렘 콜하스의 소위 '실재적' 경향이 갖는 문제에 대해서는 딱히 많은 말을 전해주지 못한다. 콜하스가 건축의 대타자인 도시의 주인기표로서 '격자-엘리베이터-기계'를 발견했음에 주목하는 읽기는 물론 적확하기야 하지만, 다른 네 건축가에 대한 해석에 비하면 거의 스쳐지나가는

* 같은 책, 190쪽.
** 같은 책.
*** 같은 책, 192쪽.

주목일 뿐이다. 콜하스의 '실재적' 발견이 갖는 위험성을 경계하는 말을 던지긴 하지만, 그것이 콜하스를 향한 비판은 아니다. 콜하스의 『정신착란증의 뉴욕』을 논하며 그가 "미래를 예측하거나 제어하는 게 무의미하고 불가능함을 깨닫는다. (…) 현실은 소급적으로만 설명할 수 있다"*고 한 바르트 로츠마의 말처럼, 헤이스의 『건축의 욕망』 역시 콜하스처럼 '현실의 소급적 설명'에 그치는 '역사' 책이다. 물론 이런 소급적 설명은 기본적으로 정신분석적인 태도인데, 정신분석은 본디 주체의 역사를 사후적으로 읽어내는 고고학적 해석학이기 때문이다. 이런 역사적 태도는 한편으로 "비평 따위는 없다. 오로지 역사만 있을 뿐"**이라던 타푸리의 입장을 반영한다.

한편 네 건축가에 대한 헤이스의 역사적 탐침은 주로 '형태(form)'에 집중된다. 로시는 물화되고 파편화된 정형적인 부분-대상들을 생산한다고 '상상적' 범주로 해석되고, 아이젠만은 기표의 환유적 대치를 강박적으로 반복한다고 '상징적' 범주로, 헤이덕은 낯선 이미지를 제시한다고 '상상+실재적' 범주로, 츄미는 낯선 공백을 제시한다고 '상징+실재적' 범주로 해석된다. 그러나 이런 형태적 범주화의 맹점은 건축을 둘러싼 사회의 '정치적' 맥락을 망각하게 만든다는 점이다. 급기야 헤이스는 이런 '형태적' 건축이 '이론적 의미에서 근본적(radical)'이라고 말하며 그것을

* http://web.redaktionsbuero.at/output/?e=58&page=rb_ARTIKEL&a=8eb34a1e&c=Arts& Culture, Architecture&f=e; 이 책의 9장 「'쿨' 하스의 정크스페이스를 어떻게 볼 것인가」에서 재인용.

** Richard Ingersoll's interview with Manfredo Tafuri in "There is no Criticism, Only History," *Casabella*, 619-620, January-February 1995, pp. 96-99.

종래의 정치적 급진주의 노선과 구별한다. 물론 헤이스가 말하는 '근본적 건축' 이란 '자기 자신과 다른' 타자적(他自的) 건축이니, 근대적 확실성의 주체를 '자아' 로 보고 비판하며 균열적 '주체' 를 얘기한 라캉을 따르는 셈이다.* 그런데 균열적 주체는 분명 '벽' 을 인식하지만 그것을 내부화하기에, 자기 내부의 적하고만 싸우다보면 외부의 적을 쉽게 무시하게 될 가능성이 있다. 말하자면 형태적인 것과 정치적인 것의 분리가 일어날 수 있단 얘기다.

아우렐리의 분리된 주체:『절대적 건축의 가능성』

헤이스가 라캉적 주체에 충실하고자 한다면, 아우렐리의 주체는 좀 더 헤겔적이다. 아우렐리의『절대적 건축의 가능성』에서 '절대적' 이라는 말부터가 이미 숱한 오해 속에서 전체주의적 동일성으로 성급하게 치부되곤 하던 헤겔적 '절대정신' 을 연상시킨다. 그러나 아우렐리는 'absolute' 라는 말의 어원에 대한 아감벤의 설명을 따라, 이 말에 담긴 '*se' 가 함축하는 '분리' 의 의미를 강조한다. 그러고는 이 말을 "전형적인 '순수성(purity)' 의 의미가 아니라 그 말의 본래적 의미로서, 즉 타자와 '분리된(separated)' 이후 단호하게 자기 자신으로 존재하는 무언가"**의 의미로 사용한다. 그가 참조했다는 아감벤의 글에는 다음과 같은 설명이 나온다.

* 이런 의미에서 헤이스의 '근본적(radical)' 이란 말은 '발본적' ('스스로의 중심적 뿌리를 뽑아내는')의 의미에 가깝다고 할 수 있다.

** Pier Vittorio Aureli, *The Possibility of an Absolute Architecture*, Cambridge; London: MIT Press, 2011, p. ix.

*se는 '내적 차이' 로서 즉자적 차이를 포함하므로, 절대적인 것(the Absolute)을 생각한다는 건 면제(absolution)*의 과정을 통해 그것의 *se로 되돌아간 걸 생각하는 일이다. 이는 달리 말해 그것의 타자적 존재 속에서 자기 자신과 동일해진 것을 생각하는 일이다. 인간이 말하는 주체인 '나' 로서 존재하는 한, 인간이 자기 자신이 되려면 대타자(the Other) 속에서 자신을 발견한 이후 자기 자신으로 되돌아와야만 한다.**

이런 관점에서 보면, 아우렐리가 말하는 '절대적 건축' 의 가능성이란 자신의 타자 속에서 자신을 발견한 이후 다시 그 타자와 '분리된 건축' 의 가능성이다. 이렇게 대타자 속에서 자신을 발견하고 새로운 타자로서 자기에게 되돌아오는 주체란, 라캉적인 의미에서 주체의 균열과 타자의 균열을 모두 인식한 끝에 억압적 타자의 기표로부터 '분리된 주체' 이기도 하다. 헤이스의 건축적 주체들이 대타자의 기표에 예속된 주체에 가깝게 묘사되었다면, 아우렐리의 건축적 주체들은 그런 대타자의 억압적 기표와 분리된 주체로 묘사된다고 볼 수 있다.

헤이스가 네 명의 건축가를 역사화했듯이, 아우렐리도 네 명의

* absolution이란 말은 법적 의미에서 '면제, 면죄, 방면', 기독교적 의미에서 '사면' 등을 뜻하는 말인데, 여기서 '면제' 란 용어를 채택하여 번역한 이유는 그것이 그나마 '공제' 의 의미와 가까워보여서다. absolution은 어떤 '절대적 실체' 를 구축하는 과정이 아니라, 실체적 자아의 환상을 감산해가는 균열, 즉 즉자적 차이에 대한 인식을 키워가는 '공제(subtraction)' 의 과정이기 때문이다. 이런 의미에서 헤겔적 의미의 '절대화' 는 자아의 공제 과정이 극에 달한, 말하자면 종래의 자기 자신과 전적으로 달라지는 '절대적 타자되기' 의 과정일 수 있다.

** Giorgio Agamben, "*Se: Hegel's Absolute and Heidegger's Ereignis," in *Potentialities: Collected Essays in Philosophy*, ed. and trans. Daniel Holler-Roazen, Stanford: Stanford University Press, 1999, p. 122.

건축가, 즉 팔라디오(Andrea Palladio)와 피라네지(Giovanni Battista Piranesi), 불레(Etienne-Louis Boullée), 웅거스(Oswald Mathias Ungers)를 역사적으로 살펴본다. 헤이스가 형태를 중시했듯이, 아우렐리도 형태를 중시한다. 하지만 헤이스의 관심이 건축의 죽음 욕동 속에서 쓸쓸한 주체 내적 부정성을 가시화한 70년대의 형태들에 있었다면, 아우렐리의 관심은 도시의 관리적 패러다임에 대항하는 '정치적' 쟁투를 시도한 16세기 · 18세기 · 20세기의 형태들에 있다. 즉, 헤이스에게서 '정치적인 것' 은 '형태적인 것' 의 무의식적 배경일 뿐이지만, 아우렐리는 '형태적인 것' 을 '정치적인 것' 과 의식적으로 중첩시킨다.* 헤이스의 논의가 궁극적으로 콜하스에 도달하듯이, 아우렐리의 논의도 콜하스에게까지 도달한다. 하지만 콜하스에게 딱히 비판적이지 않은 헤이스와 달리, 아우렐리는 콜하스에게 비판적이다. 다만 아우렐리는 콜하스에게 직접적으로 영향을 준 독일 건축가 웅거스에게서 형태의 정치적 가능성을 발견하고, 그의 '군도(群島, archipelago)' 모델을 중요한 정치적 대안으로 채택한다. 아우렐리가 탐구하는 건축가들은 16세기(팔라디오), 18세기(피라네지, 불레), 20세기(웅거스)에 걸쳐있지만, 그 모두가 웅거스의 군도 모델이라는 관점에서 정치적으로 해석된다. 게다가 헤이스의 『건축의 욕망』에서 중점적으로 탐구되지 않았던 건축가를 아우렐리는 대안적으로 제시하는데, 그건 다름 아닌 미스(Ludwig Mies van der Rohe)다. 물론 미스가 정치적 인물이었다는 게 아니

* "형태적인 것과 정치적인 것은 서로 중첩하는 범주들이다. 왜냐면 둘 다 분리(separation)와 구성(composition), 대치(counterposition)의 가능성을 다루기 때문이다." Aureli, 같은 책, p. x.

라, 그의 모든 작품에 일관되게 나타나는 '기단(plinth)' 과 '분명한(clear)' 형태에서 절대적 건축의 정치적 가능성을 발견하는 것이다.

헤이스와 달리 아우렐리에게서 정치적 의미가 강조되는 건, 그가 건축의 '적' 을 분명히 설정하기 때문이다. 그 적이란 다름이 아니라 '경제적 도시화(urbanization)' 의 관리적 패러다임이다. 우리말로는 city와 urban을 모두 '도시' 라는 말을 포함하여 번역하기에 양자가 구분되지 않지만, 아우렐리는 이 두 용어가 각각 '정치적' 의미와 '경제적' 의미에 근원을 두고 있음을 상세하게 논한다. 따라서 이 둘을 분명히 구분하는 게 핵심인데, 정치적 과정에 입각한 도시(city)가 건축의 벗이라면 전체주의적인 경제적 관리의 패러다임이 일으키는 도시화(urbanization)는 건축의 적이라고 할 수 있다. 그가 웅거스의 군도 모델을 채택하는 이유는 그것이 도시화라는 경제적 관리주의 패러다임의 '바다(sea)' 속에서 그 바다에 대항하는 정치적 도시(city)의 '섬들(islands)' 을 만드는, '도시 속의 도시' 모델을 제공하기 때문이다.*

> 군도 개념이란, 부분들이 분리되는 동시에 공통적 기반을 통해 함께 병치되며 통합되는 조건을 말한다. 도시화의 통합적 장치와 반대로, 군도는 도시를 부분들이 서로 쟁투하는 장으로 그려낸다. 그 부분들의 형태는 유한하지만 그런 유한성 덕분에 서로와도, 또한 그것들을

* 한편 웅거스의 군도 모델에서 역시 영향을 받은 콜하스는 아우렐리와 반대로 접근했는데, 그는 경제적 '도시화(urbanization)' 가 일어나는 '바다' 와도 같은 '도시 속의 잉여' 를 '익명적/보편적/특징 없는 도시(generic city)' 내지는 '정크스페이스(junkspace)' 등의 개념으로 발전시켰다. 최근 한국에서 사회 문제로 부상한 '도심고급화(gentrification)' 도 이런 '경제적 도시화' 에 속하는 현상이다.

틀 짓고 경계 짓는 '바다' 와도 계속적으로 관계를 맺는다.*

헤이스와 아우렐리는 모두 소위 말하는 '자율성(autonomy)' 진영에 속하는 건축이론가들이다. 그러나 두 사람의 자율성 개념은 여러 가지 미묘하고도 중요한 간극을 드러낸다. 헤이스의 자율성 개념은 알튀세르의 상대적 자율성과 타푸리의 부정적 사고에서 영향을 받은 제임슨의 준-자율성(semi-autonomy) 개념에 기초하며, 정치적 자율성보다는 건축의 학문적 자율성에 가깝게 논의된다. 그러나 아우렐리의 자율성 개념은 1960년대 이탈리아의 정치적 자율성 기획 중 주로 마리오 트론티(Mario Tronti)와 알도 로시의 관점에 기초한다. 아우렐리는 그의 『자율성 기획』(2008)에서 트론티/로시와 타푸리 사이의 중요한 시각차를 설명한 바 있다. 타푸리가 마르크스주의적 시각에서 건축의 이데올로기를 비판(critique)하려했다면, 트론티는 마르크스의 한계를 지적하며 자본주의 내부에서 일어나는 위기적(critical) 힘을 활용하는 이론으로 나아가려했고 이런 이론화의 노력이 로시의 이론화와도 유사하다는 것이다.** 마르크스주의의 '정치경제학' 에 입각한 타푸리는 정치와 경제를 분리하는 시도의 한계를 지적했지만, 아우렐리는 타푸리와 달리 '경제적인 것' 과 대립적으로 '정치적인 것' 을 구성하며 한나 아렌트의 관점을 빌려올 뿐만 아니라 트론티에게도 영향을 준 카를 슈미트를 따라 '정치적인 것' 의 개념을 더 구체화한다. "슈미트가 정치적인 것을 정의할 때, 벗(friend)의 도식은 뚜렷

* Aureli, 같은 책, p. xi.

** Pier Vittorio Aureli, *The Project of Autonomy: Politics and Architecture Within and Against Capitalism*, New York: Princeton Architectural Press, 2008 참조.

하게 무시된다. 혹은 배경 속에 남는다는 말이 더 정확하겠는데, 슈미트는 대부분 적(enemy)에 초점을 맞추기 때문이다."*

벗과 적, 아군과 적군, 즉 피아를 식별한다는 게 주체의 정치적 성격임을 감안하면, 알도 로시는 헤이스와 아우렐리에게서 결정적으로 다른 주체의 위치를 부여받는 듯하다. 헤이스의 라캉적 틀에서 알도 로시의 '도시의 건축'은 형태적 관점에서 도시라는 상징계에 예속되어 그 대타자를 유비적으로 닮으려는 상상계적 이미지의 건축으로 범주화되었지만, 아우렐리는 『자율성 기획』에서 이러한 로시의 이론화를 자본주의적 '도시화(urbanization)'에 맞서 노동자의 '도시(city)'를 구축하려했던 정치적 시도로 설명한 바 있다. 따라서 아우렐리의 관점에서 보면, 로시를 단순히 상상계적 주체로만 범주화하긴 어려울 것이다. 오히려 로시는 자본주의적 상징계인 '도시화'에 맞선 새로운 상징계로서 '도시'를 이론화하려던, 더 진일보한 차원의 정치적 주체였다고 볼 수 있기 때문이다. 앞서 말한 '절대적인 것'에 관한 아감벤의 설명을 떠올려본다면, 오히려 로시를 자본주의적 도시라는 억압적 타자의 기표에서 분리된 주체로 볼 가능성이 커진다.

벽에서 균열로, 적에서 정치로

지금까지 헤이스와 아우렐리 사이에서 발견되는 균열에 주목해보았으니, 이제는 문두에서 필자가 정치적 인물로 거론한 콜하스와 아우렐리 사이의 균열을 살펴보며 끝을 맺어야겠다. 콜하스는 본

* Aureli, 앞의 책, p. 29.

인의 의도가 어떤 것이었든 이미 아이콘적 건물을 많이 남긴 건축가가 되었다. 그런데 아우렐리는 아이콘적 형태와 군도적 형태를 다음처럼 정치적으로 대비시킨다.

> 아이콘적 건물은 대개 특이한 랜드마크로서, 전적으로 도시화의 논리 속에서 작동한다. 실제로 아이콘적 건물의 의제는 기업의 경제적 성과를 찬미하는 것 말고는 그 어떤 의미도 벗겨 내버린 탈정치적 건축이다. 이런 의미에서 현대적 '아이콘들' 은 쟁투적 형태이기보다 도시화의 근본규범을 결론적으로 찬미하는 의사표시다. 경제적 최적화가 정치적 판단을 누르고 거둔 승리인 셈이다. 반면에 군도 모델의 섬들은 도시화의 힘에 대항한다. 어디에나 흐르는 도시화의 힘에 맞서 정확하고 한계가 분명한 사실로서, 멈춤 장치로서 섬들의 명백함을 대립시킨다.*

아우렐리가 제안하는 정치적 형태가 '정확' 하고 '한계가 분명' 한 '멈춤 장치' 라고 해서, 유동적인 도시화에 맞선 '닫힌' 형태인 것은 아니다. 그는 콜하스가 웅거스의 군도 모델을 어떻게 받아들였는가를 논하면서 콜하스의 〈사로잡힌 지구의 도시(The City of the Captive Globe)〉(1972) 프로젝트를 언급하는데, 오히려 '닫힌' 형태는 여기서 발견된다고 한다.

> 웅거스는 도시를 이루는 부분들이 서로 대립하도록 계획하여 뭔가가 분리를 통해 통합된다는 변증법적 원리를 따르지만, 콜하스에게서는 블록들 간의 차이가 즉자적이다. 말하자면 일반 원리에는 아무런 영향을 주지 않고 무한한 변화가 일어날 수 있는 차이인 것이다. (…) 섬에서는 내부(단단한 땅)와 외부(바다) 간의 관계가 활력적이고 다양한 접근에 열려있으나, 콜하스의 〈사로잡힌 지구의 도시〉에서 건물의

* Aureli, 같은 책, p. xii.

> 공간은 사실 섬의 공간이 아니라 고립국에 가깝다. 고립국은 접근가능성과 동선의 체제에 엄격하게 의존하면서, 랜드마크가 제공하는 과잉된 이데올로기와 아이콘적 형상으로 보충된다.*

〈사로잡힌 지구의 도시〉라는 프로젝트는 콜하스의 〈대이주〉 프로젝트와 같은 해에 이루어졌는데, 〈대이주〉가 '벽' 을 건축적으로 주제화했다면 이 프로젝트는 군도 모델의 영향을 직접적으로 보여주는 도시의 '격자' 를 주제로 한 것이다. 베를린 장벽으로 둘러싸인 서베를린은 일종의 '고립국(enclave)' 이었으므로, 콜하스의 머릿속을 지배한 유럽과 미국 사이의 '균열' 은 〈대이주〉에서 '벽' 으로 직선화되고 〈사로잡힌 지구의 도시〉에서는 '고립국들' 을 만드는 '격자' 가 되었을 것이다.

균열의 존재는 이미 정치적 상황을 암시한다. 그러나 주체의 정치적 무의식은 그걸 무언가로 가시화할 때에야 비로소 의식화한다. 따라서 콜하스의 '벽' 은 그런 세계의 균열을 의식화하려던 방법이었을 것이다. 그러나 그럴수록 그 가시적 형태는 고립국과 같은 폐쇄적 상황을 만들기 쉽다. 아마도 아우렐리가 콜하스적인 '벽' 이 아니라 미스의 '기단' 에 주목한 게 이런 이유에서일 것이다. 기단은 벽이 아니지만 대지의 연속성에 균열을 내며 공간을 분명하게 구획하는 방법이기 때문이다. 물론 단지 '기단' 에만 기댄다고 건축이 손쉽게 정치적 주체가 될 리는 없다. 지금껏 말해왔듯이 주체 형성의 과정은 주체의 균열을 자각하고, 세계의 균열을 자각하고, 절대적 타자를 인식하고, 억압적 타자로부터 자신을 분리하는 데까지 나아가는 지난한 변증법적 과정이기 때문이다.

* Aureli, 같은 책, p. 25.

그림 22. 1989년 베를린 장벽 붕괴 당시 벽 위에 앉은 학생들

아우렐리에 따르면, 건축은 유한하고 명확한 형태를 통해 전체주의적인 경제적 도시화로부터 분리된 정치적 도시의 군도를 만들 '절대적' 가능성을 탐구해야 한다. 그러나 헤이스가 인용하는 지젝에 따르면, 실재적 균열을 파고드는 자본은 "실증적이고 명확히 구분된 실체로서 파악될 수 없음에도 불구하고 우리의 삶을 규제하는 (…) 괴물적인 환영"이다. 우리가 절대적으로 벗어나려고 해도, 자본의 환영은 계속 우리를 괴물처럼 쫓아다니며 괴롭힐 것이다. 그럼에도 그 괴물에게서 절대적으로 벗어나려하는 게 인간의 시지프스적 숙명이 아닌가. 어느 영화에서 본 대사가 생각난다. "그래도 우리, 괴물은 되지 말자"던.

14 간주곡 3: 가난을 향한 정신의 아름다움*

- 서평도서: 승효상의 『빈자의 미학』(느린걸음, 2016)

랜드마크와 장소의 기억

어릴 적, 우리 동네에는 큼지막한 감나무 한 그루가 있었다. 초등학교 입학 전 넉넉지 않은 형편에 유치원도 다니지 않았던 나는, 아침 일찍 집에서 나와 몇 백 미터가량 떨어져 있었을 그곳을 다녀오는 게 일상이었다. 감나무까지 가는 길은 넓지도 좁지도 않았던 흙길이었고, 길모퉁이에는 서점이, 길 건너에는 또래 친구의 집이 있었다. 아침에 친구 집 앞에서 그 아이의 이름을 크게 외치면, 잠에서 막 깬 친구는 눈을 비비면서도 놀 준비는 다하고 나왔다. 그렇게 친구와 감나무가 있는 곳까지 '여행'을 다녀오던 나의 몸은 아주 작았지만, 그 여정은 아주 흥미진진하고 거대한 모험처럼 느껴졌었다. 그 길의 끝에 수많은 나뭇가지를 뻗어가며 나를 맞아주던 커다란 감나무가 있었기 때문이다.

* 이 글은 『민들레』 2017년 5-6월호(통권 111호)에 기고한 서평이다.

도시 연구자 케빈 린치는 도시의 이미지를 형성하는 다섯 요소 중 하나로 '랜드마크'를 든 바 있다. 랜드마크는 '땅(land)'과 '표식(mark)'의 합성어인 만큼, 땅의 지표가 되는 무엇이다. 현대 도시에서는 보통 초고층 빌딩 따위의 눈에 띄는 구조물을 랜드마크라 말할 때가 많지만, 나의 어릴 적 랜드마크는 바로 그 감나무였다. 매일 아침 그 땅의 표식을 목적지로 삼아 동네를 한 바퀴 돌고 나면 하루 일기를 쓸 만큼의 이야깃거리가 생겼고 그 일기는 마을을 정겨운 이미지로 묘사하곤 했다. 그런데 시간이 흘러 어느새 동네의 흙길에도 아스팔트가 깔리는 '개발'이 이루어지기 시작했다. 애석하게도, 개발과 함께 감나무는 남김없이 잘려나갔다. 개발은 무(無)에서 유(有)를 만든 게 아니라, 그렇게 하나의 유(有)를 다른 유(有)로 대체했을 뿐이다. 사라진 감나무의 흔적은 이제 내 기억 속 이미지로만 재생할 수 있다. 물론 그 기억에는, 개발을 위해 희생된 것에 대한 애처로운 향수도 곁들어 있다. 눈앞에 없지만 머릿속에는 생생하게 살아있는, 어떤 소중한 장소의 상흔인 셈이다.

세기말적 상황과 시대의 의지

90년대 말 나는 대학에서 건축을 공부하기 시작했다. 덕분에 자연스레 건축가 승효상의 존재를 알게 되었는데, 당시는 그가 『빈자의 미학』(미건사, 1996)을 출판한 지 그리 오래되지 않은 시점이었다. 건축에 막 입문한 나는 외국에서 수입되어 유행하던 건축 개념들에 몰두해있던 터라, '빈자의 미학'이라는 말에 큰 매력을 느끼진 못했다. 가난한 자를 뜻하는 '빈자'라는 말과 부르주아 계급취향이 곧잘 연상되는 '미학'이란 말도 뭔가 서로 모순적으로 들렸다. 그러나 어언 20년 가까운 세월이 흘러, '빈자의 미학'을 대하는 나의 자세는 사뭇 달라졌다. 90년대의 IMF와 포스트모더니즘 유행이 지나가고 2008년 경제위기를 거쳐 전 세계의 생태 위기와 극우 포퓰리즘이 증가하는 등 정세가 혼란스러워졌고, 이제는 그 어느 때보다 인간 삶의 근본을 되묻는 사유가 절실해졌기 때문이다. 대학생 때 별 매력을 느끼지 못했던 그 역설적인 말의 조합이 이제는 오히려 갖은 풍파를 딛고 굳건히 터를 지켜온, 커다란 감나무의 뿌리처럼 느껴진다.

건축가 승효상은 1992년에 4.3그룹*의 일원으로서 처음 '빈자의 미학'을 선언했고, 4년 뒤 동명의 책을 펴낸 이후 글 쓰는 인문적 지식인의 면모를 대중에게 각인시켜왔다. 건축가가 지식인으로서 해야 할 책무를 중시하는 그는 언제나 문학·역사·철학의 중요성을 강조해왔는데 그에게 건축은 곧 '사유의 기호'이며, 동료 건축가 민현식은 그의 사유가 뿌리내린 '빈자의 미학'을 "인간성이 피폐되어가는 세기말적 징후들과 결연히 맞서려는 강한 의지"(101쪽)에 빗댔다. 초판 출간 당시 세기말적 분위기와 그에 맞선 시대정신을 논한 이 책은 이제 개정판을 내면서 또 다른 세기 초의 혼란 속에서 우리에게 필요한 시대정신을 역설한다. 초판이 94년 성수대교 붕괴 2년 후에 나왔는데, 개정판은 공교롭게도 세월호 참사 2년 후에 출간되었다. 출간 시점마저 매번 시대의 의지를 반영하고 있다.

* 한국 건축의 새로운 담론을 만들기 위해 결성되었던 젊은 건축가 14명의 모임

기능주의에 맞선 리얼리즘

민현식은 승효상을 리얼리스트로 일컫는다. 그의 사유가 현실에 뿌리내린 실천적 사유라는 뜻에서다. 그러한 면모는 이 책을 여는 글에서 건축이 취해야할 세 가지 요건으로 거론되는 '합목적성, 장소성, 시대성' 에서 드러난다. 건축에서는 흔히들 서양 건축의 전범이라 할 수 있는 비트루비우스의 '유용함(기능), 견고함(구조), 아름다움(미)' 을 건축의 3요소로 꼽곤 하지만, 승효상은 그 최종 목적을 기능보다 "인간의 구체적 삶" 에 두며 근대의 기계론적 관점과 대척점에 선다. 그는 오히려 기능주의에 맞서서 '반(反)기능' 을 옹호한다. "적당히 불편하고 적절히 떨어져 있어 걸을 수밖에 없게 된 그런 집이 더욱 건강한 집"(81쪽)이라는 것이다. 그가 말하는 '합목적성' 이란 결국 집, 학교, 교회 같은 건축물이 기능을 충족하는 걸 넘어 자기다운 존재의 목적을 실현하는 것에 있다고 볼 수 있다. 이 자기다움의 존재론은 건축의 목적을 인간의 삶에 두려는 실천적 윤리 의식의 발로이자, 유토피아적 환상에 저항하는 근본주의적 자세로 이해해야 한다. '인간이 인간다울 때' 윤리적이듯, 건축도 그 존재의 선험적인 목적을 실현할 때 합목적적이며 그 목적은 인간의 구체적 삶을 담아내는 데에 있다는 것이다.

그가 중시하는 건축의 목적인 '인간의 구체적 삶' 을 궁리하다 보면 곧 '장소성' 과 '시대성' 의 의미에 가닿게 된다. '장소성' 과 '시대성' 은 그 삶의 존재가 필연적으로 '지금-여기(now-here)' 의 현실 속에 있음을 뜻한다. 승효상에게 '지금' 은 지식인이 어떤 방식으로든 맞닥뜨려야 할 현 '시대' 이고, '여기' 는 인간이 두 발을 딛고 현존하는 기반인 '토지' 다. 그의 말을 빌리자면, "토지는 (…) 우리 인간의 삶 이전에 태어나 있었으며, 그 이후로 영겁의 세월을 지내어와 있다. 그 세월 속에서 수없는 사연들이 담기고 또 지워졌을 것이며, 그러한 흔적의 축적은 형언키 어려우리만큼 엄청난 양으로 그 속에 용해되어 있을 것이다."(15쪽) '여기' 의 토지는 이미 오랜 역사의 흔적을 간직하고 있는 장소다. "따라서 장소성의 회복은 건축가로서 지켜야 할 토지에 대한 신성한 의무가 된다."(17쪽) 한편 그의 '지금' 인 '시대성' 도 "건축가가 가진 역사의식에서 비롯된 (…) 시대를 관조한 작의가 투영된 건축의 사상적 배경"(같은 쪽)이라고 일컬어진다. 그의 사유는 시대와 하나가 된 장소 속에 존재한다. 이로써 그가 비판하는 것은 곧 우리의 저열한 세기말적 상황인데, "우리가 물려받은 아름다운 금수강산과 그것을 철저히 유린하는 집짓기"(27쪽)와 "작금에 빈번히 일어나는 이 사회의 붕괴 현상"(29쪽), 말하자면 지금 이 순간에도 끊임없이 껍데기만 바꾸며 일어나고 있는 도시 개발의 현실이다.

살아있는 침묵, 죽음의 기억

그림 23. 알베르토 자코메티, 〈행인 셋 II〉, 1949

세기말적 상황에 맞선 정신으로서 승효상이 명명하는 '빈자의 미학' 은 이 책에 두 번째로 실린 에세이의 제목이다. 이 글에서 그는 사라진 우리의 선비정신을 안타까워하며 절제와 비움, 고독의 힘을 음미한다. 스위스의 조각가 자코메티가 만들어낸 앙상한 조각과 텅 빈 공간에서 느껴지는 "가슴 조이는 긴장과 엄청난 힘"(51쪽), 추사 김정희의 글씨에서 느껴지는 "유배지의 처절한 고독에서 발견한 스스로에의 의식"과 "그의 의지의 진실됨", "정신의 아름다움"(53쪽)을 음미한다. 이로써 결국 그가 강조하는 건 침묵의 벽이다. "침묵의 벽. 비록 소박하고 하찮은 재료로 보잘것없이 서 있지만, 그 벽은 적어도 본질의 문제를 안으며 중심을 상실하지 않는, 아름다운 영혼을 가진 건축가들이 쌓은 벽이며 결단코 쉽게 허물어지지 않을 것이다."(87쪽) "벽체들은 (…) 공간들을 한정할 뿐이다. 이들 자체로는 존재하지 않으나, 세워져 있다면 그것은 형태 이전의 목적을 가진다."(85쪽) 건축이 삶을 담는 형태라면, 그 이전의 목적은 죽음이리라. 훗날 유럽의 묘지들을 방문하고 나서 쓴 「침묵의 도시」라는 글에서, 그는 침묵이 죽음을 기억하는 삶의 형식임을 얘기했다.

> 유럽의 크고 작은 도시들 모두가 일상에 죽음의 형식을 가지고 있다. 도시의 가운데에, 마을 어귀에, 성당의 뒤뜰에 늘 죽음을 두고 삶을 사는 그들이니, 그 삶이 결코 가벼울 수 없다.*

죽음은 삶이 두려워할 게 아니라, 삶 속에서 기억되며 살아나는 것이다. 삶과 죽음의 공존이란 곧 죽은 자를 기억하는 산 자의 삶이 아니던가. 승효상이 말하는 '죽음의 형식'은 역사의 망각에 저항한다. 망각은 삶 속의 불가피한 죽음이지만, 죽음의 형식은 삶 속에서 기억되는 것이다. 승효상이 막스 피카르트의 '침묵'을 인용하는 건 바로 그런 의미에서다. "살아 있는 침묵을 가지지 못한

* 승효상, 『보이지 않는 건축, 움직이는 도시』, 돌베개, 2016

도시는 몰락을 통해 침묵을 찾는다."(47쪽)* 죽음을 기억하지 못한 도시는 몰락을 통해 죽음에 이른다. 성수대교 붕괴로 인한 죽음을 망각하고 포스트모더니즘 광풍에 휩싸였던 우리는 공동사회의 몰락과 함께 20년 후 세월호 참사를 맞지 않았던가.

다시, 빈자의 미학

승효상이 말하는 '빈자'는 단순히 돈이 없어 가난한 자가 아니다. 물질적 풍요를 추구하다 불가피하게 가난해진 자가 아니라 가난을 적극적으로 나누는 정신의 풍요 속에 살아가는 자, 죽음을 회피하다가 몰락을 통해 죽음을 맞는 자가 아니라 죽은 자와 보이지 않는 자의 몫을 기억하며 살아가는 자다. 승효상은 최근에도 빈자의 미학을 재론하며 이렇게 말했다.

> '빈자의 미학'은, 가난한 이가 아니라 가난하고자 하는 이들을 위한 건축 방법론이다. (…) 하루에도 마흔 명이 가난 혹은 외로움으로 스스로 목숨을 끊는 이 절망의 사회, 300명에 가까운 사람들이 수장되는 것을 생중계로 지켜보아야만 한 이 야만의 시대(…). 결단코 우리는 20여 년 전보다 나은 사회에 있지 않다.**

가난하고자 하는 것은 가난을 기억하기에 그것을 함께 나누려는 정신이리라. 또한 침묵의 형식은 바로 그 가난과 고통, 죽음, 그리고 무언가가 사라진 빈터를 기억하는 방법이리라. 유홍준 선생의

* 승효상이 인용하는 문장의 출처는 다음과 같다. 막스 피카르트, 『침묵의 세계』(최승자 옮김, 까치, 1985), 245쪽
** 승효상, 『보이지 않는 건축, 움직이는 도시』(돌베게, 2016), 214, 216쪽.

개인 사택인 '수졸당'을 통해 빈자의 미학을 실현코자 한 승효상이 '고(故) 노무현 대통령 묘역'을 통해 망자의 터를 설계한 것은 우연이 아니다. 그는 자신이 20여 년 전에 꺼낸 방법의 유효성을 재확인한다. "빈자의 미학, 여기에선 가짐보다 쓰임이 더 중요하고, 더함보다는 나눔이 더 중요하며, 채움보다는 비움이 더 중요하다."(59쪽) 이러한 선언을 어찌 건축 방법론에 국한할 수 있으랴. 그래서 박노해 시인은 개정판 추천사에서 선언한다. "이것은 건축 책이 아니다. 이 책은 '삶의 혁명' 선언이다."

다시, 나는 내 유년시절의 감나무를 생각한다. '뿌리 깊은 나무'라고 했던가? 근본이 깊어 보인 그 나무는 아무 말 없이 묵묵히 서 있었기에, 사라져버린 그 존재가 내게는 여전히 아름다운 기억으로 남아있다. '아름답다'는 말은 어원상 '아(我)답다', 즉 '나답다'는 뜻을 내포한다고 한다. 그 본연의 존재감을 묵묵히 보여주던 아름다운 감나무는 비록 90년대에 접어들어 개발과 함께 남김없이 사라졌지만, 나는 그 보이지 않는 나무의 기억을 머릿속에서 되살린다. 그 후로 사라져간 수많은 존재들을 기억하면서. 그리고 그 사이 뿌리를 깊이 내리며 가지를 쳐온 '빈자의 미학'을 내 삶의 혁명 선언으로 번역하고 싶다. 이제 죽은 자와 보이지 않는 자의 몫을 기억해야 할 때라고. 소유가 아닌 존재를, 물질의 축적보다는 함께하는 나눔을, 눈에 보이는 표피보다는 보이지 않는 정신을 생각할 때라고 말이다.

15 우리는 같은 공유를 말하고 있는가*

- 서평도서: 배형민 · 알레한드로 자에라폴로의 『공유도시: 임박한 미래의 도시 질문』(워크룸프레스, 2017)

이 모든 문제는 공유 영역의 문제다.
- 슬라보예 지젝**

올해 가을 서대문의 한 언덕배기에 조성된 박물관 마을과 동대문 디자인 플라자, 세운상가와 창신동, 서울로7017 등지에서 제1회 서울도시건축비엔날레가 열렸다. 비엔날레 주제는 우리말로 '공유도시', 영어로는 Imminent Commons다. 우리말과 영어 사이에 어떤 간극이 느껴진다. 어떤 사연이 있어서일까? 이건 이번 비엔날레의 단행본 번역에 참여한 필자가 처음부터 떠올린 의문이었

* 이 글은 『건축평단』 2017년 겨울호에 기고한 글이며, 당시에는 '제1회 서울도시건축비엔날레에 부쳐' 라는 부제를 달고 전시리뷰의 범주로 묶여 실렸다. 하지만 이 글은 내가 번역한 주제전 단행본 첫 권인 『공유도시: 임박한 미래의 도시 질문』을 중심으로 한 매개서평의 일환으로 봐도 무방하다. 한편 이 글의 제목은 돈의문 박물관 마을에서 열린 제1회 서울도시건축비엔날레 주제전 작품인 니콜라우스 히르슈, 뮈헬 밀러와 리크릿 티라바니자의 <우리는 같은 하늘 아래에서 꿈꾸고 있는가(Do We Dream under the Same Sky)>를 변용한 것이다.

** Big Think, "Slavoj Žižek: Democracy and Capitalism Are Destined to Split Up," YouTube, 2015. 1. 17. https://www.youtube.com/watch?v=AXVEnxtZe_w#action=share (2017년 10월 31일 접속).

다. '공유도시' 라는 우리말은 어렵게 느껴지지 않았다. 대한민국의 도시인은 공공장소에 설치된 무선 '공유' 기를 통해 와이파이를 사용하고, 그렇게 인터넷 사회관계망 서비스에 접속해 각종 게시물을 '공유' 하며, P2P '공유' 사이트를 통해 정보를 입수하기도 하니까. 언제부턴가 '공유경제' 라는 이름으로 우버와 에어비앤비 같은 서비스도 등장했음을 우린 알고 있다. 반면에 Imminent Commons란 말은 어렵다 못해 어색한 조합으로 느껴졌다. 그러다 번역하는 과정에서야 그 의문을 해소할 수 있었다. Imminent Commons는 알레한드로 자에라폴로 총감독의 서문 "Imminent Urban Commons" 의 줄임말인데, urban commons는 직역하면 '도시 공유지' 가 되지만 중세 시대의 촌락 공유지가 도시로 옮겨왔다는 뜻에서 '공유도시' 로도 번역이 가능하다.* 다만 특이한 게 있다면 영문 제목에 붙은 imminent라는 형용사인데, 이 말은 보통 부정적 위협을 뜻하는 명사 앞에 붙어 위기감을 자아내는 말이기에 그렇다. 자에라폴로는 이 말을 가까운 미래에 도래할 공유도시의 형용사로 썼지만, 나는 이 말이 지닌 본래의 위기감과 가까운 미래가 주는 알 수 없는 기대 사이에서 모호함을 느끼며 '머지않은 공유도시' 라는 번역을 채택했다. 그런데 모호함은 이런 제목의 번역에만 있는 게 아니었다. 두 총감독 간의 관점에서도, 전체적인 구성에서도, 세계 각지의 필자들이 기고한 글 사이에서도, 내게 익숙하던 번역어와 이번 비엔날레에서 새롭게 접한 번역어 사이에서도 이런저런 간극을 발견하고 숙고해야 했다. 그걸 다 거론할 순 없는 노릇이지만, 나는 그중 몇 가지 간극을 중심으로 이번 비엔날레를 이해하는 데 필요한 개념들의 구도를 제한적으로나마 스케치해보고자 한다.

그림 24. 니콜라우스 히르슈, 뮈헬 밀러와 리크릿 티라바니자, 〈우리는 같은 하늘 아래에서 꿈꾸고 있는가〉, 2017, 제1회 서울도시건축비엔날레 (사진: 조순익)

공(公)에서 공(共)으로

'공유' 란 말이 많이 쓰이기 시작한 건 주로 90년대 말부터 2000년대에 본격화한 인터넷 정보기술의 발달 탓으로 보인다. 그 이전에도 물론 공유 개념은 있었지만, 그게 지금처럼 빈번하게 호출되진 않았었다. 그보다는 '공공'이란 말을 더 많이 들었던 거 같은데, 특히 필자는 건축가 정기용에게서 많이 들었던 기억이 있다. 이를 테면 그의 『사람, 건축, 도시』(2008)에는 이런 대목이 나온다.

> 도시 속에서 모든 공간은 긴밀한 유대를 갖고 있는 공공의 산물임을 확인해야만 한다.*

이 문장은 이번 서울비엔날레의 첫 번째 책 『공유도시: 임박한 미래의 도시 질문』(2017) 영문판에서 다음과 같이 번역되었다.

> Let us confirm (…) that all space in the city is an intimately interconnected product of the commons.**

'공공'이 commons로 번역된 걸 알 수 있다. 이 번역은 이전까지의 통상적 관행과 다른 것이다. '공공'은 대개 public으로, commons는 '공유지(共有地)'로 번역하는 게 일반적이었기 때문이다. 9년 만에 영역된 말은 '공공(公共)'에서 공(公)의 의미가 빠진 채로 번역됐다. 이렇게 달라진 번역은 뭘 뜻하는가?

일단 '공공(公共)'이란 말에서 '공(公)'이 제도화된 공식성을 뜻한다면, '공(共)'은 비공식적이고 수평적인 민중의 연대를 뜻함을

* 정기용, 『사람, 건축, 도시』(현실문화연구, 2008), 225쪽; 배형민, 알레한드로 자에라폴로 엮음, 『공유도시: 임박한 미래의 도시 질문』(조순익 옮김, 워크룸 프레스, 2017) 360쪽에서 재인용.

** Alejandro Zaera-Polo, Hyungmin Pai, Ramon Prat Homs, and Jeffrey S. Anderson eds, *Imminent Commons: Urban Questions for the Near Future*, Seoul; New York: Actar Publishers and the Seoul Biennale of Architecture and Urbanism, 2017, p. 399.

구분하는 게 중요하다. 따라서 양자를 합친 '공공(公共)' 은 공권력과 민중의 힘 모두를 아우르는 말이 되는데, 이렇게 양자가 합쳐지면 강자인 공권력이 약자인 민중을, 말하자면 '공(公)' 이 '공(共)' 을 억누를 가능성이 생긴다.* 실제로 일제 치하에서 민초들의 공(共)을 말살하는 식민적 공공성을 주입당한 한국 사회는 해방 이후에도 군부 독재를 거치며 제도화된 공(公) 개념을 더욱 비대하게 키워왔고, 그 결과 '공공' 에 대한 우리의 인식은 오랫동안 민초를 위한 공(共)보다 제도화된 공(公)으로 치우쳐왔다. 예컨대 우리가 흔히 접하는 '공공' 건축 프로젝트들은 응당 시민을 위한 것인데도 그 사업 주체는 늘 관공서여서 정작 그 건축의 주인인 시민들의 의견은 곧잘 무시되곤 했다. 개발 독재 시대 김현옥 시장의 서울과 부산 도시계획을, 한때 대통령까지도 한 이명박 전 서울시장의 청계천 프로젝트를, 더 가깝게는 도시재생을 하겠다며 마을 주민을 몰아내고 예술인을 입주시키려던 최근의 어느 지방공무원을 떠올려보라. 심지어 이명박 전 시장은 카리스마 있는 과감한 행정가인 양 칭송받더니 대통령까지 됐고, 그 후 반대하는 민의에도 아랑곳하지 않고 각종 사익을 위해 나라를 뒤집어놓지 않았던가? 그런 불도저 유형의 왜곡된 공(公)권력이 득세하는 동안, 민중이 주체가 되는 공(共) 개념은 제도권에서 공(公)식화되기는커녕 무시되고 핍박받으며 마녀사냥 거리가 되곤 했다. 그런 왜

* 나는 요코다 카쓰미의 관점을 빌려 말한 것이다. 나일경은 이를 이렇게 설명한다. "공공(公共)을 함께 붙여서 사용하게 되면, 공권력이 운영의 주체가 되는 공영역과 공권력에 복종하는 시민적 공영역의 세계가 당연한 것으로 받아들여질 가능성이 높다. 시민(私)이 운영하고 시민이 만들어내는 공(共)적인 세계가 지니는 공공성(公共性)의 의미가 정부와 행정이 만들어내는 공공성의 그늘 뒤로 가려져버리는 것이다." 나일경, 「칼럼 10: 생활자 정치와 연동하는 公과 私와 共의 긴장 관계」, 『어리석은 나라의 부드러우면서도 강한 시민』, 요코다 카쓰미 지음, 나일경 옮김, 논형, 2004, 313쪽.

곡된 공권력이 한동안 공공성을 계속 파괴하다가 작년 겨울부터 촛불을 든 전국 각지의 민중이 새로운 권력을 공식 선출해낸 지금에야 우리는 비로소 민주공화국(民主共和國)의 기틀을 세울 기회를 맞이했다 할 수 있겠다.

public과 common

한자말에서 두 가지 공 개념이 나타나듯, 영단어에서도 두 가지 공 개념을 구분할 수 있는데 public과 common이 그것이다. 먼저 public이란 말은 pūblicus라는 라틴어에서 왔고 pūblicus는 요즘 영어로 people에 해당하는 라틴어 populus의 파생어인 populicus에서 변형된 말이다. 현대 영어에서 people은 public과 다른 의미 범주를 갖는 말이며, 1918년에 미국의 윌리엄 스트렁크 2세는 두 단어를 이렇게 구분했다.

> the people은 the public과 혼동해서는 안 되는 정치 용어이다. 'people' 은 정치적 지지나 반대를 하는 주체이고, 'public' 은 예술의 감상이나 상업적 후원을 하는 주체이다.*

'인민(人民)' 내지는 '민중(民衆)' 을 뜻하는 people**과 달리, public은 '예술의 감상이나 상업적 후원을 하는' 부르주아 시민사

* 윌리엄 스트렁크 2세(1918), 『영어 글쓰기의 기본(The Elements of Style)』, 김지양 · 조서현 옮김, 인간희극, 2007, 92쪽; the people과 the public의 번역어만 삭제하고 인용.

** people은 국내에서 '민족(民族)' 이나 '국민(國民)' 으로 번역되기도 한다. 하지만 이런 용어들은 '공(公)' 적 이념('민족' 의 경우 하나의 핏줄이라는 이념, '국민' 의 경우 근대적 국가 이념)을 함축하는 nation과 혼동을 빚을 우려가 크기 때문에, '인민' 이나 '민중' 으로 번역하는 게 더 정확하다.

회의 '공중'을 가리키는 말로 구분한 것이다. 왜 이런 차이가 생겼을까. 이를 이해하려면 public의 의미 변화를 역사적으로 짚어볼 필요가 있다. 위르겐 하버마스에 따르면, public은 고대에 common(공통[共通]이나 공동[共同])*의 의미를 포함하는 '공공(公共)'을 뜻했으나 중세에 들어 common(共)을 배제하고 오히려 private(私)의 의미가 강화되는 현상이 일어났다. 고대에는 private이 공적 범주에서 배제된 사(私)적 의미를 가진 말이었지만, 중세에는 public이 인민을 배제하는 특수(particular) 범주로 좁아지면서 왕이나 국가의 공권력을 위한 '과시적 공공성'으로 발전해 오히려 사적 성격을 띠게 됐고, common은 그런 사적 소유에서 배제된 평민의 범주로 남았다는 것이다.** 중세 봉건제에서 도시 성벽 밖의 공유지(commons)는 배제된 평민(commoner)들이 함께(共) 나누던 곳이었으며, common이 저속한 '통속'의 의미를 띠게 된 건 그런 중세적 현상이었다. 말하자면 공유(共有)가 특권적 사유(私有)에 밀려나는 사회 변화였던 셈인데, 이런 중세적 계층 구조의 의미는 현재 영국과 캐나다 양원제에서 '하원(下院)'을 뜻하는 House of Commons라는 말에도 남아있다. 게다가 중세 이후 발달한 부르주아(bourgeois) 계급은 공식적 특수성을 갖는 왕권에 대항해 여론을 형성한 공중(公衆, public)이자 프랑스혁명 당시 인민을 위한 인권선언의 주역이었지만, 프롤레타리아와는 여전히 구분되는 시민(burgher)이었다. 이렇게 이어져오고 있는 부르주아적 소

* 이번 서울비엔날레 도시전은 '공동의 도시'라는 제목을 달았고, 영문 제목은 commoning cities였다. 한편 김광현은 『건축 이전의 건축, 공동성』(공간서가, 2014)이라는 책에서 '공동성(共同性)'을 commonness와 대응시키고 루이스 칸의 commonality를 역시 '공동성'으로 번역했다.

** 위르겐 하버마스, 『공론장의 구조 변동』, 한승완 역, 나남출판, 2001, 67쪽(제1장 2절, '과시적 공공성의 유형' 부분) 참조.

유 '공화국(republic)' 형태에 대항하기 위한 기획으로서, 2000년대 말 안토니오 네그리와 마이클 하트는 빈자 다중의 '공통체(共通體, commonwealth)'를 주창하기도 했다. 이렇듯 public과 common의 의미가 중첩되기도 분리되기도 한 역사를 고려해볼 때, public은 늘 公을 포함하되 共은 포함할 때도 배제할 때도 있는 개념이지만 common은 늘 共을 포함하며 빈자의 범주까지도 아우르는 개념이라고 구분할 수 있다.

형용사 common을 복수화한 명사인 commons는 경제학자 윌리엄 포스터 로이드(William Forster Lloyd)가 1833년에 처음 언급한 말인데, 이후 1968년에 생태학자 게릿 하딘(Garrett Hardin)이 '공유지의 비극(Tragedy of the Commons)'이라 명명하면서 '공유지(共有地)'로 번역되는 경우가 많았다. 소떼를 함께 방목하는 공유지에서 사익을 취하려는 목동 개개인이 소를 더 키우기 시작할수록 과방목이 일어나 결국 땅 전체가 황폐화된다는 공유지의 비극은 주로 사적 소유를 옹호하는 경제학자들에게 즐겨 인용되는 소재가 됐다. 하지만 현대적 의미의 commons는 더 이상 촌락 공유지에 국한되지도, 심지어 '땅(地)'의 범주에 그치지도 않는다. 정보기술 분야에서 리눅스와 오픈소스 기술의 발달과 함께 대두된 digital commons라는 용어는 중세적 공유지에서 영감을 받은 이름이지만, 그 장소는 촌락보다 도시를 중심으로 하며 "자원과 재산권과 규정을 함께 아우"른다.* 서울비엔날레에서는 이 하나의 용

* 네레아 칼비요, 「공통적인 것을 위한 공기 기반 체계」, 『공유도시: 임박한 미래의 도시 질문』, 55쪽. 예컨대 디지털 공유 자원과 함께 결부되는 지적재산권과 인터넷 규약을 떠올려보면 된다.

어가 전반적인 맥락상 '공유', '공유 자원', '공유 양식/기술', '공유지' 등으로 달리 번역됐지만, 나는 이 모든 걸 포괄하는 용법으로 '공유 영역(共有領域)' 이라는 번역어도 채택했다.

공유 영역: 인간, 자연, 기술

이번 서울비엔날레에서는 공유 자원의 위기에 공유 기술로 대처하는 시도가 일단 눈에 띄는데, '사용자 직접(Do-It-Yourself)' 방식의 감지 기술로 공기 질을 시각화하는 마이데르 야구노무니차 팀, 인류세(人類世, Anthropocene)*를 특징짓는 화석연료에 대항해 순수한 공기와 태양열만으로 가동되는 '공기세 탐험기구(Aerocene explorer)' 를 연구하는 토마스 사라세노, 인간의 건강 데이터를 수중에서 탐지하는 기술을 연구하는 카를로 라티 팀, 도시의 폐건물에서 광물을 캐내거나 균사체를 양식해 건축 재료로 재활용하는 디르크 헤벨 팀이 그런 예다. 세운상가 등 서울의 여러 생산 밀집 지구에서 이뤄진 '생산 도시' 워크숍은 미국의 제작자 페어(Maker's Fair)나 암스테르담 모델인 메이커 스페이스(maker space)와 리페어 카페(repair cafe) 등 공식적 공(公) 차원보다 비공식적 공(共) 차원에서 이뤄지는 협업을 원형(原型)으로 하고 있다. 라훌 메로트라와 마이클 젠이 주목한 인도의 도시락 배달부(dabbawala)는 비공식 식단 유통 시스템이 공식 교통 체계를 새롭

* "인류 문명이 지구온난화를 비롯한 생태적 변화를 일으키는 등 지구 환경에 주된 영향을 끼치는 시대라는 의미로, 2000년에 네덜란드 대기화학자 파울 크뤼천이 사용하면서 널리 퍼진 용어다. (…) 인류세의 시작 시점에 관해서는 현재 1945년, 1610년, 1964년 등으로 학자마다 의견이 갈리고 있다." 조순익, 옮긴이 각주 2번, 『공유도시: 임박한 미래의 도시 질문』, 41쪽.

게 활성화한 사례를 보여주고, 군터 파울리는 풀뿌리 협동조합을 기반으로 공유 자원을 재창조하는 제로배출연구구상(Zero Emissions Research and Initiatives: ZERI)의 시도를 설명한다. 조경학의 전통에서 배제되어온 시위의 풍경을 랜드스케이프의 새로운 범주로 다루자는 데이비드 기슨, 도시가 공식 권력체계의 무력화를 도울 가능성을 따지며 오픈소스 도시계획을 강조하는 사스키아 사센, 스마트 도시에 반대하며 스마트한 시민을 기대하는 애덤 그린필드의 글은 공(公)을 탈환하는 공(共)의 정치적 주체성을 강조한다.*

이 모든 프로젝트는 분명 공(公)보다 공(共)을 지향하는 비공식적 시도에 가까워 보이는데, 자에라폴로 총감독은 전반적인 주제를 '탈인간적 우주론(posthuman cosmology)' 의 관점에서 바라본다. 그는 이렇게 말한다.

> 인류세의 인간은 자연 생태계와 지질학적 구조, 심지어는 기후까지도 바꿀 수 있게 됐으며, 자연적인 것과 인공적인 것을 구분하기가 점점 어려워질 만큼 인간의 힘은 매우 강력해졌다. (…) 건축가와 도시설계자가 일과 가정생활 같은 인간적 기능을 분배하면서 효과적 행위 주체가 될 수 있다는 건 기껏해야 순진한 개념에 지나지 않는다. (…) 도시가 권력 구조(와 종종 불평등 또는 생태계 파괴)를 생산하고 시행하는 도구가 되기보다 공동선을 위한 장치가 되려면, 자원과 기술을 핵심으로 하는 도시적 실천이 필요하다. (…) 인간적 기능에 기초한 도시계획은 도시성을 생산하기보다 권력을 분할하고 행사하는 메커니즘이 된 만큼, 이제는 시급한 과제인 탈인간적 공유 영역을 다룰 만한 일

* 사센의 경우 이를 '대항 공중(contestatory public)' 의 형성이란 말로 설명하고 있다. 사스키아 사센, 「도시는 공식 권력 체계의 무력화를 도울 수 있는가?」, 같은 책, 194쪽.

단의 새로운 도시적 도구를 개발할 필요가 있을 것이다.*

서울도시건축비엔날레의 기획자들은 공유 영역을 공기(air)·물(water)·불(fire)·땅(earth)이라는 4가지 자원 범주와 감지하기(sensing)·소통하기(communicating)·움직이기(moving)·만들기(making)·다시 쓰기(recycling)라는 5가지 양식 범주로 분류하는데, 전자가 자연의 범주라면 후자는 기술의 범주다.** 한편 슬라보예 지젝은 일찍이 공유 영역을 세 가지로 구분한 바 있다.

> 첫 번째는 문화라는 공유 영역, 즉 즉각적으로 사회화된 형태의 인지자본(cognitive capital)이다. 여기에는 주로 우리의 소통과 교육의 수단인 언어뿐만 아니라, 대중교통과 전기와 우편 등의 공유 기반체계가 포함된다. 두 번째는 오염되고 착취당할 위험이 상존하는 외적 자연(external nature)이라는 공유 영역이다. 세 번째는 인류가 생물 발생학적으로 전수받은 내적 본성(internal nature)이라는 공유 영역이다.***

첫 번째 영역은 인간의 산물이지만, 두 번째와 세 번째 영역은 자연의 영역이다. 그 중에서도 세 번째 영역인 인간의 자연적 본성은 인간과 자연의 공통 요소다. 서울비엔날레의 9가지 공유 영역을 지젝의 분류와 비교해보면 공기·물·불·땅이 외적 자연을,

* 알레한드로 자에라폴로, 「머지않은 공유도시」, 같은 책, 41–3쪽.

** 자에라폴로는 이 5가지 양식 범주가 질베르 시몽동이 정의한 '기술적 대상의 존재 양식' 개념에 착안한 것으로서, 이런 존재 양식이 "육신을 떠난 집합적 존재 양식을 발전시켜왔고 (…) 인간적 기원을 초월한 것"이라고 말한다. 같은 책, 43쪽.

*** Slavoj Žižek, "How to Begin from the Beginning," *New Left Review* 57 (May-June 2009), p. 53. 이 세 가지 구분은 지젝이 네그리와 하트의 공유 영역 개념을 재해석하는 차원에서 나온 것이다. 참고로 지젝은 이 세 가지를 공유 영역을 둘러싼 '적대'의 차원으로 재규정하면서, '포함된 자'와 '배제된 자' 간의 적대를 가장 중요한 네 번째 요인으로 덧붙인다.

감지하기 · 소통하기 · 움직이기 · 만들기 · 다시 쓰기는 인간이 생물학적으로 물려받은 종적 본성을 다룬다고 볼 수 있는데, 이 5가지 공유 양식이 5가지 공유 기술로 실천된다는 건 인간의 내적 본성이라는 영역에서 자연이 기술화함을 뜻하는 것이기도 하다.

이와 비슷하게 인간 외의 비인간 요소가 자연과 기계로 갈리는 것도 주목할 만하다. 예컨대 린지 브렘너는 광산에서 흘러나온 갱내 산성수가 자연의 비인간 개체로서 인간 사회에 흘러들어 발휘했던 반체제성에 주목했다면, 파비오 그라마치오 · 마티아스 콜러 · 얀 빌만은 인간의 손길을 기계의 손길로 바꾸는 로봇 조립식 건축을 연구하면서 향후 인간이 기계와 다른 새로운 역할을 맡을 것을 주문한다. 인류세의 인간중심 세계관에 비판적이며 비인간(nonhuman) 명제*에 주목하는 건 양자의 공통점이지만, 전자가 상정하는 탈인간적 타자는 자연인 반면 후자에서는 기계가 그 타자의 자리를 대신한다. 자연에 주목하는 전자는 생태주의적 관점이기도 하지만, 기계에 주목하는 후자는 인간의 노동을 다른 형태의 작업으로 전환할 필요를 역설하는 만큼 필연적으로 인간 노동의 미래를 고민하게 만든다.

기계와 인공지능의 매개로 이뤄질 인간의 탈-노동(post-labor)은 인간을 새로운 창조의 세계로 인도할 것인가, 아니면 생물학적 인류의 멸종을 알리는 징후로 판명될 것인가? 이 어려운 질문에 대

* 브렘너는 브뤼노 라투르의 과학철학적 관점에서 이러한 '비인간' 명제에 주목한다. 라투르의 '명제(proposition)' 개념은 인간 요소에만 해당하는 행위자(actor)와 달리 비인간 요소까지 아우르는 행위소(actant) 개념과 등치되는 개념이다.

한 고민은 이미 많은 사람들이 해왔고, 지난 10월 마지막 토요일 국립현대미술관에서 열린 '슈퍼휴머니티(Superhumanity)' 심포지엄에서도 다뤄졌다. 당시 세 번째 세션 중 '인간'을 둘러싼 여러 입장이 내게 가장 인상 깊게 다가왔는데, 이 부분은 이미 서울도시건축비엔날레의 두 총감독 사이에 논의된 쟁점을 포함하고 있었다.

우리는 같은 '인간'을 말하고 있는가

배형민 총감독은 '인간' 개념에 대해 이렇게 말하고 있다.

> 세상을 뒤흔드는 힘을 가진 자연과 기술은 인간적인 것과 구분되는 것이 아니라, 인간의 협치 행위에 내재되어 있는 것이다. 이런 세계관은 서양의 휴머니즘과 전혀 다른 계보에 있다. 서양의 휴머니즘은 초월적 절대자에 대한 급진적 도전으로서 출현해 정치적 · 기술적 · 사회적 메커니즘이 되었다. 이에 반하여 중국과 동아시아의 정치-종교 세계에서는 한 번도 절대의 개념이 존재한 적이 없다고 할 수 있다. 인류사에서 인간을 그들 자신과 분리된 자연의 정복자로 보는 오만함과 힘을 가졌던 사회는 극히 소수였다. 이 특수한 전통을 따르지 않는 곳에서 탈인간주의는 명백한 모순이며, 순진하게 봐주더라도 자기기만적이라는 비판을 벗어날 수 없다.*

동아시아의 '인간(人間)' 개념과 서양의 '휴먼(human)' 개념이 다르기 때문에 '탈인간주의'는 동아시아에서 명백한 모순일 수밖에 없다는 것이고, 그렇게 보면 자에라폴로의 '탈인간적 우주론'도 모순적인 말이 된다. 하지만 과거 동 · 서양의 차이를 막론하고

* 배형민, 「비엔날레 통치성」, 『공유도시: 임박한 미래의 도시 질문』, 34쪽.

이제는 전 인류가 함께 세계적으로 생각해야 할 시대임을 감안한다면, 자에라폴로가 인류세에 대한 비판적 관점으로서 탈인간주의를 내세우는 걸 이해 못할 일은 아니다. 그보다 내가 언급하고 싶은 건 탈인간주의가 서양에서도 전적으로 수용되진 않는다는 사실이다. 지난 '슈퍼휴머니티' 심포지엄의 연사였던 프랑스 철학자 카트린 말라부(Catherine Malabou)는 지금껏 회자되어온 humanity(휴머니티)와 posthumanity(포스트휴머니티), transhumanity(트랜스휴머니티) 같은 용어들 모두와 다른 superhumanity를 일부러 사용했는데, humanity에 비슷한 듯 다른 접두어를 붙여가며 만들어진 이 조어들은 모두 인간이 인간을 뛰어넘기를 요청한 니체의 '초인(Übermensch)'* 사상이 남긴 여파들이다. 포스트휴머니티는 푸코와 들뢰즈 같은 후기구조주의 사상가들의 여파로 유행한 지 오래된 개념이고 트랜스휴머니티는 최근 인공지능 기술이 발달하면서 레이 커즈와일 같은 연구자가 들뢰즈적 개념을 응용해 퍼뜨린 용어라면, 슈퍼휴머니티는 데리다의 제자인 말라부가 들뢰즈와는 또 다르게 니체 본연의 관점으로 돌아가 구분한 용어다.** 그런데 일찍이 니체적 사상들이 유행

* 영어로 직역하면 Overman이고, 우리가 잘 아는 영화 캐릭터인 '슈퍼맨(Superman)' 도 니체적 초인을 상업화한 명칭이다.

** 말라부는 유동성/유연성(fluidity/flexibility)과 가소성(plasticity)이란 말로 들뢰즈적 잠재성(virtuality) 담론과 데리다의 니체 해석을 각기 구분한다. 그리고 커즈와일의 트랜스휴머니티는 유동성만을 극대화한 문제적 버전으로 본다. '가소성' 이 인간 존재의 시한성을 인식하면서 인간을 주체적으로 변형하는 것이라면, '유동성' 은 가소성의 적대적 쌍둥이로서 그런 시한성에 복수하는 끝없는 영생의 추구로 변질된다는 것이다. 그의 이런 유동성과 가소성의 구분은 슈퍼휴머니티 심포지엄의 다른 연사인 커먼 어카운츠(Common Accounts)의 발표「강남, 근육, 죽음: 온라인 도시를 위한 의식 프로토콜(Gangnam, Muscle and Death: Ritualistic Protocols for Online Urbanism)」에 대한 코멘트에서 명시됐다. 한편 '사후(afterlife)' 의식에 관한 커먼 어카운츠의 작업 중 일부는 이번 서울비엔날레에서「세 개의 일상적 장례식」이란 이름으로 전시됐다.

하던 유럽에서, 폴 비릴리오는 이미 그런 영향을 받은 개념들을 두고 콧방귀를 뀌었다.

> (…) 나의 관점에서, 인간(Man)은 우주의 중심이 아니다. 인간은 우주의 끝이자, 세계의 끝이다. 이건 '초월적 자아(transcendental ego)' 나 '자아중심주의(egocentrism)' 와 아무 관련이 없다. 내가 보기에, 인간 너머에는 아무것도 없다. 기술과 우생학, 로봇학, 보철술 따위는 잊어버려라. [프리드리히 니체의] '초인' 따위도 잊어버려라. 나는 이런 개념들이 전혀 인간주의적이지도 않고, 그보다 훨씬 더 나쁘다고 생각한다. 이건 나한테 매우 중요한 논점인데, 내가 테크노사이언스와 그 컬트라고 부르는 전체주의의 이런 최신 유행 형태를 나는 전적으로 반대하기 때문이다. 나는 거기서 전대미문의, 매우 과장적으로 기술된 우생학 프로그램을 본다. (…) 이 새로운 우생학의 유행 뒤에 숨어 있는 개념은 인간을 완벽하게 만든다는, 더 나은 인간을 만든다는 개념이다. 인간을 '향상시킬' 가능성, 인간을 만지작거려 더 나은 무언가로 만들 가능성. 그 따위 것은 없다. 절대로, 결단코.*

배형민의 동아시아적 인간 개념이든, 자에라폴로의 탈인간적 우주론이든, 말라부의 니체-데리다적 초인간이든, 비릴리오의 무정부주의-기독교적 인간 개념이든, 인간이 우주의 중심도 무한한 존재도 아니라고 생각하는 건 공통적이다. 하지만 기술과 로봇, 인공지능이 중심이 되는 탈인간주의와 트랜스휴머니즘은 인간이 아닌 기계의 무한성에 기대를 거는 순간 위험에 빠진다. 이런 식의 들뢰즈적 기계론은 자연-인간-기계의 유연한(fluid) 연속체를 상정하기 때문에,** 자칫 탈인간주의를 빌미로 한 인간에 대한 기계적

* Paul Virilio's interview with John Armitage, trans. Patrice Riemens, in *Virilio Live: Selected Interviews*, ed. John Armitage, London; Thousand Oaks; New Delhi: Sage, 2001, p. 21.

** 더 정확히는 '들뢰즈-가타리적' 기계론이라 말해야 할 것이다. 들뢰즈 · 가

착취와 궁극적으로는 자연에 대한 기계적 착취를 촉진하기 쉬운 조건을 낳는다.*

자, 그럼 우리는 어떤 '인간'을 말해야 하는가? 이제는 좀 더 쉽게 접근해보자. 프란치스코 교황은 2015년 유엔 연설에서 다음처럼 인간을 정의한 바 있다.

타리의 『천개의 고원』(1980)을 요약하는 핵심어는 '추상 기계(Abstract Machine)' 인데, 그들은 이 개념을 이렇게 설명한다. "(…) 추상 기계는 형식과 실체를 전혀 모른다. 그렇기 때문에 추상적이고, 엄밀한 의미에서 기계 개념으로 정의될 수 있다. 추상 기계들은 어떤 종류의 기계론(mechanics)도 초월한다. (…) 추상 기계는 분명 스스로를 구성한 동시에 고른 면(plane of consistency)을 구성한 것이다. (…) 고른 면은 연속적 변이의 면이다. 모든 추상 기계는 내용과 표현의 변인들을 연속적으로 배치하는 변이의 '고원(plateau)' 이라 볼 수 있다." Gilles Deleuze and Félix Guattari, *A Thousand Plateaus: Capitalism and Schizophrenia*, trans. Brian Massumi, University of Minnesota Press, 1987, p. 511. 이 개념은 『천개의 고원』이 출판되기 1년 전인 1979년에 가타리가 출판한 『기계적 무의식』에서 발전한 것인데, 이 책에서 가타리는 이렇게 말한다. "(…) 결을 거슬러 시간을 생각하기, 사후(after)에 오는 것이 사전(before)에 있는 것을 변경하거나 과거를 뿌리째 바꾸는 것이 현재 상황을 변형할 수 있다고 상상하기, 이 얼마나 미친 생각인가! 마술적 사유로 돌아가기! 이건 순수한 과학적 허구다. 하지만 그렇다고 해도… 내가 보기에 이런 상호작용을 탐구하려는 시도에 부조리함은 없다. 나는 이걸 '기계적(machinic)' 이라고 특징짓고 싶다. (…)" Félix Guattari, *The Machinic Unconscious: Essays in Schizoanalysis*, trans. Taylor Adkins, Cambridge; London: Semiotext(e), 2011, pp. 10-1.

* 물론 우리는 아직 자본주의의 파괴력에 대해 말하지 않았다. 미첼 요아킴과 크리스천 휴버트는 인류세에 대한 자에라폴로의 비판적 관점과 다른 견지에서 "자본세(資本世, Capitalocene)가 인류세의 종말을 가져오게 놔둘 수는 없다" 고 말한다(요아킴 · 휴버트, 「쓰레기의 종말? 사회 생태학적 공유지를 향해」, 『공유도시: 임박한 미래의 도시 질문』, 297쪽). 인류 자체가 지구를 파괴해왔다고 생각하는 쪽에서는 인류세를, '자본주의' 가 지구를 파괴해왔다고 생각하는 쪽에서는 '자본세' 를 비판하는 것이다. 다만 인류가 지구에 주도적 영향을 미치는 시대라고 생각하는 점에서는 모두가 일치한다. 요아킴과 휴버트는 '자본세' 를 이렇게 설명한다. "이 표현은 생물권이 인류가 만든 경제 영역뿐 아니라 어떤 한계도 수용하지 못하는 자본주의의 무한한 성장(루이스 멈퍼드의 '기계' 개념도 참조)과 불가분 융합한다는 뜻을 담는다." 또한 "자본세에 역행하는 주인공은 우리의 자연 세계다" 라고 말하며 (자본주의적) 기계와 (인간을 포함하는) 자연의 대립 관계를 표현한다(요아킴 · 휴버트, 같은 책, 287쪽).

생태 위기와 대규모의 생물다양성 파괴는 인간 종의 실존 자체를 위협할 수 있습니다. 오로지 부와 권력을 향한 열망만이 이끄는 전 세계 경제의 무책임한 관리 실수가 남긴 유해한 결과는 인간에 대한 솔직한 반성을 하라는 소환장의 역할을 해야 합니다. 인간에게는 단지 인간이 자신을 위해 만드는 자유가 전부가 아닙니다. 인간은 자기 자신을 만들지 않습니다. 인간은 정신과 의지일 뿐만 아니라, 자연이기도 합니다.*

한편 우리에게는 '사람'이라는 아름다운 우리말이 있다. '사람'은 '살다(生)'의 어근 '살-'에 명사화접사가 붙어서 파생된 말이다. 또한 이 '살-'이라는 같은 어근에서 '사랑'이란 말도 파생되었다. 생(生)은 그렇게 사랑을 만들고, 사람을 낳는다. 그렇다면 그렇게 살아가는 사람들 사이를 사랑으로 열어놓는 것이야말로 '인간(人間)'이리라. 이는 곧 '함께' 하는 공(共)이자, 개인(私)들의 생기로 공(公)을 개방하는 활사개공(活私開公)의 의미이기도 하지 않은가? 우리가 서로 뭔가를 '공유(共有)'하는 것은 단순한 기술의 문제를 넘어, 바로 그런 사랑의 발로여야 할 것이다. 사람을 배제하는 기계적 애착이 아닌, 사람에게 열린 사랑 말이다.

사람에게 열린 공유

사람에게 열린, 사랑의 발로에서 나오는 공유는 구체적으로 어떻게 가능한가. 이번 서울비엔날레 도시전에 참가한 일본 도쿄 팀의 전시가 그 실례를 잘 보여준 듯하다. 도쿄 팀은 '공유재(Common Matters)'라는 제목의 전시를 기획했는데, 여기서 말하는 matter는

* 프란치스코 교황, 2015 교황 유엔 연설 전문, 같은 책, 347쪽.

단순한 재화에 그치는 게 아니라 '문제' 나 '사안' 으로도 번역할 수 있다. 즉 common matters는 지역민들 사이의 공유재이자 '공동의 사안' 으로 인식되는 문화적 공유 영역을 말하는 것이다. 이런 의미에서 그들은 야나카 근린지구의 21가지 공유재를 제시하는데, 그 성격을 열거해보면 다음과 같다.

> 1. 비영리 문화 · 역사 연구회 / 2. 공공 대여용 공지(空地) / 3. 노상 서점 / 4. 화분으로 수놓은 길거리 / 5. 철거를 막고자 숙소로 전환된 전통 가옥 / 6. 지역사회의 잊혀진 보물을 기록하는 청년 건축 연구회 / 7. 묘지 주변 찻집 / 8. 점포 앞 식음 공간 / 9. 동네 길고양이 / 10. 지역민이 사랑하는 랜드마크 나무 / 11. 비영리 유소년 극장 / 12. 생활자전거 대여소 / 13. 후지산 경관 보존을 위한 시민 연대 / 14. 주변 식당을 안내하는 사찰 점괘 / 15. 지역민의 전시 공간으로 변하는 도시 / 16. 지역사회를 가꾸는 지역민 두뇌집단 / 17. 갤러리가 된 목욕탕 / 18. 지역 잡지 / 19. 잃어버린 문화로 만드는 축제 / 20. 지역 공동체 집단 / 21. 매달 어린이 놀이 공간이 되는 길거리*

우리에게도 친숙한 내용이 많지만, 이렇게 모아놓으니 탈인간적 우주론과는 상이한 특징이 보인다. 그것은 다름 아닌 열린 시 · 공간을 여럿이서 함께 나누며 문화와 자연을 가꾸는 '사람들' 이다. 문화와 자연을 가꾸려면 생활자전거처럼 속도가 빠르지 않은 움직임이 좋고, 식당을 안내하는 점괘나 어린이 놀이 공간, 지역민 축제 같은 행사는 문화적 활력을 키우기에 좋다. 그리고 무엇보다 관공서나 외부에서 투입된 자본이 아닌, 지역민이 그런 활력을 불어넣는 주체가 되어야 한다. 그래야 무분별한 개발로 인한 문화와 자연의 파괴를 지역민이 나서서 막고, 지역민이 공유하는 문화와

* 2017 서울도시건축비엔날레 도쿄전 소책자 *Common Matters: Tokyo*, curated by Keigo Kobayashi, Christian Dimmer.

자연을 살리는 진정한 의미의 도시 재생이 가능할 것이다. 이 모든 게 이미 동아시아적 '인간(人間)'의 공유(共有)를 뜻하고 있지 않은가? 문화 가꾸기도 자연 가꾸기도 모두 기술이 아닌 사람 사이의 열린 관계 속에서 이뤄진다는, 단순하지만 잊기 쉬운 의미 말이다.

삽화출처

<u>1장</u>

그림 1 (게리 주택): IK's World Trip [CC BY 2.0],
https://commons.wikimedia.org/wiki/File:Gehry_House_-_Image01.jpg

그림 2 (빌바오 구겐하임 미술관): MykReeve [CC BY-SA 3.0],
https://commons.wikimedia.org/wiki/File:Guggenheim-bilbao-jan05.jpg

그림 3 (베이징 CCTV 본사 사옥): Randy Rambo [CC BY 3.0],
https://commons.wikimedia.org/wiki/File:CCTV_Building,_Beijing,_China,_May_24,_2010_-_panoramio.jpg

그림 4 (시애틀 공공도서관): Ming-yen Hsu [CC BY-ND 2.0],
https://www.flickr.com/photos/myhsu/15094965442

<u>2장</u>

그림 5 (라캉의 보로메오 매듭 다이어그램): Amtsatsos [CC BY-SA 4.0],
https://commons.wikimedia.org/wiki/File:The_Alien_Jouissance_-_Borromean_Knot.png

<u>3장</u>

그림 6 (마르세유 생샤를 역 계단): Acp~commonswiki [CC BY-SA 3.0],
https://commons.wikimedia.org/w/index.php?curid=580349

그림 7 (베네치아 산마르코 광장): 조순익, 2006

그림 8 (파리 퐁피두 센터와 광장): 조순익, 2006

그림 9 (퐁피두 센터 안에서 바라본 광장과 건너편): 조순익, 2006

<u>4장</u>

그림 10 (비트라 소방서): Marsupium [CC0],
https://commons.wikimedia.org/wiki/File:Vitra_Campus_-_Hadid_Fire_Station_-_full_view,_blue_sky.jpg

그림 11 (DDP): Forgemind ArchiMedia [CC BY 2.0],
https://www.flickr.com/photos/eager/13371215353

8장

그림 12 (카라바조, <의심하는 도마>, 1601-2): 퍼블릭 도메인,
https://commons.wikimedia.org/wiki/File:Caravaggio_-_The_Incredulity_of_Saint_Thomas.jpg

9장

그림 13 (영화 <파운틴헤드>(1949)의 한 장면): 퍼블릭 도메인,
https://commons.wikimedia.org/wiki/File:Gary_Cooper_and_Patricia_Neal_The_Fountainhead_1949.jpg

10장

그림 14 (로스앤젤레스 공항): TimBray at en.wikipedia [CC BY-SA 3.0],
https://commons.wikimedia.org/wiki/File:LAX-International-checkin.JPG

11장

그림 15 (사이보그 아티스트 닐 하비슨): Dan Wilton/The Red Bulletin [CC BY 2.0], https://commons.wikimedia.org/wiki/File:Neil_Harbisson_cyborgist.jpg

12장

그림 16 (제레미 벤담, 원형감옥 계획도면), 1791: 퍼블릭 도메인,
https://commons.wikimedia.org/wiki/File:Penetentiary_Panopticon_Plan.jpg

그림 17 (한스 홀바인, <대사들(The Ambassadors)>, 1533): 퍼블릭 도메인,
https://commons.wikimedia.org/wiki/File:Hans_Holbein_the_Younger_-_The_Ambassadors_-_Google_Art_Project.jpg

그림 18 (히에로니무스 보스, <일곱 가지 대죄와 네 가지 종말>, 1502-10): 퍼블릭 도메인,
https://commons.wikimedia.org/wiki/File:Hieronymus_Bosch-_The_Seven_Deadly_Sins_and_the_Four_Last_Things.JPG

그림 19 (카메라 옵스큐라 도해, 작자미상, 18세기경): 퍼블릭 도메인,
https://commons.wikimedia.org/wiki/File:001_a01_camera_obscura_abrazolas.jpg

13장

그림 20 (동독과 서베를린을 가르는 장벽 모형, 찰리 검문소 박물관): 조순익, 2006

그림 21 (라캉의 보로메오 매듭으로 정리한 헤이스의 『건축의 욕망』): 조순익, 오픈아키텍처스쿨 강의자료, 2016

그림 22 (1989년 베를린 장벽 붕괴 당시 벽 위에 앉은 학생들): 미네소타대학교 고등학술연구소(University of Minnesota Institute of Advanced Studies), 141107-A-YG824-002.JPG, 퍼블릭 도메인, https://www.nationalguard.mil/Resources/Image-Gallery/News-Images/igphoto/2000952015/

14장

그림 23 (알베르토 자코메티, <행인 셋 II>, 1949): Shinya Suzuki [CC BY-ND 2.0], https://www.flickr.com/photos/shinyasuzuki/9328126487

15장

그림 24 (니콜라우스 히르슈, 뮈헬 밀러와 리크릿 티라바니자, <우리는 같은 하늘 아래에서 꿈꾸고 있는가>, 2017): 조순익, 2017

참고문헌 (서평도서 제외)

국내문헌

네그리, 안토니오와 하트, 마이클 (2014). 『공통체』, 정남영 · 윤영광 옮김, 사월의책.

드보르, 기 (2014), 『스펙타클의 사회』, 유재홍 옮김, 울력.

들뢰즈, 질 (2004). 『주름, 라이프니츠와 바로크』, 이찬웅 옮김, 문학과 지성사.

라캉, 자크 (2008). 『세미나 11권: 정신분석의 네 가지 근본개념』, 자크-알랭 밀레 엮음, 맹정현 · 이수련 옮김, 새물결.

로버츠, 애덤 (2007). 『트랜스비평가 프레드릭 제임슨』, 곽상순 옮김, 앨피.

르페브르, 앙리 (2005). 『현대세계의 일상성』, 박정자 옮김, 기파랑.

멈퍼드, 루이스 (2010). 『유토피아 이야기』, 박홍규 옮김, 텍스트.

박찬부 (2006). 『라캉: 재현과 그 불만』, 문학과지성사.

벤야민, 발터 (2007). 「기술복제시대의 예술작품」 제2판(1936), 『기술복제시대의 예술작품/사진의 작은 역사 외』, 최성만 옮김, 도서출판 길.

— (2008). 『발터 벤야민 선집 5: 역사의 개념에 대하여/폭력 비판을 위하여/초현실주의 외』, 최성만 옮김, 도서출판 길.

— (2010). 「보들레르의 몇 가지 모티프에 관하여」, 『보들레르의 작품에 나타난 제2제정기의 파리/보들레르의 몇 가지 모티프에 관하여 외』, 김영옥 · 황현산 옮김, 도서출판 길.

보드리야르, 장 (2001). 『시뮬라시옹』, 하태환 옮김, 민음사.

보들레르, 샤를 피에르 (2015). 『파리의 우울』, 황현산 옮김, 문학동네.

비릴리오, 폴 (2004). 『속도와 정치』, 이재원 옮김, 그린비.

스트렁크 2세, 윌리엄 (2007), 『영어 글쓰기의 기본(The Elements of Style)』, 김지양 · 조서연옮김, 인간희극.

승효상 (2016). 『보이지 않는 건축, 움직이는 도시』, 돌베개.

아렌트, 한나 (1996). 『인간의 조건』, 이진우 · 태정호 옮김, 한길사.

에반스, 딜런 (1998). 『라깡 정신분석 사전』, 김종주 외 옮김, 인간사랑.

요코다 카쓰미 (2004). 『어리석은 나라의 부드러우면서도 강한 시민』, 나일경 옮김, 논형.

이택광 (2008). 『세계를 뒤흔든 미래주의 선언』, 그린비.

정기용 (2008). 『사람, 건축, 도시』, 현실문화연구.
지젝, 슬라보예 (2004). 『이라크: 빌려온 항아리』, 박대진 외 옮김, 도서출판 b.
최성만 (2014). 『발터 벤야민 기억의 정치학』, 도서출판 길.
카미너, 탈 (2014). 『현대성의 위기와 건축의 파노라마』, 조순익 옮김, 시공문화사.
포스터, 할 (2014). 『콤플렉스』, 김정혜 옮김, 현실문화.
푸코, 미셸 (2012), 『말과 사물』, 이규현 옮김, 민음사.
피카르트, 막스 (1985). 『침묵의 세계』, 최승자 옮김, 까치.
하버마스, 위르겐 (2001). 『공론장의 구조 변동』, 한승완 역, 나남출판.
하비, 데이비드 (1994). 『포스트모더니티의 조건』, 구동호, 박영민 옮김, 한울.
홍준기 (2010). 「발터 벤야민과 도시 경험: 벤야민의 도시인문학」, 『발터 벤야민 모더니티와 도시』, 홍준기 엮음, 노명우 외 9인 지음, 라움, 57-67쪽.
황종연 (2014). 「국가재난시대의 민주적 상상력」, 『눈먼 자들의 국가』, 김애란 외 11인, 문학동네.

해외문헌

Agamben, Giorgio (1999). "*Se: Hegel's Absolute and Heidegger's Ereignis," in *Potentialities: Collected Essays in Philosophy*, ed. and trans. Daniel Holler-Roazen, Stanford: Stanford University Press, p. 122.
Althusser, Louis (1971). *Lenin and Philosophy and Other Essays*, trans. Ben Brewster, New York: Monthly Review Press.
Armitage, John ed. (2001). *Virilio Live: Selected Interviews*, London; Thousand Oaks; New Delhi: Sage Publications.
Aureli, Pier Vittorio (2008). *The Project of Autonomy: Politics and Architecture Within and Against Capitalism*, New York: Princeton Architectural Press.
Baird, George (2004/2005), "'Criticality' and Its Discontents", in *Harvard Design Magazine*, Fall 2004/Winter 2005, Number 21.
Crary, Jonathan (1992). "The Camera Obscura and Its Subject" in *Techniques of the Observer: On Vision and Modernity in the Nineteenth Century*, Cambridge; London: October Books/MIT.
Deleuze, Gilles and Guattari, Félix (1987). *A Thousand Plateaus: Capitalism and Schizophrenia*, trans. Brian Massumi, University of Minnesota Press.

Deutinger, Theo, Borchers, Maja, Murphy, Matthew, de Ru, Nanne, Schwitalla, Max and Thomas, Sebastian (2004). "¥€$ Regime: 1989-2003," in Rem Koolhaas et al eds. *Content*, Koln: Taschen.

Foster, Hal (1996). *The Return of the Real: the Avant-Garde at the End of the Century*, Cambridge: October Books/MIT.

Foucault, Michel (1977). *Discipline and Punish*, trans. Alan Sheridan, New York: Vintage Books.

Freud, Sigmund (1961). *Civilization and Its Discontents*, trans. & ed. James Strachey, New York: W. W. Norton & Company.

Goldstein, Philip (1990). *The Politics of Literary Theory: An Introduction to Marxist Criticism*, Tallahassee: Florida State University Press.

Guattari, Félix (2011). *The Machinic Unconscious: Essays in Schizoanalysis*, trans. Taylor Adkins, Cambridge; London: Semiotext(e).

Gurvitch, Georges (1964), *The spectrum of social time*, Dordrecht.

Harris, Karsten (1973). "Descartes, Perspective, and the Angelic Eye" in *Yale French Studies* 49: 28-42.

Ingersoll, Richard (1995). "There is no Criticism, Only History," interviews with Manfredo Tafuri, *Casabella*, 619-620, January-February, pp. 96-99.

Jameson, Fredric (1971). *Marxism and Form: Twentieth Century Dialectical Theories of Literature*, Princeton: Princeton University Press.

– (1981). *The Political Unconscious: Narrative as a Socially Symbolic Act*, London: Routledge.

– (2008). "Imaginary and Symbolic in Lacan" in *The Ideologies of Theory*, London; New York: Verso.

Koolhaas, Rem (1996). "Regrets?", *Grand Street* no. 57: Dirt, Summer, pp. 137-8.

Koolhaas, Rem, OMA, and Mau, Bruce (1996). *S, M, L, XL*, New York: Monacelli Press.

Lacan, Jacques (2005). *Écrits: The First Complete Edition in English*, trans. Bruce Fink, New York; London: W.W. Norton.

Leach, Neil (2004). "Swarm Tectonics" in Neil Leach, David Turnbull and Chris Williams eds. *Digital Tectonics*, Wiley-Academy.

Lefebvre, Henri (1974), *La production de l'espace*, Paris.

— (1996). *Writings on Cities*, trans. and ed. Eleonore Kofman and Elizabeth Lebas, Oxford, Cambridge: Blackwell.

Lootsma, Bart (1999). "Now switch off the sound and reverse the film: Koolhaas, Constant, and Dutch culture in the 1960s" in *Hunch*, No. 1, pp. 152-73.

Massey, Lyle (1997). "Anamorphosis through Descartes or Perspective Gone Awry" in *Renaissance Quarterly* 50: 1150.

Pallasmaa, Juhani (2005). *The Eyes of the Skin: Architecture and the Senses*, John Wiley & Sons.

Panofsky, Erwin (1991). *Perspective as Symbolic Form*, trans. Christopher S. Wood, New York: Zone Books, p. 66.

Rand, Ayn (1996). *The Fountainhead* (Centennial Edition), Signet.

Roberts, John (2006). *Philosophizing the Everyday: Revolutionary Praxis and the Fate of Cultural Theory*, London; Ann Arbor: Pluto Press.

Somol, Robert and Whiting, Sarah (2002), "Notes around the Doppler Effect and Other Moods of Modernism" in A. Krista Sykes ed. (2010), *Constructing a New Agenda: Architectural Theory* 1993-2009, New York: Princeton Architectural Press, pp. 199-202

Tafuri, Manfredo (1976). *Architecture and Utopia*, trans. Barbara Luigia La Penta, Cambridge: MIT Press.

Vidler, Anthony (ed), *Architecture Between Spectacle and Use* (2008), Clark Institute,

Zaera-Polo, Alejandro, Pai, Hyungmin, Homs, Ramon Prat, and Anderson, Jeffrey S. eds (2017). *Imminent Commons: Urban Questions for the Near Future*, Seoul; New York: Actar Publishers and the Seoul Biennale of Architecture and Urbanism.

Zenghelis, Elia (2005). "Text and architecture: architecture as text" in M. van Schaik and O. Macel eds. *Exit Utopia: Architectural Provocations 1956-1976,* Munich; Berlin; London; New York: Prestel & IHAAU TU Delft, pp. 255-62.

Žižek, Slavoj (1998). "Four Discourses, Four Subjects" in *Cogito and the Unconscious*, Slavoj Žižek et al., Duke University Press.

—(2000). "Interview," *Historical Materialism* 7: 194.

—(2001). *Enjoy Your Symptom: Jacques Lacan in Hollywood and Out*, London: Routledge.

—(2009). "Now to Begin from the Beginning" in *New Left Review*, No. 57 (May-June).

뉴스기사/웹사이트

조성원 기자, "[취재파일] 공공성 '꼴찌 국가' 한국…세월호와 '공공성' " (2014.11.7.)
(http://news.sbs.co.kr/news/endPage.do?news_id=N1002675154&plink=SEARCH&cooper=SBSNEWSSEARCH)

http://www.patrikschumacher.com/Texts/Parametricism%20as%20Style.htm (2014. 7월 접속)

http://web.redaktionsbuero.at/output/?e=58&page=rb_ARTIKEL&a=8eb34a1e&c=Arts&Culture,Architecture&f=e

Heidingsfelder, Markus and Tesch, Min (2008). *Rem Koolhaas: A Kind of Architect*, a documentary film.

Pleij, Sander. "I hate being an architect" (Interview with Rem Koolhaas) in *Vrij Nederland*. English translated version, Jun 8, 2014; http://medium.com/@pleig/i-hate-being-an-architect-7c42abbcd6d#.21dtnjdg1

Big Think, "Slavoj Žižek: Democracy and Capitalism Are Destined to Split Up," YouTube, 2015. 1. 17. https://www.youtube.com/watch?v=AXVEnxtZe_w#action=share (2017년 10월 31일 접속).

보는 기계와 읽는 인간

초판 1쇄 2019년 8월 22일

저자: 조순익

발행인: 김기현
발행처: 시공문화사(***Spacetime***)
출판등록: 1993년 3월 12일
주소: 서울시 서대문구 독립문공원길 13 (03733) 극동프라자 5층
전화: 02) 3147-1212
팩스: 02) 3147-2626

http://www.spacetime.co.kr
mail: spacetime@korea.com

편집: Design Battery
인쇄: (주)예림인쇄사
제본: (주)문종북

ISBN: 978-89-5592-420-6

정가: 14,000원